生活垃圾焚烧污染控制与烟气净化

蒲敏　陈德珍　编著

SHENGHUO LAJI

FENSHAO WURAN KONGZHI

YU

YANQI JINGHUA

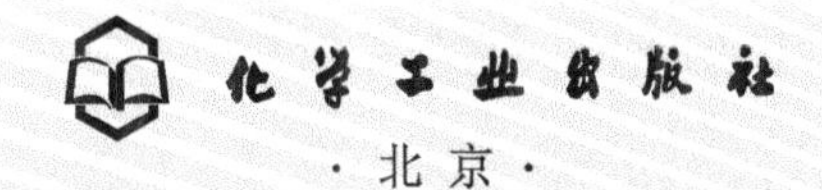

·北京·

内容简介

本书以生活垃圾焚烧烟气净化为主线，介绍了生活垃圾焚烧厂烟气中污染物的生成与抑制机理、烟气净化系统的构成、烟气除尘技术、烟气脱硝技术、烟气中酸性气体污染物的去除技术、生活垃圾焚烧过程中重金属的排放与控制技术、烟气中二噁英的生成与控制技术、生活垃圾焚烧飞灰的无害化及资源化技术。在此基础上，还通过实际案例，介绍了典型烟气净化系统的设计及其工程应用。本书展示了生活垃圾焚烧烟气净化的全貌、现有技术水平及今后的发展趋势，旨在揭示生活垃圾焚烧及其污染控制的概貌，指出技术的关键所在及发展方向。

本书具有较强的技术性和应用性，可供从事垃圾焚烧及污染控制等工作的工程技术人员、科研人员和管理人员参考，也可供高等学校环境工程、市政工程、生态工程及相关专业师生参阅。

图书在版编目（CIP）数据

生活垃圾焚烧污染控制与烟气净化/蒲敏，陈德珍编著．一北京：化学工业出版社，2022.6（2023.8 重印）
ISBN 978-7-122-40881-5

Ⅰ．①生… Ⅱ．①蒲… ②陈… Ⅲ．①生活废物-垃圾焚化-空气污染控制 Ⅳ．①X799.305

中国版本图书馆 CIP 数据核字（2022）第 034917 号

责任编辑：卢萌萌　刘兴春　　文字编辑：张凯扬　王云霞
责任校对：宋　玮　　装帧设计：王晓宇

出版发行：化学工业出版社（北京市东城区青年湖南街 13 号　邮政编码 100011）
印　　装：北京天宇星印刷厂
787mm×1092mm　1/16　印张 12¾　　字数 263 千字　2023 年 8 月北京第 1 版第 3 次印刷

购书咨询：010- 64518888　　售后服务：010- 64518899
网　　址：http://www.cip.com.cn
凡购买本书，如有缺损质量问题，本社销售中心负责调换。

定　　价：98.00 元

前言 PREFACE

我国垃圾产量近年来迅速上升，2019 年生活垃圾清运量达到了 2.42 亿吨。国家近年来大力倡导垃圾分类，2020 年出台《关于进一步推进生活垃圾分类工作的若干意见》（建城〔2020〕93 号），为垃圾处理提供了政策导向。过去垃圾以填埋为主，造成大量土地资源的浪费，同时填埋会产生渗滤液，如果泄漏会严重污染环境。自深圳市于 1985 年从日本三菱重工业公司成套引进两套日处理能力为 150 吨/台的垃圾焚烧装备以来，我国现代化生活垃圾焚烧设施建设得到快速发展。“十二五”“十三五”是城市生活垃圾焚烧产业高速发展的黄金十年，截至“十三五”末期，全国达到了 58 万吨/日的垃圾焚烧水平和约 45%的生活垃圾焚烧处理率，焚烧成为了生活垃圾的主要处理模式。焚烧技术具有较高的生活垃圾减量化潜力，并且安全、稳定、可靠、高效，尤其是我国在稳步推进垃圾分类，焚烧是干垃圾的最主要出路。《城镇生活垃圾分类和处理设施补短板强弱项实施方案》（发改环资〔2020〕1257 号，下称“补短板”）及《“十四五”城镇生活垃圾分类和处理设施发展规划》（发改环资〔2021〕642 号，下称“规划”）中均提到全面推进生活垃圾焚烧处理能力建设，逐步实现原生生活垃圾“零填埋”的目标，更加明确了在未来一段时间内，焚烧处置仍是我国生活垃圾处理的主要方式。按照“规划”，我国生活垃圾焚烧处理能力将从“十三五”末的 58 万吨/日增长至“十四五”末的 80 万吨/日，“十四五”期间仍将有 22 万吨/日的新增空间。

2018 年 12 月 29 日，国务院办公厅印发《“无废城市”建设试点工作方案》，旨在最终实现整个城市固体废物产生量最小、资源化利用充分、处置安全的目标。要完成“无废城市”的目标，生活垃圾焚烧技术是基础之一，同时对焚烧烟气净化的要求将越来越高。为贯彻《中华人民共和国环境保护法》《中华人民共和国固体废物污染环境防治法》《中华人民共和国大气污染防治法》，进一步提高生活垃圾焚烧污染控制的水平，有必要对生活垃圾焚烧的烟气净化技术进行回顾、总结及提炼，以便于新技术的开发和应用。本书从焚烧所产生的各种污染物出发，根据污染物本身的特性介绍了各种净化的工艺原理，方便读者举一反三，并附有案例分析，对烟气净化整体的工艺进行介绍。同时，本书介绍了现有的主流焚烧烟气净化技术及对应的设备、应用效果，也介绍了新研发的一些烟气净化技术的情况，以供本行业的技术人员、管理人员及决策者参考。

本书由蒲敏和陈德珍编著。同时，感谢周洪权、郜俊、唐誉祯、贾祎樊、强福鑫、周斌等，他们不仅为本书提供了相关的资料，也对本书进行了修改、润色和提出了宝贵意见。

限于编著者水平及时间，书中疏漏与不妥之处在所难免，敬请广大读者批评指正。

编著者

目录
CONTENTS

001 第 1 章

绪论

023 第 2 章

生活垃圾焚烧技术与设备

040 第 3 章 生活垃圾焚烧过程中污染物的生成机理及抑制途径

052 第 4 章 生活垃圾焚烧过程中烟尘的产生与除尘技术

079 第5章 生活垃圾焚烧过程中 NO_x 的产生与脱硝技术

生活垃圾焚烧烟气中二噁英的产生与防治

162 第10章 生活垃圾焚烧烟气净化系统的设计及工程应用

第1章

绪　论

随着我国经济的发展和人民生活水平的不断提高，固体废物中的生活垃圾产生量与日俱增，生活垃圾清运量逐年显著增长。根据国家统计年鉴，中国2018年的垃圾清运量为2.28亿吨，处在世界第2位。数量和体积庞大的生活垃圾，不仅占地面积广，也使得中国近三分之二的城市面临“垃圾围城”的问题，村镇的生活垃圾堆积情况尤为严重。生活垃圾易滋生病菌，影响城镇居民居住环境，而且会导致土壤、水污染等严重的生态问题，对生态环境造成了极大的负担。近年来，我国政府强调必须牢固树立并切实贯彻绿色发展理念，生活垃圾管理问题受到高度重视并获得瞩目成效，焚烧是解决“垃圾围城”的有效出路之一，得到广泛应用。

1.1　生活垃圾的产生、特性与分类

生活垃圾是失去使用价值、无法利用的废弃物，是不被需要或无用的固态、半固态废物和置于容器中的气态废物，主要产生于居民生活过程，是日常生活中或者为日常生活提供服务的活动中产生的固体废物，以及法律、行政法规规定视为生活垃圾的固体废物。在人口密集的大城市，生活垃圾处理是一个极其重要且被广为关注的问题，常见的

处理方法是收集后送往堆填区进行填埋处置，或是用焚化炉焚烧处理，但两者均存在环境污染的问题。生活垃圾的填埋处置不但存在污染地下水的风险，还会散发出臭味，而且很多城市可供填埋的土地面积越来越少；焚烧则会产生有害气体，处理不当可能危害环境。

1.1.1 生活垃圾的产生

如图 1.1 所示，2008～2018 年，我国的城市生活垃圾清运量呈逐年上升趋势，2008 年为 15437.7 万吨，2018 年已增长至 22801.8 万吨，中国的城市生活垃圾清运量平均每年以 8%～9%的速度在增长。

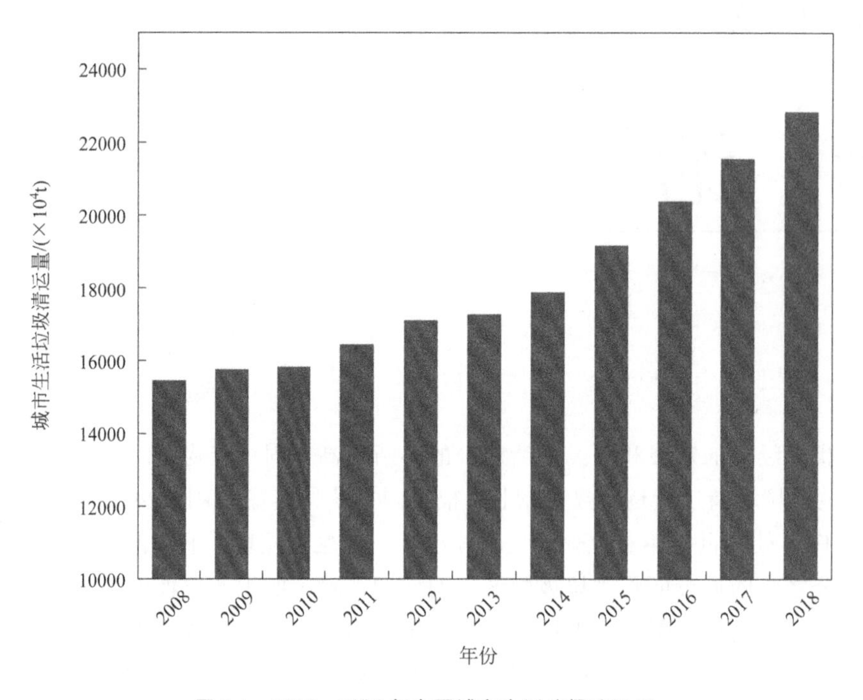

图 1.1　2008～2018 年中国城市生活垃圾清运量

为应对迅速增长的生活垃圾产生量和处理需求，以及传统的生活垃圾填埋处理方式造成的土地资源紧缺和生态环境保护问题，垃圾焚烧处理方式在我国兴起并发展迅猛，垃圾焚烧的比例逐年升高，在 2018 年时焚烧已占总垃圾处置量的 45.13%，如图 1.2 所示。

目前，我国多数城市都在研究或实施减少生活垃圾产生的方法，例如很多城市通过“大分流、小分类”鼓励资源回收。“大分流”即对城市的建筑垃圾、大件垃圾、园林绿化垃圾、废旧衣物及厨余垃圾进行独立收集、运输和资源化利用，从而减少处理量。“小分类”通常指对日常生活垃圾进行分类，例如按国家标准《生活垃圾分类标志》（GB/T 19095—2019）分成可回收物、有害垃圾、厨余垃圾、其他垃圾四类，实行分类投放、分类收集、分类运输、分类处理，提升资源化水平。2020年新修订和执行的《中华人民共和国固体废物污染环境防治法》（后简称新版《固废法》）也强调县级以上的地方政府应当统筹生活垃圾公共转运、处理设施与收集设施有效衔接，加强分类收运体系和再生资源回收体系在规划、建设、运营等方面的融合。

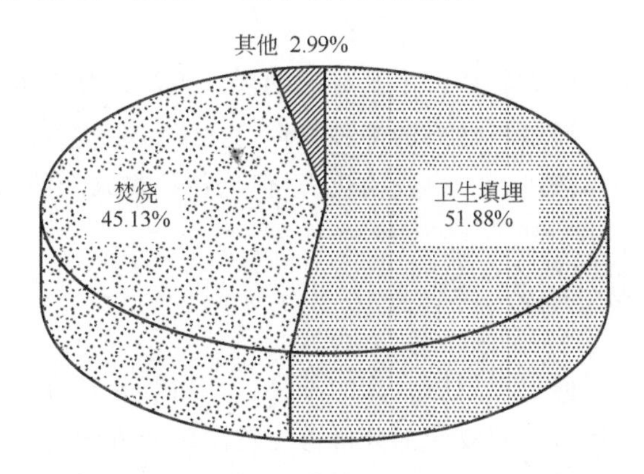

图1.2　2018年中国生活垃圾各处理方式处置量占比

生活垃圾分类是实现减量、提质、增效的必然选择，是改善人居环境、促进城市精细化管理、保障可持续发展的重要举措。能不能做到垃圾分类，直接反映一个人，乃至一座城市的生态素养和文明程度。

1.1.2　生活垃圾的特性

生活垃圾与废水和废气相比，主要有以下几个特性：

（1）成分的多样性和复杂性

现代社会产生的生活垃圾，成分十分复杂，品种繁多。从单质到混合物，从简单到复杂，从无机到有机，从金属到非金属，从无毒到有毒，构成了复杂的垃圾体系。

（2）有用与无用的集合体

在任何生产或生活过程中，所有者对原料、商品或消费品，往往仅利用了其中某些有效成分，而对于原所有者不再具有使用价值的大多数固体废物中仍含有其他生产行业中需要的成分，经过一定的技术环节，可以转变为有关部门行业中的生产原料，甚至可以直接使用。可见，废物的概念随时间、空间的变迁而具有相对性。提倡资源的社会再循环，目的是充分利用资源，增加社会与经济效益，减少废物处置的数量，以利于社会发展。废物一词中的“废”有鲜明的时间和空间特征。从时间方面讲，它仅仅相对于科学技术和经济条件，随着科学技术的飞速发展，矿产资源的日趋枯竭，资源生产滞后于人类需求，昨天的废物势必将成为明天的资源。从空间角度讲，废物仅仅相对于某一过程或某一方面没有使用价值，而并非在一切过程一切方面都没有使用价值，某一过程的废物，往往是另一过程的原料，生活垃圾作为固体废物也具有类似特性。

（3）持久的危害性

生活垃圾大部分都是固态物质，不具有流动性。因此，其不可能像流体一样迁移到大容量的水体和空气中，通过自然界的多种物理、化学、生物方法进行稀释和处理。部分垃圾可以通过释放气体来进行“自我消化”，但这往往带来新的污染。

1.1.3 生活垃圾的分类

生活垃圾分类是指根据垃圾中废弃物的种类、性质等分别进行收集的行为，分类的目的是方便后续的处置环节并回收一部分可再生资源。一方面，通过分类可以将不同品种的垃圾分开处置，降低了各终端垃圾处置量，且更加简单的垃圾对终端处置设备工艺的要求相对简单，对设备的损害更少，可以大大减轻后端处置的技术压力、成本压力及产能压力；另一方面，垃圾中含有 15%～30%的可再生利用资源，这些资源如果直接随着混合垃圾进入填埋或者焚烧环节，无疑是一种巨大的浪费，而通过合理的分类，如塑料、纸张、金属、织物、电子电器等都具有很好的回收利用价值，同时能够产生很大的社会效益。

过去各个城市生活垃圾分类方法名称上有所不一致，分类方法也包括二分法、三分法、四分法等。其中，二分法一般将生活垃圾分成干、湿两类垃圾；三分法一般包含厨余垃圾、可回收物和其他垃圾三类，也有部分区域按照可回收物、有害垃圾和其他垃圾三类划分；四分法一般包含厨余垃圾、有害垃圾、可回收物和其他垃圾。根据《生活垃圾分类标志》，四类垃圾的标志见图 1.3。

图 1.3 垃圾分类常用标志

（1）可回收物

可回收物主要包括废纸、塑料、玻璃、金属和布料五大类。

废纸：主要包括报纸、期刊、图书、各种包装纸等。但是纸巾和厕所纸由于水溶性太强不可回收。

塑料：各种塑料袋、塑料泡沫、塑料包装（快递包装纸是其他垃圾/干垃圾）、一次性塑料餐盒餐具、硬塑料、塑料牙刷、塑料杯子、矿泉水瓶等。

玻璃：主要包括各种玻璃瓶、碎玻璃片、暖瓶等（镜子属于其他垃圾/干垃圾）。

金属物：主要包括易拉罐、罐头盒等。

布料：主要包括废弃衣服、桌布、洗脸巾、书包、鞋等。

（2）有害垃圾

有害垃圾指含有对人体健康有害的重金属、有毒的物质或者对环境造成现实危害或者潜在危害的废弃物。包括荧光灯管、灯泡、水银温度计、油漆桶、部分家电、过期药品及其容器、过期化妆品等。这些垃圾一般需单独收运处理。

（3）厨余垃圾

厨余垃圾包括剩菜剩饭、骨头、菜根菜叶、果皮等食品类废物。一般应采用生物技术如厌氧或者堆肥处理。

（4）其他垃圾

除上述几类垃圾之外的砖瓦陶瓷、渣土、卫生间废纸、被污染的废旧塑料、纸巾等难以回收的废弃物及尘土、食品袋（盒）、无机灰分等，以及庭院垃圾如植物残余、树叶、树枝、庭院中清扫的其他杂物都属于其他垃圾。

2019 年 7 月 1 日起，《上海生活垃圾管理条例》正式实施，上海成为全国第一个实施生活垃圾强制分类的城市，拉开了中国垃圾分类制度的序幕，显示了国家对生活垃圾处理的高度重视，也为生活垃圾的无害化处理提供了更多的支持，通过对生活垃圾进行分类，更有利于根据生活垃圾的不同情况，选择合理的、最佳的垃圾处理方式。

环境领域一般称各类垃圾为固体废弃物，垃圾的分类也有多种维度，从产生的行业可分为农业源垃圾、工业源垃圾、生活源垃圾等；按照垃圾的主要组成可分为有机垃圾、无机垃圾；按照垃圾的物理特征可分为干垃圾、湿垃圾；按照固废的危害特性可分为一般固废、危废等。人们在不同的场合对生活垃圾进行不同的称呼，以满足其生产生活的临时需要，目前我国的主流应用中，还将各种归类方式结合使用，当前常用的固体废弃物归类方式见图 1.4。

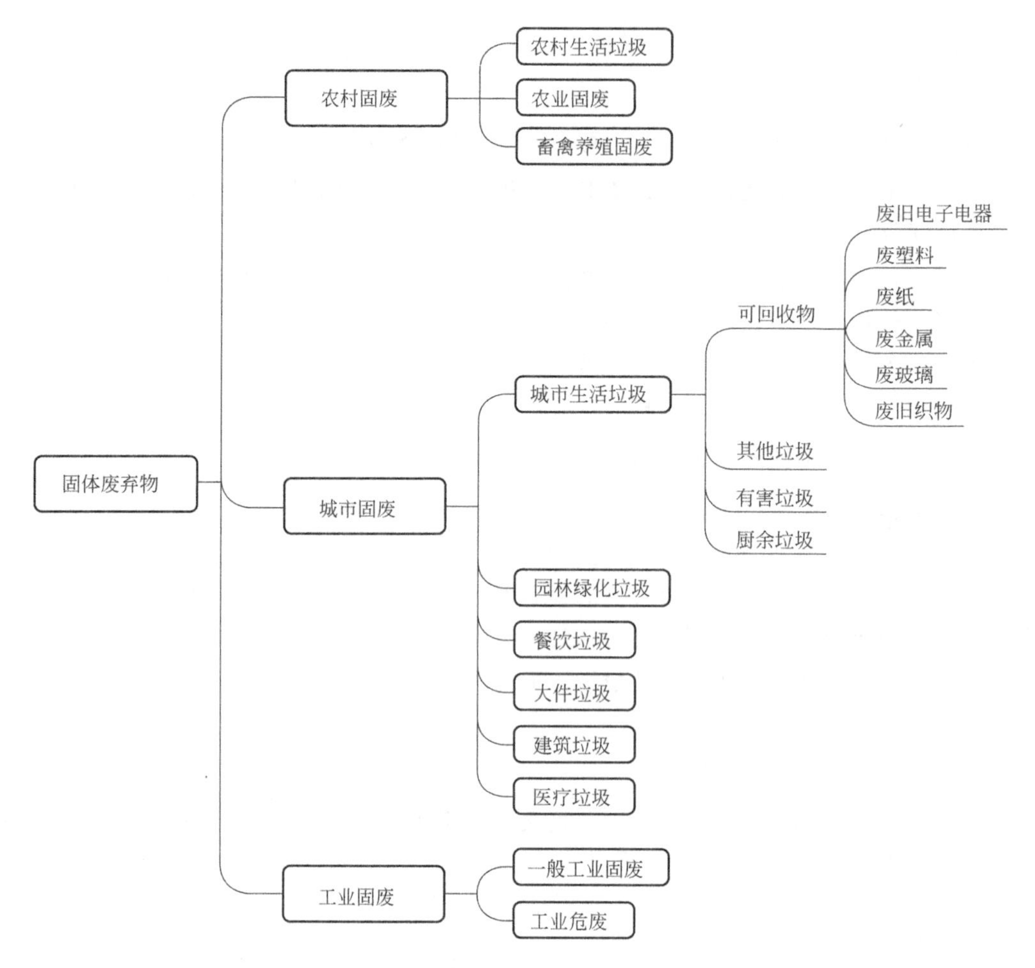

图 1.4　常用的固体废弃物归类方式

1.2　生活垃圾引起的污染与危害

生活垃圾是环境的污染源，除直接污染外，还经常以水、大气和土壤为媒介污染环境。生活垃圾不像废气、废水那样到处迁移和扩散，它的堆放必须占用大量的土地，同时易对周围的环境如土壤、水体造成难以逆转的污染，产生的有害气体扩散至大气严重影响空气质量。

（1）土壤污染

土壤是植物赖以生存的基础。未经处理的生活垃圾在土壤中风化、淋溶后，就会渗入土壤，杀死土壤中的微生物，破坏土壤的腐蚀分解能力，导致土壤质量下降；带有病菌、寄生虫卵的粪便施入农田，土壤中的病菌、寄生虫卵就会进入一些根茎类蔬菜、瓜果体内或者被携带，人们食用后就会患病。此外，一些垃圾堆肥质量不过关，长期施用带有碎砖瓦砾的“垃圾肥”，土壤就严重“渣化”。

（2）水污染

有的国家把大量的生活垃圾直接向江河湖海倾倒，不仅减小了水域面积，淤塞航道，而且污染水体，使水质下降。生活垃圾不仅直接污染地表水，也可向下渗，污染地下水。渗出液是生活垃圾本身分解产生的污水和雨水、地表水或地下水流经垃圾层摄取其中的污染物质而产生的污水的总称。生活垃圾渗出液属高浓度有机污水，并含有重金属，会严重污染水体和土壤，而且其中的污染成分在土壤中的迁移过程十分缓慢，经过相当长的时间才能发现，且具有很大的危害性。沈阳市曾对简易填埋场进行调查研究，结果发现，由于渗出液渗入地下水，致使地下水中的硝酸盐、氨氮、细菌总数、大肠菌值等项目均超标，有的项目超标数百倍。

（3）大气污染

生活垃圾在收运、堆放过程中未做密封处理，有的经日晒、风吹、雨淋等作用，挥发了大量废气、粉尘；有的发酵分解后产生了有毒气体，向大气中飘散，造成大气污染。即使焚烧仍也会产生有害的烟气，需要净化处理。

（4）影响市容环境卫生

城市里大量生活垃圾若处理不妥，不仅妨碍市容，而且有害城市卫生。堆放的生活垃圾非常容易发酵腐化，产生恶臭，招引蚊蝇、老鼠等滋生繁衍，容易引起疾病传染。城市的清洁卫生文明，很大程度同固体废物的收集、处理有关，尤其是国家卫生城市和风景旅游城市，对固体废物的妥善处理有着更高的要求。

1.3 相关政策与法规

1.3.1 概述

为贯彻落实绿色发展观念，做好生活垃圾管理和处理工作，国务院办公厅 2017 年发布《生活垃圾分类制度实施方案》，垃圾分类工作在全国 46 个试点城市逐步展开，国家也相继推出各项规定及政策，明确领导管理职责、设施建设、宣传落实以及监督体系，根据国家总体要求，各试点城市陆续出台相应的生活垃圾分类实施方案及行动计划。

1.3.1.1 国家法律法规

我国从 20 世纪 70 年代起就开展了有关固体废物综合利用和管理的工作，将“废渣”

治理作为环境治理的重点。1995年10月30日通过并颁布了我国第一部固体废物专项法律《中华人民共和国固体废物污染环境防治法》（简称“《固废法》”，旧版《固废法》），并经过2004年、2016年、2020年三次修订，对管理原则、制度和措施等均出台了新的规定。《固废法》适用于境内固体废物污染环境的防治，固体废物污染海洋环境的防治和放射性固体废物污染环境的防治则不适用本法。

2020年修订的新版《固废法》中，将生活垃圾修改为单独的章节，强化了对生活垃圾的监督管理，新增了“固体废物污染环境防治坚持减量化、资源化和无害化的原则”，将指导今后垃圾污染防治工作的开展。新版《固废法》的主要变化如下。

（1）新版《固废法》建立了固废处理的组织领导和监督管理体系

对于主管部门在固体废物处置方面的领导和监督职能明确提及：

① 地方各级人民政府对本行政区域固体废物污染环境防治负责。国家实行固体废物污染环境防治目标责任制和考核评价制度，将固体废物污染环境防治目标完成情况纳入考核评价的内容。

② 各级人民政府应当加强对固体废物污染环境防治工作的领导，组织、协调、督促有关部门依法履行固体废物污染环境防治监督管理职责。省、自治区、直辖市之间可以协商建立跨行政区域固体废物污染环境的联防联控机制，统筹规划制定、设施建设、固体废物转移等工作。

③ 国务院生态环境主管部门对全国固体废物污染环境防治工作实施统一监督管理。国务院发展改革、工业和信息化、自然资源、住房城乡建设、交通运输、农业农村、商务、卫生健康、海关等主管部门在各自职责范围内负责固体废物污染环境防治的监督管理工作。

地方人民政府生态环境主管部门对本行政区域固体废物污染环境防治工作实施统一监督管理。地方人民政府发展改革、工业和信息化、自然资源、住房城乡建设、交通运输、农业农村、商务、卫生健康等主管部门在各自职责范围内负责固体废物污染环境防治的监督管理工作。

④ 设区的市级人民政府生态环境主管部门应当会同住房城乡建设、农业农村、卫生健康等主管部门，定期向社会发布固体废物的种类、产生量、处置能力、利用处置状况等信息。

（2）新版《固废法》新增了部分垃圾分类相关的重点条款

① 明确国家推行垃圾分类制度的原则。政府推动、全民参与、城乡统筹、因地制宜、简便易行。

② 垃圾分类宣教入法。学校应当开展生活垃圾分类以及其他固体废物污染环境防治知识普及和教育。

③ 明确县级以上人民政府为垃圾分类整体策划者。县级以上地方人民政府应当加

快建立分类投放、分类收集、分类运输、分类处理的生活垃圾管理系统，实现生活垃圾分类制度有效覆盖。还应建立生活垃圾分类协调机制，加强和统筹生活垃圾分类管理能力建设。

④ 厨余垃圾处理入法。由县级以上地方人民政府环境卫生管理部门负责组织开展厨余垃圾资源化、无害化处理工作。产生、收集的垃圾交由具备相应资质条件的单位进行无害化处理。

⑤ 明确垃圾产生者责任、建立计量收费制度。

新版《固废法》第四十九条规定：产生生活垃圾的单位、家庭和个人应当依法履行生活垃圾源头减量和分类投放义务，承担生活垃圾产生者责任。

第五十八条规定：县级以上地方人民政府应当按照产生者付费原则，建立生活垃圾处理收费制度。县级以上地方人民政府制定生活垃圾处理收费标准，应当根据本地实际，结合生活垃圾分类情况，体现分类计价、计量收费等差别化管理，并充分征求公众意见。生活垃圾处理收费标准应当向社会公布。

(3) 新版《固废法》重点强调减量化

《固废法》中明确要求：国家逐步实现固体废物零进口，由国务院生态环境主管部门会同国务院商务、发展改革、海关等主管部门组织实施。

垃圾减量方面，将由县级地方人民政府有关部门加强产品生产和流通过程管理，避免过度包装，组织净菜上市。在源头端，经营者应当遵守限制商品过度包装的强制性标准，避免过度包装。电子商务、快递、外卖等行业应当优先采用可重复使用、易回收的包装物。国家鼓励和引导消费者使用绿色包装和减量包装。另外，《固废法》中还规定了塑料制品、一次性用品的生产和使用规范。

(4) 新版《固废法》对生活垃圾处理设施的要求有新变化

① 明确政府职责。新增要求：县级以上人民政府应当统筹安排建设城乡生活垃圾收集、运输、处理设施，确定设施厂址，提高生活垃圾的综合利用和无害化处置水平，促进生活垃圾收集、处理的产业化发展，逐步建立和完善生活垃圾污染环境防治的社会服务体系。还应当统筹规划，合理安排回收、分拣、打包网点，促进生活垃圾的回收利用工作。

② 减少填埋量。第十三条要求：县级以上人民政府应当将固体废物污染环境防治工作纳入国民经济和社会发展规划、生态环境保护规划，并采取有效措施减少固体废物的产生量、促进固体废物的综合利用、降低固体废物的危害性，最大限度降低固体废物填埋量。

在第二十一条中还规定：在生态保护红线区域、永久基本农田集中区域和其他需要特别保护的区域内，禁止建设工业固体废物、危险废物集中贮存、利用、处置的设施、场所和生活垃圾填埋场。

③“环评要求”行文有所弱化。在旧版《固废法》中要求：建设产生固体废物的项目以及建设、贮存、利用、处置固体废物的项目，必须依法进行环境影响评价。而在新版《固废法》中，最大的变化是“必须”的表述，变为了“应当”。

④ 鼓励区域共享。在新版《固废法》第五十五条中新增规定：鼓励相邻地区统筹生活垃圾处理设施建设，促进生活垃圾处理设施跨行政区域共建共享。

⑤ 污染物监测入法。新增规定：生活垃圾处理单位应当按照国家有关规定，安装使用监测设备，实时监测污染物的排放情况，将污染排放数据实时公开。监测设备应当与所在地生态环境主管部门的监控设备联网。

整体上看，新版《固废法》更适合环卫行业发展的总体思路。例如在垃圾分类的有关要求中，体现了全民参与、计量付费等内容，各项工作的责任主体也更加明确。在末端处理环节也体现了减少填埋、跨区共享等原则。

随着《固废法》的修改，不仅在各方面具体落实要求，也增加了处罚种类，提高了罚款额度，对违法行为实行严惩重罚，也正说明环境产业的飞速发展，倒逼管理规范更趋于完善。

1.3.1.2 地方法律法规

以上海市为例，作为全国首个全面开展垃圾分类的城市，坚持“全市一盘棋”思想，按照“市级统筹、区级组织、街镇落实”思路，按照“主要领导亲自抓、四套班子合力抓、合纵连横系统抓”模式，充分发挥市分减联办 20 个委办局和 16 个区成员单位合力，推进各条线、各区落实工作举措，通过党政齐抓共管和“双牵头”方式，形成了市、区、街镇、村居四级管理系统，同时把垃圾分类纳入各级政府领导班子行政绩效考核指标体系，将行政力量、社会第三方、基层共同治理等力量结合到一起，“多位一体”多级管理机制基本建立，实现了生活垃圾分类中“党建引领”的引导力和推进力。

2020 年，上海市绿化和市容管理局将原环卫管理处的垃圾分类相关职责工作剥离，单独成立与环卫管理处平级的生活垃圾管理处，充分彰显了其对生活垃圾分类工作的重视程度。

上海为有效实施《上海市生活垃圾管理条例》（以下简称《条例》）而配套制定的相关制度措施达到 46 项，包括《生活垃圾分类收集容器配置规范》《宾馆不主动提供一次性生活用品目录》《餐饮服务单位不主动提供一次性餐具用品目录》《湿垃圾农业资源化标准》《生活垃圾处理设施建设补贴政策和跨区处置环境补偿制度》《关于发挥本市社区治理和社会组织作用助推生活垃圾分类工作的指导意见》《生活垃圾分类违法行为查处规定》等，确保《条例》的规定落到实处。

广州于 2019 年全面实施《广州市生活垃圾终端处理设施区域生态补偿办法》《广州市生活垃圾处理阶梯式分类计费管理办法》《广州市购买低值可回收物回收处理服务管理办法》等 3 大经济激励配套政策，针对机团单位、学校、酒店、宾馆、农村等领域量身定制了 12 个场景精准指引，配合垃圾分类管理条例，与考核、奖励 2 个管理办法，形成了“1+2+3+N”的生活垃圾分类政策体系。

1.3.2 相关标准规范概述

为保障生活垃圾处理在一定的标准规范下进行，保障生活垃圾处理处置不对群众生命健康造成威胁及生态环境造成破坏，相关部门制定了一系列标准，包括国家标准、地方标准和行业标准。

（1）国家标准

国家标准是由国家相关部门发布并在全国范围内或特定区域内使用的标准。与生活垃圾焚烧相关的标准如下：

① 《生活垃圾焚烧厂运行监管标准》（CJJ/T 212—2015）、《生活垃圾卫生填埋场运行监管标准》（CJJ/T 213—2016）均对生活垃圾焚烧厂和生活垃圾卫生填埋场的运行监管范围、职责、工作要求等方面作出了明确规定，随着在编的餐厨厂及建筑垃圾厂的运行监管标准逐步出台，生活垃圾末端处理设施的运行监管标准将更加完善。

② 《生活垃圾焚烧污染控制标准》（GB 18485—2014）规定环境保护行政主管部门对焚烧炉的运行工况（至少包括烟气中一氧化碳浓度和炉膛内焚烧温度）进行日常在线监督性监测，监测结果应采用电子显示板进行公示。

③ 《“十三五”全国城镇生活垃圾无害化处理设施建设规划》中提出：“应充分利用数字化城市管理信息系统和市政公用设施监管系统，完善生活垃圾处理设施建设、运营和排放监管体系。加强对生活垃圾焚烧处理设施主要污染物的在线监控，监控频次和要求要严格按照国家标准规范执行。”

④ 《关于加强城镇生活垃圾处理场站建设运营监管的意见》（建城〔2004〕225 号）中提及，“各地要把加强城镇生活垃圾处理场站的建设与运营监管工作，作为落实科学发展观的重要工作切实抓好”。

⑤ 《关于进一步加强城市生活垃圾焚烧处理工作的意见》（建城〔2016〕227 号）指出，要“实施精细化运行管理。加强对生活垃圾焚烧过程中烟气污染物、恶臭、飞灰、渗滤液的产生和排放情况监管，控制二次污染。要积极开展第三方专业机构监管，提高监管的科学水平”。

（2）地方标准

各省、自治区、直辖市按照国家层面、主管部门及环保部门的相关法律法规要求，结合自身实际情况，制定了生活垃圾处理方面的管理标准和规范，并配套监管办法、考评办法等。

表 1.1 统计总结了部分国家及地方生活垃圾管理相关政策文件。

表 1.1　部分国家及地方生活垃圾管理相关政策文件

国家/省市	政策文件	对标对表内容				
		组织领导体系	政策法规体系	标准规范体系	设施装备体系	监督考评体系
国家	《生活垃圾分类制度实施方案》（国办发〔2017〕26号）	城市人民政府要切实承担主体责任，建立协调机制，研究解决重大问题，分工负责推进相关工作	到2020年底，基本建立生活垃圾分类相关法律法规和标准体系，形成可复制、可推广的生活垃圾分类模式，在实施生活垃圾强制分类的城市，生活垃圾回收利用率达到35%以上		鼓励采用“车载桶装”等收运方式，避免垃圾分类投放后重新混合收运；统筹规划建设生活垃圾终端处理利用设施，建立集焚烧、资源化利用、资源回收填埋、有害垃圾处置一体的生活垃圾协同处置利用基地	加强生活垃圾强制分类实施情况监督和考核，向社会公布考核结果，对违规行为予以处罚
国家	《关于进一步推进生活垃圾分类工作的若干意见》（建城〔2020〕93号）	由省级负总责，城市负主体责任。建立健全市、区、街道、社区党组织四级联动机制，明确清单，层层抓落实	推动有条件的地方加快生活垃圾管理立法工作，建立健全生活垃圾分类法规体系，因地制宜细化生活垃圾分类各项要求和标准，2025年底前形成一批具有地方特点的生活垃圾管理模式		鼓励生活垃圾处理产业园区、资源循环利用基地等建设，优化技术工艺，统筹不同类别生活垃圾处理	建立健全生活垃圾分类工作成效评估机制，综合采取专业督导调研、第三方监管、社会监督和群众满意度调查等方式，对各项情况开展评估
上海市	《关于建立完善本市生活垃圾全程分类体系的实施方案》	各区政府要切实承担主体责任，要坚持管理重心下移，夯实街镇工作基础，充分调动社区资源推进垃圾分类	加快研究制定本市生活垃圾强制分类制度的地方性法规。研究建立限制过度包装、控制一次性用品使用及对垃圾分类违法行为联合惩戒等“硬约束”机制；完善生活垃圾处理设施建设补贴政策和跨区处置环境补偿制度，促进各区生活垃圾处理设施建设。延续并完善促进源头分类减量的节能减排支持政策		加强与科研院所、第三方组织及相关企业合作，大力推进垃圾治理的新技术、新材料、新设备的开发应用，逐步提升生活垃圾收集车辆装备、中转设施、资源化利用设施、末端处置设施的技术水平和科技含量	落实区、街镇、社区属地监督检查机制，加强执法监管，把垃圾分类纳入住宅小区综合治理考核体系，加强考核督办，确保源头分类实效

续表

国家/省市	政策文件	对标对表内容				
		组织领导体系	政策法规体系	标准规范体系	设施装备体系	监督考评体系
上海市	《上海市生活垃圾全程分类体系建设行动计划（2018—2020年）》	建立完善市、区、街镇各级生活垃圾分类减量联席会议及村（居）委生活垃圾综合管理协调机制并有效运行	开展《上海市生活垃圾管理条例》立法工作。制定节能减排生活垃圾分类减量专项支持政策，对率先实现整区域年度目标的区，给予扶持政策	健全生活垃圾分类全程标准体系。制定本市生活垃圾分类投放点和垃圾箱房建设标准	配置分类运输装备；改造分类收运中转设施；重构可回收物专项收运系统，落实再生资源回收“点、站、场”布局	建立面向公众的垃圾分类混装混运监督举报平台，制定举报规则、奖励规则，鼓励市民参与垃圾分类监督工作。建立分类投放管理责任人与收运作业单位的双向监督机制
	《上海市生活垃圾定时定点分类投放制度实施导则》	居民区党组织牵头，组织居民委员会、业主委员会、物业服务企业等组织根据住宅小区实际情况，组建本小区垃圾分类（定时定点）推进工作小组			住宅小区生活垃圾分类设施设备配置按照《上海市生活垃圾分类指引》及《生活垃圾分类标志标识管理规范》（DB31/T 1127—2019）执行，并随其修订而相应调整	工作小组应建立每1至2周的垃圾分类工作分析评价制度，对照标准中的“五有”要求，评估推进成效，做好经验归纳、问题汇总，提出应对措施、整改建议
四川省	《四川省生活垃圾分类和处置工作方案》	住房城乡建设厅牵头全省生活垃圾分类和处置工作，会同省直有关部门（单位）建立综合协调机制，督促指导各地认真落实生活垃圾分类制度	有立法权的市（州）应当根据实际，积极研究制定生活垃圾分类相关法规或规章；鼓励有条件的地方出台农村生活垃圾分类管理办法。加强新技术、新工艺研究和应用，逐步完善生活垃圾分类处置相关技术标准		力争2022年实现地级及以上城市厨余垃圾处置设施全覆盖。统筹加快以焚烧发电为主的生活垃圾处置设施建设，鼓励建立集焚烧发电、厨余垃圾资源化利用、再生资源循环回收、有害垃圾安全处置于一体的垃圾综合处理基地	制定全省生活垃圾分类考核办法及评价标准，鼓励引入第三方评估机构，定期对地级及以上城市进行考核

续表

国家/省市	政策文件	对标对表内容				
		组织领导体系	政策法规体系	标准规范体系	设施装备体系	监督考评体系
成都市	《成都市生活垃圾分类实施方案（2018—2020年）》	通过调整优化现有事业单位，研究设立生活垃圾分类管理服务机构，承担生活垃圾分类服务管理职责	整合《成都市城市生活垃圾处理收费管理办法》《成都市餐厨垃圾管理办法》内容，结合生活垃圾分类及减量管理需求，制定《成都市生活垃圾管理条例》，明确生活垃圾分类主体的责任和义务，相关部门监管职责，垃圾收集、运输、处置操作规程及保障措施等内容		规范设置分类收集容器、完善分类转运设施、加快建设分类处理设施	将生活垃圾分类工作纳入政府工作绩效目标，建立健全考核制度，细化量化评价指标，定期开展垃圾分类工作质量评估和专项检查，定期通报各区（市）县生活垃圾分类工作情况
	《成都市生活垃圾分类设施建设工作方案》		2020年，制定出台公共机构生活垃圾分类设施设置、可回收物分拣设施建设等分类设施建设标准		2022年，全市建成2000个社区回收站点，新增厨余垃圾分布式处理能力150t/d，厨余垃圾集中处理能力达2000t/d以上，焚烧处置能力达21200t/d，基本建成与前端分类投放相匹配的分类收集、分类运输和分类处理设施体系	
广州市	《广州市生活垃圾分类收运实施工作方案》	生活垃圾分类管理责任人（根据《广东省城乡生活垃圾处理条例》第九条明确）负责组织责任区内分类收集工作，对责任区内收运人员和收运单位分类收集行为进行监管			严格落实餐厨垃圾、其他垃圾收运“桶车一色”要求，全面提升垃圾分类收运能力和水平	建立健全生活垃圾分类收运综合考评机制，建立健全收运通报和约谈机制，建立健全收运责任单位的信用档案

续表

<table>
<tr><th rowspan="2">国家/省市</th><th rowspan="2">政策文件</th><th colspan="5">对标对表内容</th></tr>
<tr><th>组织领导体系</th><th>政策法规体系</th><th>标准规范体系</th><th>设施装备体系</th><th>监督考评体系</th></tr>
<tr><td>广州市</td><td>《广州市深化生活垃圾分类处理三年行动计划（2019—2021年）》</td><td>建立市、区两级生活垃圾分类管理联席会议制度，建立市、区、镇（街）、村（居）四级管理责任人制度</td><td colspan="2">出台《广州市餐厨垃圾就近就地自行处置试行办法》，落实《广州市生活垃圾终端处理阶梯式分类收费管理办法》，落实《广州市购买低值可回收物回收处理服务管理办法》</td><td>大型机团单位和企业、大中型农贸市场就近就地配套建设餐厨垃圾脱水处理设施；加快推进生活垃圾分类处理设施建设，补齐短板</td><td>建立市、区两级生活垃圾分类推广中心，实行生活垃圾管理社会监督员制度，将生活垃圾分类纳入网格化服务管理</td></tr>
<tr><td rowspan="2">重庆市</td><td>《重庆市人民政府办公厅关于进一步推进生活垃圾分类工作的实施意见》</td><td>成立生活垃圾分类工作领导小组，领导小组负责日常工作。各区县成立由党委或政府主要负责人任组长的领导小组，建立“一把手”亲自抓的工作机制</td><td colspan="2">严格实施《重庆市生活垃圾分类管理办法》，加快修订《重庆市餐厨垃圾管理办法》，完善垃圾管理制度体系</td><td>主城区力争2020年生活垃圾基本实现全焚烧，主城区以外区县政府要切实履行主体责任，按照规划加快生活垃圾焚烧设施建设。按照区域共享原则，加强易腐垃圾处理设施统筹规划建设</td><td>市生活垃圾分类工作领导小组建立完善“月暗查、季评价，月报告、季通报”制度，对区县政府和市级部门实施监督监测、绩效评价</td></tr>
<tr><td>《重庆市深化生活垃圾分类工作三年行动计划（2020—2022年）》</td><td></td><td colspan="2">积极探索低值可回收物回收利用的产业补贴机制，积极推广“线上线下相结合”的再生资源回收模式</td><td>对分类投放设施配置，建设垃圾分类投放点、厢房提出了标准和要求；明确了加快主城都市区中心城区以外的区县集中厨余垃圾处置设施的规划建设要求</td><td>将生活垃圾分类纳入各级政府、各级部门、公共机构考评体系，健全完善生活垃圾分类工作成效考评机制，将生活垃圾分类工作开展情况作为社会组织等级评估的重要内容</td></tr>
</table>

1.4 生活垃圾处理技术

为缓解环境压力，必须对生活垃圾进行系统的减量化、无害化和资源化处理。由于生活垃圾的成分复杂，并且受到经济发展水平、能源结构、自然条件等因素的影响，不同国家和地区采取的垃圾处理方式不同。目前，主要的垃圾处理处置技术有填埋、焚烧以及热解等新兴热化学处理技术。

1.4.1 填埋技术

填埋是目前世界上应用最广泛的一种固体废物处置方式，它是将固体废物直接填埋到环境友好型场地的地下。这一工艺的缺点是固体废物中可降解有机物的厌氧消化会产生较多的甲烷并排放，并且无法清除废物，只能通过长期分解的方式逐步减量，但塑料和无机材料会永久保留。

最初的生活垃圾填埋尚未考虑到渗滤液及废气污染的防治，导致了较为严重的土壤、空气和地下水生态环境污染。中国生活垃圾填埋设施最初仅为简易填埋场或垃圾堆放场，仅依靠天然材料阻隔渗滤液。美国于 20 世纪 30 年代提出“卫生填埋”的概念，对垃圾成分、场地选择及设计、卫生填埋作业及污染物控制标准均有严格的规定。当代的生活垃圾卫生填埋处置中运用各种天然屏障和工程屏障，尽可能地将其与自然环境隔离开。

卫生填埋具有操作简单、处理量大、垃圾适应性广、投资运营成本较低等优点，却只避免了生活垃圾填埋过程中产生的污染不扩散，不能实现生活垃圾的减量化，并随着土地资源的负担加重，卫生填埋的方式已经逐渐被更高效、可持续的处理方式替代，但是它仍作为垃圾减量、无害化处理后的末端处置方式。

1.4.2 焚烧技术

焚烧技术是目前国内外运用广泛的生活垃圾处理方式，国内外生活垃圾焚烧发电技术已较为成熟，已发展成为垃圾无害化处理的主流。

生活垃圾焚烧技术是一种高温热处理技术，即一定的过量空气与被处理的废物在焚烧炉内高温（一般温度高于 850℃）条件下进行氧化燃烧反应，生活垃圾中的有害有毒物质在高温下氧化、热解而被破坏，垃圾燃烧后释放的能量可回收利用，并具有安全性高、占地面积小、减量化明显（生活垃圾经焚烧后体积可缩小 90%以上，质量可减少约 80%）的优点，是一种可同时实现废物无害化、减量化、资源化的处理技术。

生活垃圾焚烧炉技术目前主要有三大类：

（1）层状燃烧技术

主要是炉排炉燃烧。机械式炉排型焚烧炉是目前最常用的生活垃圾焚烧炉，采用移动式炉排，可使焚烧操作连续化、自动化。炉排类型主要有滚动炉排、水平往复式炉排、倾斜往复式炉排。它的最大优势在于技术成熟、运行稳定可靠、维护简单、适应性广、处理量大等，不需要进行预处理，适合我国生活垃圾热值低、含水率高的特点。

（2）流化床燃烧技术

主要是循环流化床燃烧。流化床焚烧炉是一种基于循环流化床燃煤技术的焚烧炉，其主要特点是生活垃圾在焚烧炉内呈流态化激烈翻滚燃烧，所以要求生活垃圾在进炉前要进行均质化预处理。其结构简单、维修方便、投资较少，在中小城市中应用较广，主要有以下优点：①燃料适应性广，适用于焚烧热值较低的生活垃圾，对高水分、高灰分的生活垃圾适应性好；②炉内燃烧温度控制好，运行时炉内燃烧温度可稳定在800～950℃之间，且炉内停留时间相对较长，可有效抑制热力型NO_x和SO_2的产生。但是，流化床焚烧炉技术仍普遍存在以下问题：①由于生活垃圾呈流化态激烈翻滚燃烧，所以必须对入炉前的生活垃圾进行预处理脱水和粉碎搅拌均质化，增加了额外的步骤，环境控制风险增加，也增加了成本；②焚烧产生的烟气中飞灰量大，可达入炉垃圾总量的15%，后续烟气净化要求高；③物料和床料始终处于翻滚流动状态，烟气流速也较大，对设备的冲刷和磨损较严重，缩短了设备使用寿命，使得设备维护量大。

（3）旋转燃烧技术

主要是回转窑燃烧。回转窑式焚烧炉的主要特点是，固体废物进入连续、缓慢转动的筒体内充分翻滚搅动发生燃烧，则生活垃圾与空气能够良好接触并均匀充分燃烧。该焚烧技术主要被应用于处理危险废物，适应性很强，能焚烧多种液体和固体废物（除重金属、水或无机化合物含量高的不可燃物外），各种不同物态（固体、液体、污泥等）及形状（颗粒、粉状、块状及桶状）的可燃性废物皆可送入回转窑中焚烧。

1.4.3 热解技术

热解在工业上称为干馏，是利用有机物的热不稳定性，在无氧或缺氧条件下，使有机物受热分解成分子量较小的可燃气、液态油、固体燃料的过程。即在不向反应器内通入氧、水蒸气或加热的CO_2条件下，通过间接加热（一般废物升温到500～900℃）使含碳有机物发生热化学分解，生成燃料（气体、液体和炭黑）的一种生活垃圾处理技术。

（1）热解原理

有机固体废物的热解过程是一个复杂的化学反应过程，主要包括大分子的键断裂、异构化和小分子的聚合等化学反应，最后生成各种小分子物质。反应主要有两个趋势：一是大分子断裂变成小分子直至气体的过程；二是小分子聚合成较大分子的过程。反应没有明显的阶段性，裂解和聚合等很多反应是交叉进行的。热解过程的总反应方程式可表示如下：

$$有机固体废物+热量 \xrightarrow{无O_2} 热解炭+液体（焦油、有机酸等）+ 气体（H_2、CH_4、CO、CO_2等）+H_2O$$

由总反应方程式可知，热解产物包括气、液、固三种形式。不同的反应物及反应条件得到的生成物不同。热解产生的固体主要是固体热解炭，包括了单质碳元素、结合态碳元素和垃圾中的灰分。有机液体主要包括甲醇、乙酸、丙酮、芳香烃和焦油等，热解还产生了大量的气体产物，主要有 H_2、CH_4、CO、CO_2 等，以及水分（H_2O）。水分的产生是废物中的 H 元素在无氧条件下优先和自身含有的 O 元素结合的结果。

（2）热解的影响因素

热解过程的主要影响因素有热解温度、加热速率、停留时间、物理性质、反应器类型等。

① 热解温度。温度对热解的结果影响最大，温度变化会影响产物的产量和比例。在较低温度下，大分子物质裂解为中小分子，油类含量较高。在较高温度时，中小分子物质会发生二次裂解，气体含量增加，固体产物减少，C_5 以下的分子及 H_2 含量较高。

② 加热速率。加热速率对热解产物的生成比例也有较大的影响。通过温度和加热速率的结合，可控制热解产物中各组分的生成比例。在低温低速加热条件下，有机物分子有足够的时间在其最薄弱的接点处分解，重新结合为热稳定性固体，难以再分解，因此固体产物含量增加；在高温高速加热条件下，有机物分子发生快速裂解，产生大量的低分子有机物，热解产物主要是油及气体。

③ 停留时间。生活垃圾在反应器中的停留时间决定了垃圾分解的转化率。为了充分利用原料中的有机物质，尽量析出其中的挥发分，应延长物料在反应器中的停留时间。生活垃圾的停留时间越长，热解越充分，但处理量少；停留时间短，则热解不够完全，但处理量大。

④ 物理性质。物料的成分、含水率及尺寸大小也对热解过程产生影响。物料中的有机、可燃成分多，则其热解性较好、产品热值较高；含水率高则干燥预处理的能耗高，尺寸较小的垃圾颗粒有利于热解的充分及物料的流动。

⑤ 反应器类型。反应器是热解反应进行的场所，是整个热解过程的关键。不同反应器有不同的反应条件和物流方式。一般来说，固定床处理对象范围宽，但是容量小，而流化床反应器温度可控性好，传热快，处理量大，但是需要对物料进行预处理，并且热载体需要循环，系统复杂。通常使用的热解反应器为回转窑反应器。

生活垃圾热解和焚烧有着本质上的区别，焚烧需要供给充足的氧气进行充分燃烧，热解无需供氧但需供热；焚烧是放热反应，热解是吸热反应；热解和焚烧对产物的利用方式也不同，焚烧是将可燃物料进行直接燃烧放出热量，利用显热可进行发电，而热解产生的是可燃气、油、固体炭等多种产物，可进行多种方式的回收利用，但是目前垃圾热解技术尚未成熟，大型化案例少，主要应用于村镇县城等垃圾处理量较小的地区，并且热解产物最后由于利用不方便而需进一步进行燃烧处理。

总体上，填埋操作简单、处理量大、成本低，但其占地多、土地负担大，且若处理不当还易造成土壤和水体污染。焚烧技术是目前国内外广为认可的生活垃圾能源化处理方式，已发展成为生活垃圾无害化处理的主流。

人口密度大、土地资源紧缺的发达国家如日本、新加坡等，由于土地资源的制约，焚烧已成为生活垃圾处理的主要方式，新加坡甚至达到了100%的生活垃圾焚烧处理率，卢森堡和瑞士的焚烧处理比例分别达到75%和70%。

目前，全世界共有生活垃圾焚烧厂超过2100座，年焚烧生活垃圾量约2.3亿吨，绝大部分分布于发达国家，其中生活垃圾焚烧发电项目约1200个；按年处理量分析，2015年欧洲22个国家生活垃圾焚烧处理量约9000万吨，约占全球生活垃圾焚烧量的40%，发达国家生活垃圾焚烧量最多的是日本、美国、德国，年焚烧量分别为3490万吨、2700万吨、2500万吨。

我国生活垃圾的无害化处理率正逐年升高，2018年时已达到了99%，见图1.5。

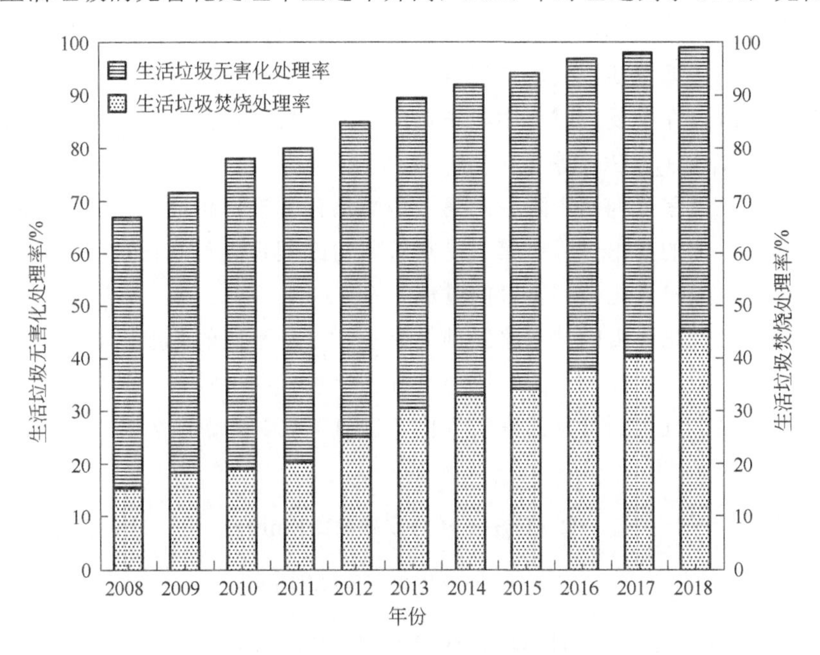

图1.5　2008～2018年中国生活垃圾无害化处理率和焚烧处理率

截至2019年底，我国已建成504个生活垃圾焚烧发电厂，垃圾焚烧发电的发电量和装机容量均居世界前列。

我国的生活垃圾焚烧行业能如此迅速地发展，究其原因，主要有以下几点。①中国的国情需求。我国对环保的要求越来越严格，过去以填埋为主，对环境的污染较大，同时土地资源越来越稀缺，生活垃圾焚烧技术因其高效、可进行能源回收的优点，成为目前生活垃圾处理的较优选择。②生活垃圾焚烧技术发展成熟。世界各国长期在生活垃圾焚烧技术研发上投入了很大的精力，相关技术已经较为成熟，投建和运行数量多，工业化和商业化普及程度较高。③国家政策支持。《"十三五"全国城镇生活垃圾无害化处理设施建设规划》规定"到 2020 年底，设市城市生活垃圾焚烧处理能力占无害化处理总能力的 50%以上，其中东部地区达到 60%以上；经济发达地区和土地资源短缺、人口基数大的城市，优先采用焚烧处理技术，减少原生垃圾填埋量；重点支持采用焚烧等资源化处理技术的设施和贫困地区处理设施建设"。而"规划"更加全面推进生活垃圾焚烧处理能力建设，逐步实现原生生活垃圾"零填埋"的目标，加上国家对焚烧发电项目的相关电价补贴、税费减免、专项规划等政策，有序引导和推进焚烧发电的健康发展。在国家支持和环保的大环境下，生活垃圾焚烧发电具有广阔的发展前景，而焚烧技术广泛应用则需要烟气净化技术的保驾护航。

1.4.4 气化技术

气化是指反应物在还原性气氛下与气化剂发生反应，生成以可燃气为主的热转化过程，在这里气化剂主要包括空气、富氧气体、水蒸气、二氧化碳等。在实际过程中，热解、气化往往同时存在于反应过程中。与热解有油、气、炭多种产物不同，气化的产物是燃气（CO、CH_4、H_2、CO_2等）。

生活垃圾气化过程分为两个阶段：第一是受热分解气化阶段，在低于 600℃的条件下垃圾干燥与挥发分的析出过程；第二是热解残留的固定碳与气化剂（CO_2、H_2O 等）发生氧化反应、生成一氧化碳和氢气的过程。

城市生活垃圾气化采用的技术路线种类繁多，可从不同的角度对其进行分类，根据采用的气化反应器的不同可分为固定床（又分为上吸式和下吸式）气化、流化床气化和旋转床气化等。根据气化剂可分为空气气化、富氧气化、水蒸气气化等。气化过程主要发生以下化学反应：

$$C+O_2 \longrightarrow CO_2+391.1kJ/mol$$

$$2C+O_2 \longrightarrow 2CO+220.8kJ/mol$$

$$2C+2H_2O \longrightarrow CO_2+2H_2+75.1kJ/mol$$

$$C+2H_2 \longrightarrow CH_4-74.0kJ/mol$$

$$CH_4+H_2O \longrightarrow CO+3H_2+206.3kJ/mol$$

当气化过程产生的气体需要输出利用时，其中的焦油去除非常重要，因为焦油会堵塞管道和燃气利用设备。在不同的气化反应器类型中，下吸式固定床反应器是一种处理容量较为小型化，但是燃气中焦油含量低的一种气化炉型，见图 1.6。下吸式固定床气化炉不同区域发生的反应和反应温度总结如表 1.2 所示。因为气体产物中原始焦油浓度低，目前针对生活垃圾或者其他废弃物制成的燃料块（RDF 或者 SRF）进行气化的有限实践，以产气为目标时，均采用下吸式气化炉。但是下吸式气化炉适用于含水率不高（含水率低于 30%）的物料，例如分类后的干垃圾，否则炉温难以上升；而上吸式热解气化炉的生成气不通过高温区，焦油含量较高，但物料被向上流动的热气流烘干，可用于含水率较高（含水率可达 50%）的物料。

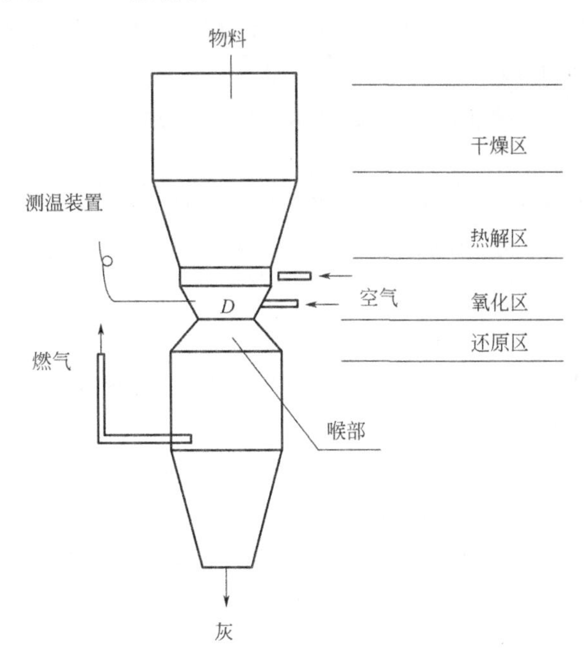

图 1.6　下吸式固定床气化炉示意图

表 1.2　下吸式固定床气化炉不同区域发生的反应和反应温度

区域	反应过程	反应温度/℃
干燥区	物料 ⟶ 水+干物料	50～120
热解区	干物料 ⟶ 焦炭+焦油+气体（H_2、CO、CO_2、CH_4、C_2H_4、C_2H_6、C_mH_n）	120～800
氧化区	焦炭+O_2 ⟶ aCO+$b$$CO_2$+$c$$H_2O$ 2CO+O_2 ⟶ 2CO_2 焦油+O_2及热量 ⟶ 气体（H_2、CO、CO_2、CH_4、C_2H_4、C_2H_6、C_mH_n）	800～1200
还原区	焦炭+H_2O ⟶ CO+H_2 焦炭+CO_2 ⟶ 2CO 焦油+焦炭 ⟶ 气体（H_2、CO、CO_2、CH_4、C_2H_4、C_2H_6、C_mH_n）	700～1000

参考文献

[1] 杨威，郑仁栋，张海丹，等. 中国垃圾焚烧发电工程的发展历程与趋势［J］. 环境工程，2020，38（12）：124-129.

[2] 沈殳爻. 我国城市生活垃圾分类政策研究［J］. 管理观察，2019，25：83-85.

[3] 尉薛菲. 中国生活垃圾分类产业的经济学分析［D］. 北京：中国社会科学院，2020.

[4] 东天，王闻烨，徐成斌，等. 沈阳垃圾填埋场周边植物重金属含量及其环境影响研究［J］. 环境科学与管理，2014，39（8）：148-152.

[5] 罗虹霖，胡晖，张敏，等. 城市生活垃圾处理技术现状与发展方向［J］. 污染防治技术，2018，31（3）：22-25.

[6] 别如山. 垃圾焚烧技术和产品及其在垃圾分类条件下的新进展［J］. 工业锅炉，2020（3）：1-10.

[7] 占华生，聂连山，李佳东，等. 回转窑危废焚烧炉耐火材料的应用现状及设计选材优化［J］. 耐火材料，2021，55（2）：151-154.

[8] 陈德珍. 固体废物热处理技术［M］. 上海：同济大学出版社，2020.

[9] Chen D Z，Yin L J，Wang H，et al. Pyrolysis technologies for municipal solid waste：a review［J］. Waste Management，2014，34：2466-2486.

[10] Makarichi L，Jutidamrongphan W，Techato K A. The evolution of waste-to-energy incineration：a review［J］. Renewable & Sustainable Energy Reviews，2018，91：812-821.

[11] 张大勇. 2020中国生物质发电产业发展报告［R］. 中国产业发展促进会生物质能产业分会，2020.

[12] 刘洋. 城市生活垃圾气化的过程控制［D］. 广州：广东工业大学，2016.

第2章

生活垃圾焚烧技术与设备

生活焚烧技术主要有以下三种：层状燃烧技术、流化床燃烧技术、旋转燃烧技术。对应的焚烧炉类型为：机械式炉排焚烧炉、流化床焚烧炉、回转窑焚烧炉。这三种焚烧炉也是目前国内外应用最多的炉型。

部分国家与地区生活垃圾焚烧炉型统计如图 2.1 所示，可见，炉排型焚烧炉技术占据世界生活垃圾焚烧技术的主导地位，大部分发达国家的炉排焚烧炉占比都超过了 80%，我国的炉排焚烧比例也接近 70%，因为炉排焚烧炉是处理量最大、适用性最好的生活垃圾焚烧技术，所以我国在建的生活垃圾焚烧厂中以炉排焚烧炉为主。

流化床焚烧炉技术在我国和日本都占有一定的市场份额。其仍存在飞灰量大、容易产生 CO 超标等问题，而中国仍有部分生活垃圾采用流化床焚烧技术进行处理，这是由于其具有建设成本相对较低、对劣质燃料和低热值的生活垃圾适应性高等优点，在我国焚烧技术应用早期建设项目较多。

生活垃圾焚烧炉技术目前朝着高效清洁燃烧发展，即提升燃烧效果和控制污染物的生成，主要集中在两方面：一是在现有焚烧炉技术上进行结构和稳定燃烧的优化设计；二是研究新型焚烧技术，将其他技术与既有焚烧技术相结合，弥补直接焚烧的缺点。近年来利用 CFD 软件进行模拟仿真炉内燃烧过程，作为一种低成本、高效率的研究手段，不断被应用于生活垃圾焚烧炉的优化设计研究中，一方面其可有效促进垃圾焚烧过程机理、模型的完善；另一方面可以通过仿真结果预测实验结果，改善燃烧控制方式，提高燃烧效率，为生活垃圾焚烧技术的发展提供理论依据。

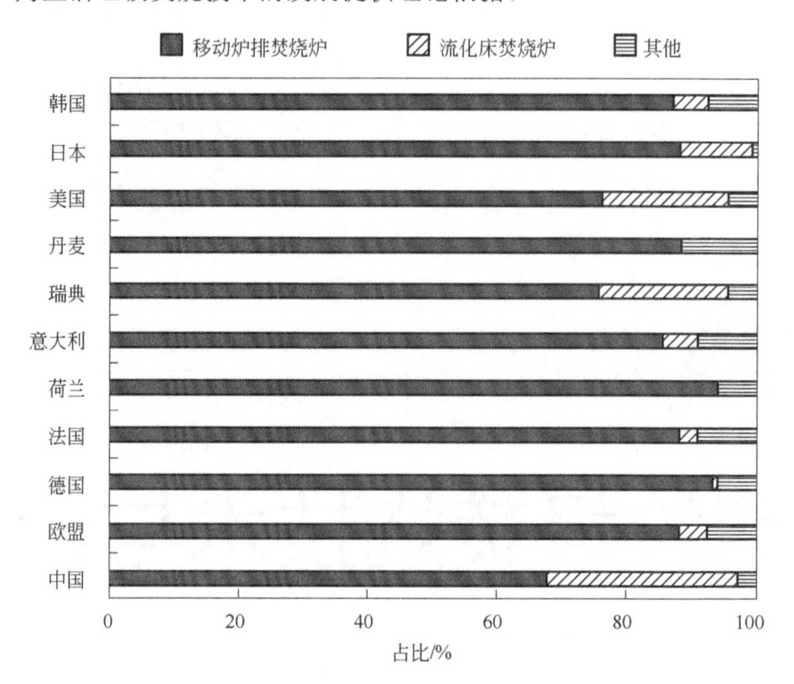

图 2.1　部分国家与地区生活垃圾焚烧炉型统计图

2.1　焚烧技术的基本工艺

不同的垃圾焚烧技术虽然炉型和工艺有所差别，但基本的工艺流程和系统类似。目前运用比较广泛的生活垃圾焚烧发电主要工艺流程如图 2.2 所示。首先是将生活垃圾运输到垃圾池中存放 5～7 天左右，让渗滤液滤出，随后水分降低的垃圾在焚烧炉内通过 850～1100℃的高温进行焚烧，焚烧后产生的高温烟气进入余热锅炉中产生高温蒸汽，蒸汽经过汽轮机把热能转化为电能，燃烧过程中产生的飞灰、尾部烟气以及垃圾渗滤液通过专门工艺进行相应的处理，如果大件垃圾或者不适合进入焚烧炉的物件，在进入焚烧炉前分选出来，一般情况下焚烧炉对生活垃圾有良好的适应性，并不需要分选。总体上，生活垃圾焚烧系统均包含以下几个部分：收运、贮存和卸料系统；垃圾焚烧及能量利用系统；三废（烟气、污水、废渣）处理和回收利用系统。

焚烧系统中最关键的就是焚烧炉和污染物净化系统两部分，不同的焚烧炉型会影响能源效率，污染物产生的情况也不同，焚烧炉是能量可利用的前提和保障，而污染物净化系统是烟气排放达标的保证，也是生活垃圾得以资源化的前提。焚烧炉技术和污染物控制技术相辅相成，优化改进焚烧炉的目的就是为了提高能源利用率和减少污染物的产生，因此对生活垃圾焚烧炉技术和污染物控制技术的优化研究是促进焚烧发电行业实现经济可行、绿色环保目标的核心。

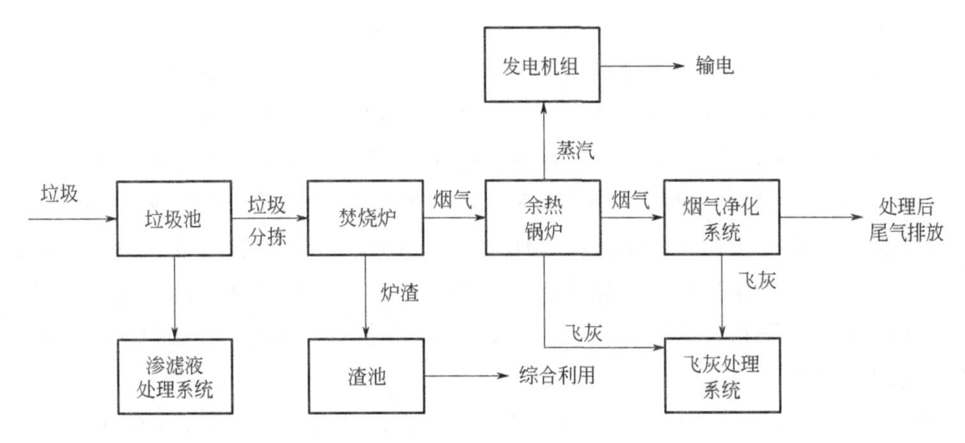

图 2.2　生活垃圾焚烧发电主要工艺流程

2.2　焚烧技术的影响因素

不同的生活垃圾焚烧技术采用的焚烧炉类型和工艺略有差别，但是主要影响因素相同，生活垃圾焚烧技术的主要影响因素包括：生活垃圾的性质、停留时间、温度、湍流度、过量空气系数和配风方式、料层厚度和给料速度等。这些因素不仅影响了焚烧炉类型的选择，也是焚烧技术优化改进的几大重点研究方向。

2.2.1　生活垃圾的性质

生活垃圾的热值、组成成分及外形尺寸是影响生活垃圾焚烧的主要因素，影响焚烧工艺和设备的选型。不同季节垃圾的物理组分有所变化，但是焚烧炉必须保证在任何季节都能正常运行，否则会影响焚烧发电厂的经济效益。

热值高、可燃组分多、尺寸小的生活垃圾更有利于其焚烧完全，处理效果更好。但是，在垃圾分类全面推进落实前，我国的生活垃圾含水率高，大部分地区的生活垃圾热值普遍偏低，有些地方甚至达不到垃圾焚烧要求的最低热值 3.36MJ/kg。有研究认为，生活垃圾低位热值大于 5.0MJ/kg 时，焚烧炉无需添加辅助燃料即可维持正常燃烧。经济发达的东部省份如江苏、浙江、上海等，生活垃圾中可燃组分比例较高，入厂垃圾热值也较高，达到 6.0MJ/kg 以上，因此早期我国的焚烧厂主要分布在大城市中。相关研究认为，生活垃圾的平均净热值至少要大于 7.0MJ/kg，焚烧才能使得生活垃圾增值。

生活垃圾的热值直接影响了焚烧发电的经济性，为提高中国生活垃圾热值的均值，使垃圾焚烧发电的经济效益发挥到最大，需要在焚烧前对生活垃圾进行预处理。垃圾在入炉焚烧前必须经过在垃圾池中的贮存或生物堆肥处理，贮存一般为5～7天，对生活垃圾进行数量调节、干燥脱水和搅拌分拣等工序，贮存期间通过自然压缩及部分发酵作用，可以降低生活垃圾的含水量，提高入炉生活垃圾的热值；采用生物堆肥时，一般堆5～7天，大部分水分在重力的作用下被滤掉排走，并且由于微生物的活动，温度可高达70℃，同时通入过量空气，可进一步对生活垃圾脱水，经过堆放后的生活垃圾含水率可由原来的60%～70%降低至10%～15%，极大地提高了生活垃圾的热值。目前中国大部分地区（如深圳、珠海、上海、广州等地）的生活垃圾焚烧发电厂多采用垃圾池堆存、发酵和均匀化，而少采用通入空气的生物堆肥形式，因为大量的臭气难以处理。

垃圾分类对生活垃圾中干垃圾的产量、热值及组分都会产生显著的影响，其中热值提升也成为现有焚烧设施亟待改进的问题。据上海环境卫生工程设计院统计，2019年上半年上海市生活垃圾容重均值为151kg/m^3，其变化范围为74～290kg/m^3；上海市生活垃圾含水率均值为56.96%，波动范围为38.16%～70.12%；上海市生活垃圾低位发热量（LHV，湿基）均值为6600kJ/kg，指标范围为3980～13080kJ/kg。自当年7月1日实施垃圾分类后，干垃圾容重为96kg/m^3，含水率为36.22%，相比于混合垃圾，容重下降约37%，含水率降低约36%；2019年下半年全市干垃圾低位发热量达到13160kJ/kg，比混合垃圾的低位发热量上升约103%，远高于原设计焚烧进炉垃圾平均低位发热量（5000kJ/kg），见图2.3。进炉垃圾平均低位发热量的提升、密度的降低使得焚烧炉的工况偏离其设计的燃烧图，也将改变垃圾层的阻力，在机械负荷不变的情况下焚烧炉内的热负荷将超过设计值，不仅炉膛会超温，同时也会发生不完全燃烧。因此垃圾分类带来的热值升高问题，既有的焚烧炉需要改造才能应对，例如改变炉膛内水冷壁的覆盖层提升炉膛热负荷吸收能力、加强送风、改变炉排上的垃圾层厚及运行速度等。

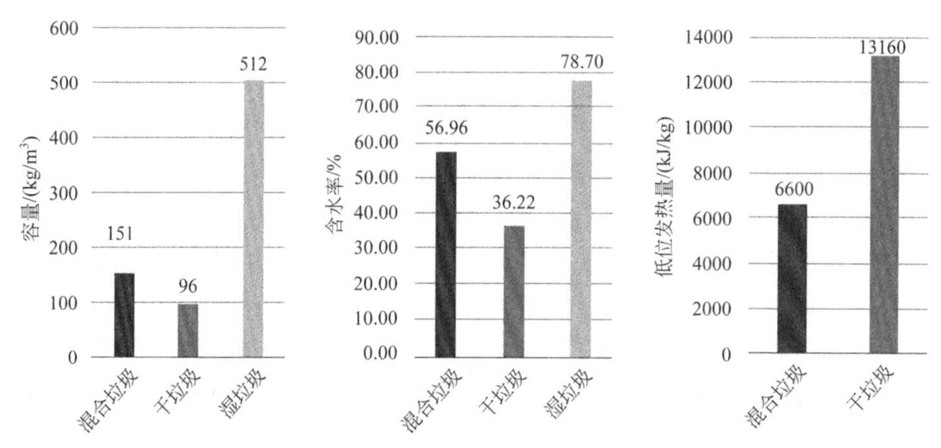

图2.3 2019年生活垃圾分类前后容重、含水率和低位发热量

2.2.2 停留时间

停留时间有两个含义：一是生活垃圾在焚烧炉内的停留时间，指生活垃圾从入炉开始到焚烧结束，炉渣从炉尾排出所需要的时间；二是生活垃圾焚烧烟气在炉内高温区的停留时间，即焚烧产生的烟气从二次风断面以上到排出二燃室所需的时间，即通常所说的 850℃以上停留 2s 以上。在实际运行中，生活垃圾在炉中停留的时间必须大于理论上垃圾干燥、热分解和燃烧所需总时间，焚烧烟气在炉内高温区中的停留时间应保证烟气中气态可燃物达到完全燃烧。一般来说停留时间较长有利于生活垃圾的焚烧完全，不同的生活垃圾种类所需的停留时间不一样，应根据垃圾的干燥程度、种类等合理调整停留时间，才能让垃圾稳定燃烧和完全燃尽。

以机械式炉排炉为例，生活垃圾进入焚烧炉后首先在第一区炉排上进行干燥，接着在第二、三区炉排上焚烧（有的主燃烧炉排仅布置在 1 个区），最后在燃尽炉排上燃尽。在每一区段的炉排上的停留时间过长或过短都不合理，都会影响生活垃圾处理量和焚烧效果。经过行业从事人员的经验总结，给出关于炉排炉焚烧的如下建议：为使生活垃圾充分干燥、充分焚烧和完全燃尽，生活垃圾在第一区段炉排（即所谓的干燥炉排）上停留 100～110s 较合适，在第二、三区段炉排（即燃烧炉排）上停留 80～100s 较合适，在燃尽炉排上停留 180～200s 较合适。应根据实际情况合理调整生活垃圾在炉内的停留时间。

2.2.3 温度

温度影响包括炉膛温度和一次风温度对焚烧的影响。炉膛温度是指一燃室（燃烧区）和炉膛出口之前生活垃圾焚烧所能达到的温度，一般位于燃烧段垃圾层上方并靠近燃烧火焰的区域内的温度最高，可达 850～1100℃。生活垃圾热值越高，则焚烧温度越高，停留时间可适当缩减，同时维持较大的生活垃圾处理量和较好的焚烧效果。

焚烧炉中的一次风经过蒸汽空气加热器和烟气空气加热器后才进入焚烧炉。一次风的温度越高，生活垃圾干燥越快，燃烧效果越好，因此，要保持一次风的温度稳定。另外，炉膛温度和一次风温度相互作用，一次风温度越高，生活垃圾焚烧效果越好，炉膛温度越高。只有炉膛温度稳定，才能保证生活垃圾稳定焚烧和锅炉稳定运行，产生稳定的蒸汽和烟气，保证空气预热器正常工作，从而保证一次风的温度稳定，当炉膛温度较低时要及时添加辅助燃料助燃，保证炉膛温度稳定，才能建立良性循环，保证生活垃圾稳定燃烧。我国垃圾焚烧烟气污染物排放标准规定，垃圾焚烧炉炉膛出口烟气温度达到 850℃时，烟气停留时间不低于 2s。这里“2s”的停留空间一般是二次风入口断面以上到炉膛的出口断面之间。但是，过高的一次风温度不利于炉排的冷却，或者炉排需要特殊的冷却方式如水冷，才能保证寿命；过高的炉膛温度也会对炉墙的耐火材料带来伤害，并使得水冷壁结渣、热力型 NO_x 排放浓度升高，因此，一次风温度一般不会超过 250℃；

炉膛温度的合理范围为850～1050℃。

2.2.4 湍流度

湍流度是表征生活垃圾和空气混合程度的指标。湍流度越大，扰动就越强，生活垃圾与空气的混合效果越好，可燃组分与氧气的接触越充分，燃烧反应越完全。湍流度受多种因素共同影响。当焚烧情况一定时，增加空气供给量，可加强燃烧质传热的效果，提高湍流度，促进焚烧完全，但是空气供给量过高会降低炉膛温度。为了提高湍流度，满足挥发分完全燃烧的要求，一般在焚烧炉的喉口部位送入二次风，二次风的喷嘴沿着炉膛喉部的前后墙对冲布置，以利于形成紊流。常用的二次风喷嘴为ϕ40～60mm的圆孔，出口流速大于50m/s，喷入炉膛后的射程范围为1.5～4.5m。二次风的总量一般为总风量的30%～40%左右，由于形成湍流是主要目的，因此二次风也可以由烟气再循环形成，也可以是蒸汽。

2.2.5 过量空气系数和配风方式

按照可燃成分和化学计量方程，与燃烧单位质量垃圾所需氧气量相当的空气量称为理论空气量。为保证生活垃圾燃烧完全，实际供给空气量应大于理论空气量，实际空气量与理论空气量之比值为过量空气系数。供给适当的过量空气是有机物完全燃烧的必要条件，适当增加空气量，可增强炉内的湍流度，有利于焚烧。过量空气系数不宜过大，否则可能使炉内的温度降低，还会增加输送空气及预热所需的能量，并造成烟气热损失过大。

生活垃圾焚烧时所需要的空气会分阶段供给，分别为一次风和二次风。一次风通常从焚烧炉的炉排下部的风仓穿过炉排和垃圾层送入炉中，提供生活垃圾燃烧的大部分氧气，起到引燃的作用；为了提高一次风的有效性，以及满足燃烧要求，通常采用风仓送风的方式，即在炉排下面结合炉排的分区，一次风分成3～4个风仓，中间燃烧剧烈的风仓供风最多，以满足垃圾剧烈燃烧对氧的需求；而干燥区和燃尽区下面的风仓供风少。二次风一般布置在燃烧火焰的后段区域、炉膛喉部，主要起补充氧气和加强扰动的作用，促进完全燃烧。在低氧燃烧的条件下，二次风的风量可控制在总风量的30%以内。

2.2.6 料层厚度和给料速度

料层厚度需要根据炉排的类型和生活垃圾的焚烧效果来调整，太厚会导致通风困难、生活垃圾燃烧不完全或不稳定，太薄又会减少生活垃圾处理量，同时导致大量的空气涌入炉内。给料速度取决于燃烧的情况，及时补料可以使得焚烧炉内温度稳定，处理量也稳定。

根据运行经验，在炉排炉焚烧过程中，第一级炉排料层厚度在 0.8～1m 间比较合适，第二、三级炉排料层厚度在 0.6～0.8m 之间比较合适，第四级炉排料层厚度在 0.2～0.4m 之间比较合适。

每一影响因素都会对焚烧效果有不同程度的作用，而这些因素并不是孤立的，它们相互联系、相互影响、相互制约，在实际运行中应从整个过程分析，一个完整的工艺是通过合理调整各因素得到的总效果来确定最佳运行条件。

2.3 炉排型焚烧炉

机械式炉排型焚烧炉采用层状燃烧技术，是目前最常用的生活垃圾焚烧炉，它的最大优势在于技术成熟、运行稳定可靠、适应性广、处理量大等。绝大部分生活垃圾不需要进行预处理可直接入炉燃烧，在焚烧炉中第一阶段就进行干燥处理，随后着火、燃烧和燃尽，常应用于大规模生活垃圾集中处理，适合我国生活垃圾热值低、含水率高的特点。

机械式炉排型焚烧炉结构如图 2.4 所示，包括炉排传动机构、前后炉拱、配风机构和炉膛。

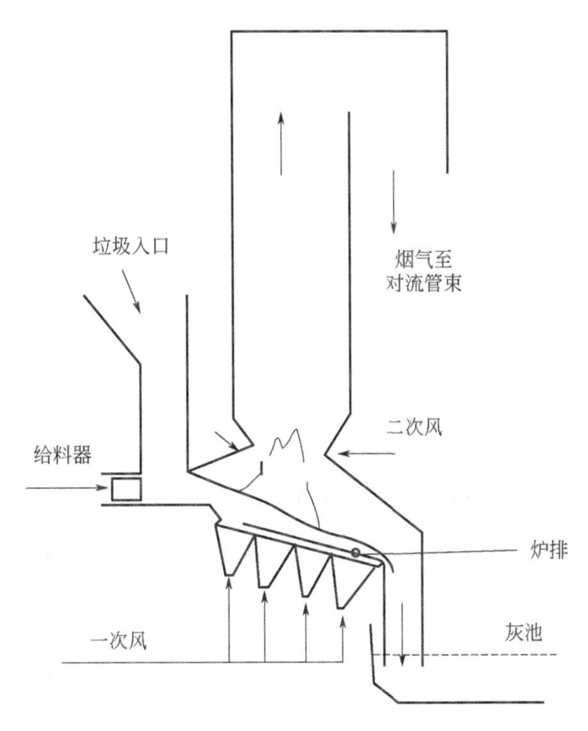

图 2.4　机械式炉排型焚烧炉结构示意图

炉排型焚烧炉最关键的是炉排，其采用活动式炉排，可使焚烧操作连续化、自动化。炉排类型较多，有链条式、阶梯往复式、多段滚动式等，使用较多的是阶梯往复式。根据炉排的运动形式，可分为水平往复炉排、顺推倾斜往复炉排和逆推倾斜往复炉排等焚烧炉。一般采用一定角度的倾斜式布置炉排，并且通过炉排的运动和重力作用移动运输生活垃圾，炉排从上往下分为几段，由传动装置带动，其按照功能分为干燥段、燃烧段和燃尽段。炉排主要具有以下功能：①运输生活垃圾经过整个炉膛并控制其在不同阶段的停留时间；②搅动混合生活垃圾使其与空气充分接触；③输送一次风。由于炉排的材质规格和加工精度很高，传动机械的结构也较复杂，故设备的投入、运行和维护成本也较高。

炉拱是高效燃烧的保障，分为前拱和后拱。前拱主要是通过吸收燃烧火焰和高温烟气的辐射热起到引燃新燃料的作用，后拱在炉排的后段，将高温烟气输送到前拱区提高炉温和强化前拱的辐射，也将灼热炭粒引至新燃料区引燃，另一方面也起到了炉排后部保温的作用，防止热量向炉膛散失。炉膛形式和配风机构是影响主燃烧区燃烧情况的主要因素，炉膛机构和配风方式要与炉排运动互相配合达到合理的效果才能达成完整的焚烧过程，是优化设计焚烧炉的重要途径。

炉排型焚烧炉的工作原理如图 2.5 所示，生活垃圾首先通过进料装置进入炉内随炉排由上往下移动，依次通过干燥段、燃烧段和燃尽段，一次风从炉底部送入并从炉排块

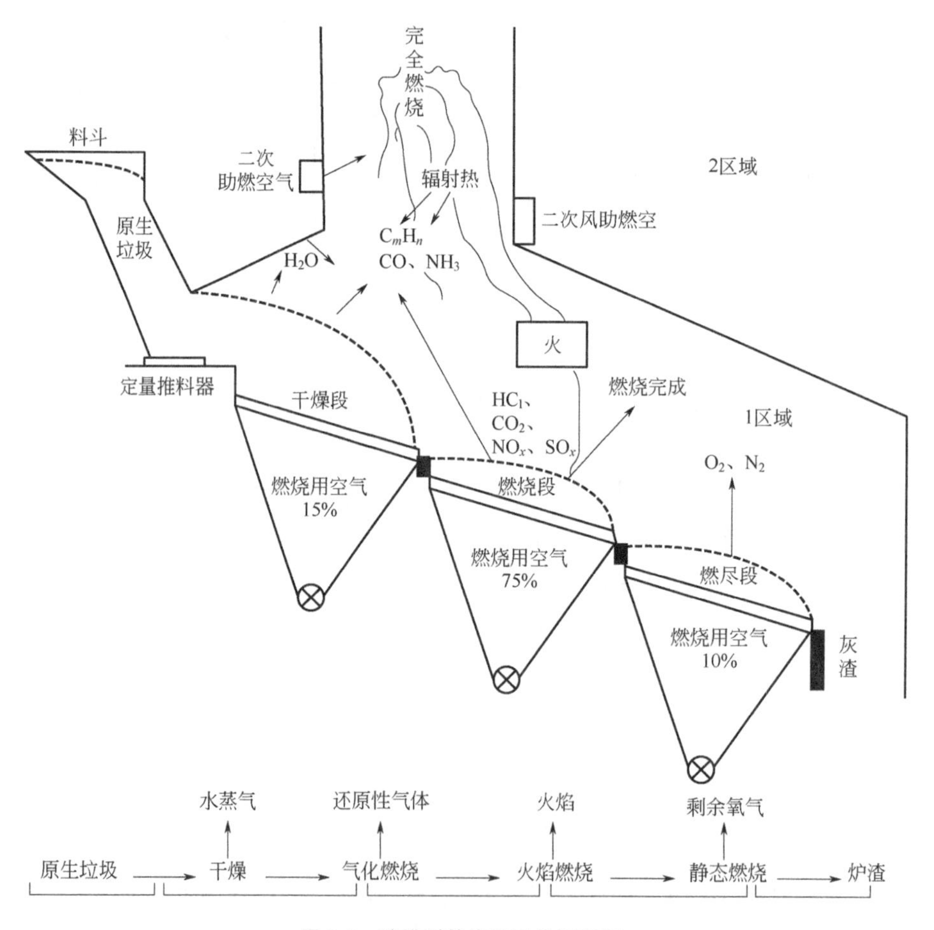

图 2.5 炉排型焚烧炉工作原理图

的缝隙中吹出，对炉排有良好的冷却作用。生活垃圾与空气接触燃烧，在此过程中产生高温烟气和炉渣。在干燥阶段完成垃圾的干燥和加热，挥发出可燃气体等过程，温度一般在 100～200℃，是燃烧的准备阶段，需要的空气量较少，一般为一次风的 15%，干燥段炉排具备将大部分的垃圾含水量蒸发，不使生活垃圾结成大团块，均匀移动生活垃圾和自清洁等功能；在燃烧段完成生活垃圾和可燃气体的燃烧，需要鼓入大量空气，一般为一次风的 75%，燃烧温度通常在 700～1100℃，挥发性气体在炉膛内燃烧，为燃烧完全喷入二次风，燃烧产生的高温烟气从炉膛出口逸出后进入余热发电和净化阶段后再由烟囱排出；在燃尽阶段，供给最后一部分一次风，使生活垃圾完全燃尽并产生废渣后排出。

在炉排移动过程中，生活垃圾组分不同，各阶段所需时间和空气量也不同，合理控制炉排运转速度、给料层厚度和风量配比，才能获得更好的焚烧效果。

世界各地已经对炉排炉进行了长期的研究，国外部分发达国家的生活垃圾焚烧技术已经相当成熟，而国内的研究起步晚，早期主要通过引进国外的先进技术和借鉴经验来提高国内的焚烧技术，而随着自主产权的迫切需求，我国也涌现出了许多进行自主研发设计优化焚烧炉的机构和企业及院校，如光大国际、重庆三峰、上海康恒、上海环境院、浙江大学、同济大学等。

国外主要的炉排炉类型及厂商见表 2.1，主要有日本的三菱马丁逆推炉排炉、SN 型炉排炉，法国的 SITY2000 倾斜往复式炉排炉，德国的阶梯式顺推炉排炉和往复顺推式炉排炉等。

表 2.1　国外主要的炉排炉类型及厂商

炉排型焚烧炉技术	厂商
三菱马丁逆推炉排炉	日本三菱重工株式会社
SN 型炉排炉	日本田熊株式会社
SITY2000 倾斜往复式炉排炉	法国阿尔斯通公司
阶梯式顺推炉排炉	德国诺尔-克尔茨公司
往复顺推式炉排炉	德国斯坦米勒公司
SHA 多级炉排炉	比利时西格斯公司
R-10540 型炉排炉	瑞士 VonRoll 公司

其中最为典型的是马丁炉排炉（图 2.6），其处理量大、料层稳定、焚烧效果好，它属于逆推式倾斜往复炉，即炉排以一定的斜度依次排列布置，重力作用使得生活垃圾往下移动，而炉排活动方向与重力方向相反，产生向上的推力，因而则部分生活垃圾在推力作用下反向移动与新加入的生活垃圾充分搅拌混合，热量传递均匀，有利于减少干燥和点火的时间。马丁炉具有优秀的焚烧调节能力，可实时根据生活垃圾焚烧情况调整各运行参数。

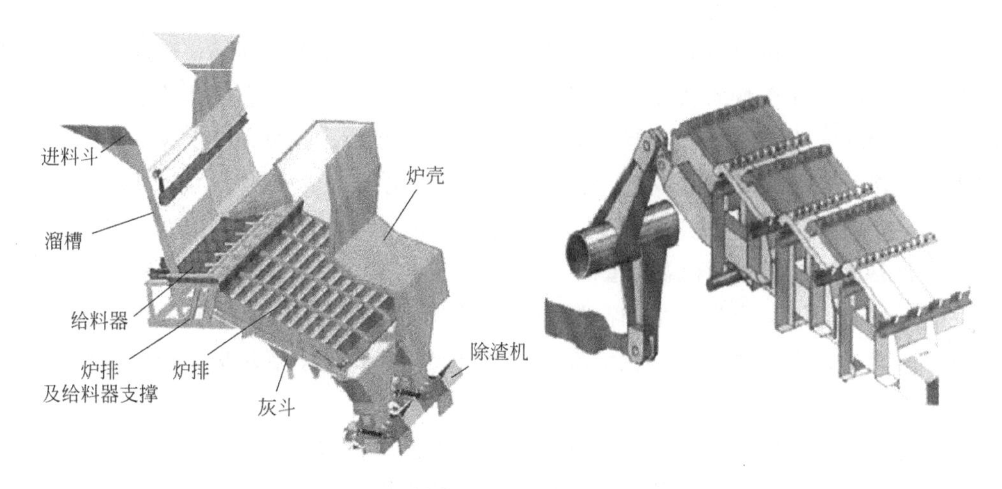

图 2.6　马丁炉排炉

国内企业主要引入如日本马丁炉、比利时西格斯 SHA 炉等先进的焚烧炉技术，并在此基础上进行优化创新，实现焚烧设备的自主化。例如光大国际、上海康恒、杭州新世界等公司都在进行炉排的研究开发，中国光大国际有限公司从 2003 年开始在各大城市投资运行垃圾焚烧发电厂，并着手对垃圾焚烧技术进行研究并应用于实践。引进的先进技术虽焚烧效果较好，但是在处理我国含水量高、热值低的生活垃圾时，仍普遍存在燃烧不完全或因控制偏差导致燃烧温度不足而产生大量二噁英的问题，或是在改进过程中，计划使用规模与实际不匹配，也会导致热负荷分布不均、局部超温等现象，缩短焚烧炉的使用寿命。目前国内众多企业和重点高校都在进一步研究炉排炉优化。

国内主要的炉排炉类型及厂商见表 2.2。

表 2.2　国内主要的炉排炉类型及厂商

炉排型焚烧炉技术	厂商
机械往复式炉排炉	浙江伟明环保股份有限公司
机械往复式炉排炉	杭州新世界能源环保公司
德国马丁公司 SITY200 炉排炉（国产化）	重庆三峰环境产业有限公司
多级液压机械炉排炉	中国光大国际有限公司

2.4　流化床焚烧炉

流化床（circulating fluidized bed，CFB）焚烧炉是一种基于循环流床燃煤技术的焚烧炉，其结构简单、维修方便、投资较少，在中小城市中应用较多，浙江大学开发的循环流化床焚烧炉系统如图 2.7 所示。

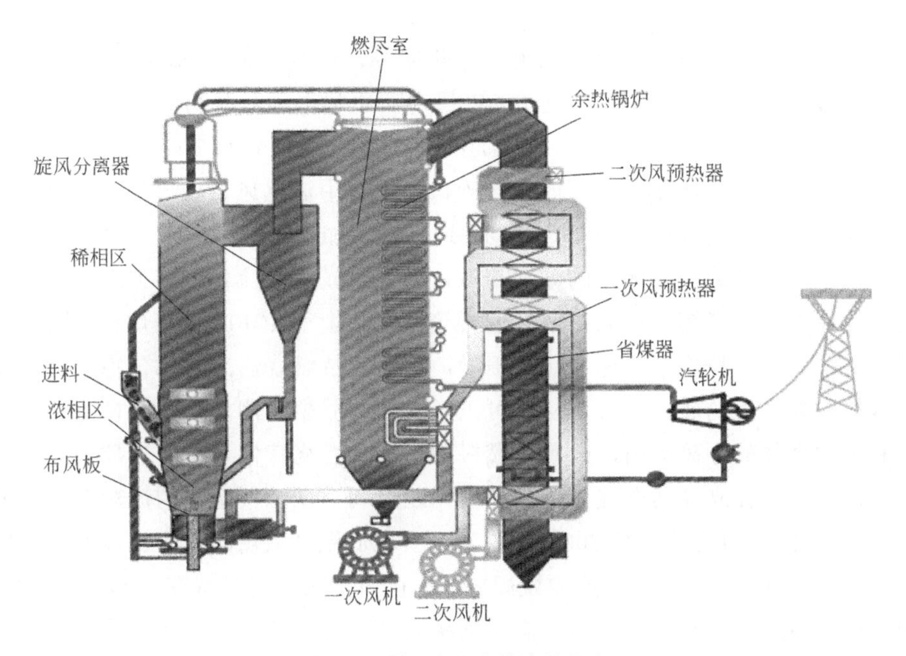

图 2.7 循环流化床焚烧炉系统

炉内利用大量石英砂床料作为蓄热体，在生活垃圾焚烧之前通过喷油的方式对石英砂进行加热，使其温度超过 600℃；破碎机对垃圾进行粉碎处理后，使其粒度在 5cm 以内，然后将其从进料口投入炉中；通过底部布风板鼓入 200℃以上的热风，使得生活垃圾与炽热的床料被吹起呈流化状态，生活垃圾进入后和床料迅速混合，并被快速加热、干燥、点燃并快速燃烧，流化床的燃烧温度控制在 850～900℃之间。被吹出炉膛的高温固体颗粒通过旋风分离器和返料器送回炉膛进行循环燃烧，形成炉内物料的平衡；大量的物料被烟气带到炉膛上部燃烧。由于炉内存有大量固体床料，炉温分布较为均匀，具有燃烧稳定的优势，炉膛温度仅需保证在 850～900℃，材料的耐高温性比普通焚烧炉低，因此其制造成本相对更低。CFB 焚烧炉内部物料处于剧烈的运动及循环过程中，物料在内部的停留时间较长，因此即使燃料粒径大，仍能保证较高的燃尽率；CFB 焚烧炉的出口有一个或多个旋风分离器将带出的细料返回炉中。

CFB 焚烧炉主要有以下优点：①燃料适应性广。适用于焚烧热值较低的生活垃圾，对高水分、高灰分的生活垃圾适应性好。②炉内燃烧温度控制好。运行时炉内燃烧温度可稳定在 800～950℃，且炉内停留时间相对较长，可有效抑制热力型 NO_x 和 SO_2 的产生。但流化床焚烧炉技术仍普遍存在以下问题：①由于生活垃圾呈流化态激烈翻滚燃烧才能实现流化床燃烧效果，如果物料尺寸过大不能流化，或者尺寸过小立即被吹走，都会影响流化床的燃烧，所以必须对入炉前的生活垃圾进行预处理脱水和粉碎搅拌均质化，这增加了额外的步骤，也增加了成本；②焚烧产生的烟气中飞灰量大，可达入炉垃圾总量的 15%，后续烟气净化要求高；③物料和床料始终处于翻滚流动状态，烟气流速也较大，对设备的冲刷和磨损较严重，缩短了设备使用寿命，使得设备维护量大。

除采取旋风分离器进行外循环的循环流化床外，还有一种内循环流化床（internally circulating fluidized bed，ICFB）焚烧炉，以日本荏原制作所开发的ICFB焚烧炉为代表，其结构如图2.8所示。焚烧炉炉床中间隆起成床脊，向两侧各有20° 倾角，上布风帽若干，出口风速不等。炉床四角共有四个排砂口。运行中流化风量使砂层流化移动，床层由低速移动床与高速流动床构成复合结构，通过燃料加热区（移动床）、主燃烧区（流动床）与换热区（移动或流动床）的分别布风，各区间较大的流化倍率差造成固相颗粒大尺度内循环流，改善了燃料横向扩散、偏析等特性。由于ICFB焚烧炉利用有组织的高温床料旋流使燃料（垃圾）迅速加热、干燥，从而维持燃烧温度的均匀稳定，还加剧了燃料和床料颗粒之间的碰撞混合，从而可破坏燃料的凝聚结团，防止不良流化状态的发生，有利于不燃物的分离排出，改善了燃料的扩散和燃烧特性，能有效控制污染物的排放。非均匀布风可独立控制燃烧与传热过程，还有利于减少气泡与沟流对燃烧的影响。ICFB焚烧炉床温均匀地控制在800℃左右，可实现低温高效燃烧，防止玻璃等不燃物融熔结渣，有效地利用石灰石实现床内脱硫脱氯，自由空间温度维持在 900℃，燃烧完全。

四个排砂口底部与螺旋式不燃物输送机相连，可将热砂及不燃物（炉渣）送入振动筛进行分离。砂由砂提升机返回炉内循环利用，床压高时可排入砂箱内备用。不燃物则清运填埋。导流板可将部分高温烟气及固体颗粒引流回下部进行循环，经过内、外循环的多个途径，提高了炉膛上部的燃烧放热份额，增强了炉膛上下部之间的物料交换，使整个炉膛处于均匀的高温燃烧状态。

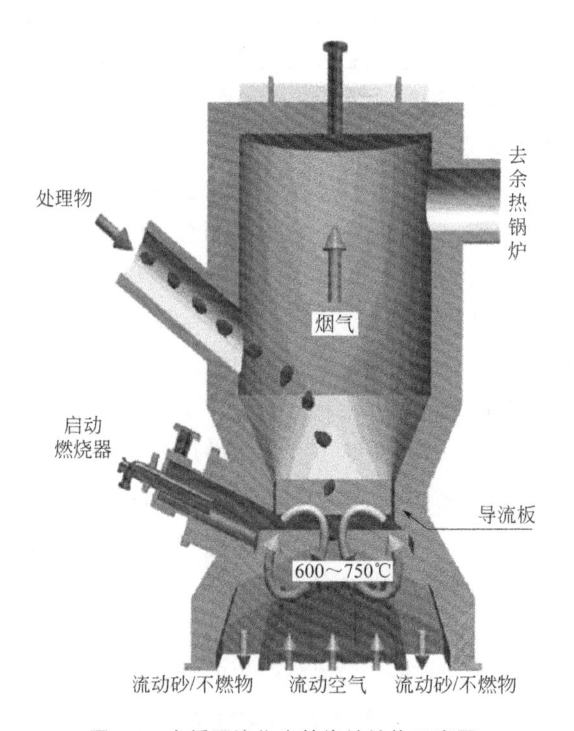

图2.8 内循环流化床焚烧炉结构示意图

流化床焚烧炉主要依靠炉膛内高温流化床料的高热容量、强烈掺混和传热的作用，使送入炉膛的垃圾快速升温着火，形成整个床层内的均匀燃烧，确保烟气在高温区的有效停留时间。能保证垃圾各组分的充分燃尽，使有毒有害物质的分解破坏更为彻底；也防止了局部超温的出现，对常量污染物（SO_2、NO_x等）的控制也更为有效。

流化床在我国占有一定的市场份额，但因其预处理复杂，焚烧控制难度较大以及飞灰产生率较高等因素，发展空间受到限制，部分主要流化床技术厂家见表 2.3。

表 2.3　部分主要流化床技术厂家

技术种类	厂商	垃圾焚烧发电厂
循环流化床技术	北京中科通用能源环保有限责任公司	浙江嘉兴热电厂 东莞市市区垃圾焚烧厂 宁波市镇海垃圾焚烧厂 四川彭州焚烧厂
异重流化床	浙江大学、杭州锦江集团	杭州老余杭垃圾焚烧厂 杭州锦江乔司垃圾发电厂 山东菏泽垃圾焚烧厂 郑州荥阳垃圾焚烧
内循环流化床技术	日本荏原制造所	哈尔滨垃圾焚烧厂 太原市垃圾焚烧厂 大连市垃圾焚烧厂

2.5　回转窑焚烧炉

回转窑焚烧炉是一种多用途焚烧炉，密封性好，主要被应用于处理危险废弃物，其适应性很强，能焚烧多种液体和固体废物，除了重金属、水或无机化合物含量高的不可燃物外，各种不同物态（固体、液体、污泥等）及形状（颗粒、粉状、块状及桶状）的可燃性废物皆可送入回转窑中焚烧，物料停留时间长，隔热效果好，并且因为回转作用使得固体废物充分翻滚搅动，其具有燃烧状态稳定、安全性能好的优点。从目前国内外情况来看，采用回转窑焚烧炉对危废进行处理的比例是较高的。当垃圾热值较低、含水量较高时，会出现燃烧不充分、炉内湿度大、压力过高等现象，所以使用该技术处理生活垃圾时，要求热值达到 7MJ/kg 以上，因此达不到此标准的生活垃圾入炉燃烧前需要进行预处理。但是，通常回转窑焚烧炉转动缓慢，处理量相对大型炉排炉来说偏小。同时，有些废物要求炉内温度要达到 1100℃以上，有时还需要喷油等助燃燃料。高温火焰及废物分解、燃烧产生的腐蚀性气体和盐类也会对其耐火材料衬里产生损坏，需要频繁维护。这使它很难适应大型的生活垃圾处理和发电需要，当前在生活垃圾焚烧发电中应用较少。

回转窑焚烧炉结构如图 2.9 所示，其主要结构包括给料器、回转窑（一燃室）和二燃室。回转窑炉体为钢板制的圆筒体，在内部设置了耐火材料衬里，窑体通常较长，水平并略微倾斜设置，以一定的速度进行旋转，使从上部进料口供给的废物不断翻滚，并向下部转移，从前部或后部供给助燃空气使废物燃烧。通常，在回转窑后设置二燃室，使前段热解未完全烧掉的挥发性有机物和气体中的悬浮颗粒得以在较高温度的氧化状态下完全燃烧，燃烧遗留下来的灰分冷却后排出系统，主要为灰渣和其他不可燃物质。

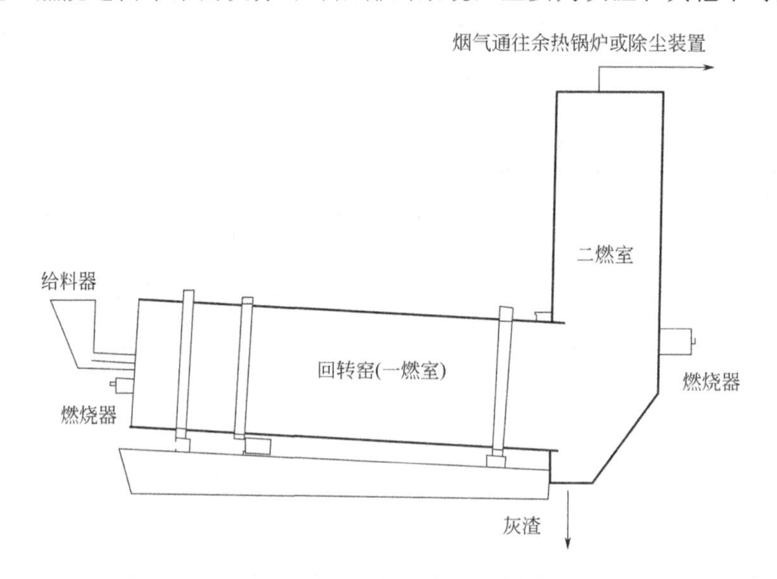

图 2.9　回转窑焚烧炉结构示意图

每一座回转窑通常配有一到两个燃烧器，在开机时，燃烧器把炉温升高到要求的温度后才开始进料，进料方式一般采用分批式进料，以螺旋推进器配合旋转式的空气锁。废液有时与废物混合后一起送入，或借助空气或蒸汽进行雾化后直接喷入。二燃室通常也装有一到数个燃烧器，整个空间约为一燃室的 30%～60%，有时也设有阻挡板配合鼓风机以提高送入的助燃空气的搅拌能力。

回转窑焚烧炉只需调节筒体转动速度和风量即可控制燃烧；窑身长远大于窑的直径，废物在回转窑内停留时间较长，有机质分解较为充分，燃尽度高；设备利用率高，灰渣中含碳量低，过剩空气量低，有害气体排放量低。

这 3 种典型的生活垃圾焚烧炉是目前焚烧发电厂应用最多的技术，但随着全球对生活垃圾焚烧发电行业的绿色环保排放标准越来越高，对生活垃圾焚烧厂的投建也越来越严格慎重，不盲目扩建，而是精益求精，国内外许多学者都在不断地对生活垃圾焚烧处理方式进行优化创新。

2.6　新型焚烧工艺

除了以上 3 种经典常用的焚烧炉外，还有其他类型的生活垃圾焚烧技术，如热解气化和焚烧的耦合技术、富氧燃烧技术，部分技术由于不成熟尚未在生活垃圾焚烧发电上推广，但这些技术是目前生活垃圾焚烧领域中的研究热点。随着人们对环境的要求越来越高，直接焚烧技术已经难以达到生活垃圾能源化高效清洁利用的目的，所以更清洁、高效的热处理技术也是未来生活垃圾焚烧处理的必然发展趋势。

2.6.1 CAO 控气型焚烧技术

基于空气氧化控制（controlled air oxidation，CAO）的干馏热解气化焚烧技术是指通过准确的氧量（即空气量）控制，实现生活垃圾低温干馏热解气化和二次高温燃烧的处理过程，不是单一的直接焚烧技术，而是将热解气化与焚烧结合。生活垃圾在炉中缺氧和通入气化剂（O_2、水蒸气、CO_2、H_2 等）的条件下进行热解，有机物质转化为小分子的可燃气，然后可燃气导入二燃室中完全燃烧，产生的高温燃烧烟气进入余热锅炉，再经过一系列处理后从烟囱排出。

CAO 控气型焚烧炉结构如图 2.10 所示，其包含两个燃烧室，一燃室和二燃室分别实现热解气化和完全燃烧。生活垃圾首先进入焚烧炉的一燃室进行热解气化，供气量只有理论空气量的 50%～80%，依靠底部部分生活垃圾的燃烧热控制温度在 600～800℃，产生的可燃气体再进入二燃室，不可燃和不可热解的组分呈灰渣状从一燃室中排出。二燃室中气体需要完全燃烧，供风量为理论空气量的 130%～150%，温度控制在 850～1100℃，并保证停留时间大于 2s，使有毒有害物质在高温下完全氧化分解。产生的高温烟气进入余热锅炉产生蒸汽，经处理后由烟囱排至大气。金属、玻璃等物质在一燃室内不会氧化或熔化，可在灰渣中进行分选回收。

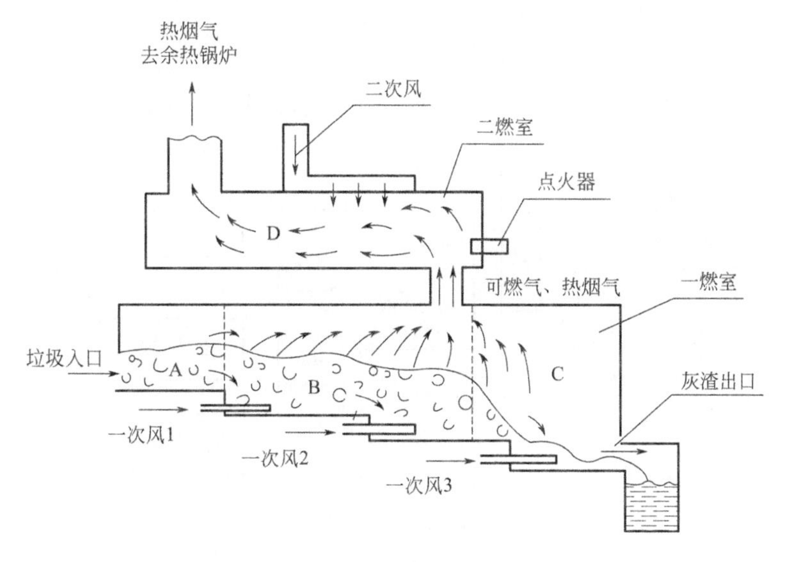

图 2.10 CAO 控气型焚烧炉结构示意图

CAO 控气型生活垃圾焚烧技术具有以下的优点：①反应过程中保持还原性气氛，可抑制二噁英前驱物合成及氯化反应的进行；②热解气化产生的合成气在净化后可与燃气轮机、内燃机等联用，极大地提高了转化过程的发电效率；③生活垃圾直接焚烧只能回收热能，而热解气化可将生活垃圾中的有机物转化为多种高品质产物进行资源化利用。

国外对于以热解、气化为核心的控氧热处理技术的研究较为成熟，如日本、加拿大等已将热解气化发电厂投入实际运行，且污染物排放达到欧盟标准。我国对于控氧热转化技术的研究目前十分火热，根据我国国情研究适合的垃圾热解-气化焚烧技术已经在村镇小型焚烧中使用，今后应具有很大的发展前景。

2.6.2 生活垃圾与其他废弃物协同焚烧处置技术

生活垃圾与其他废弃物协同焚烧处置技术，是指将满足或经过预处理后满足生活垃圾焚烧炉燃烧要求的固体废弃物（如市政污泥、一般工业固体废物等）掺入生活垃圾中，共同进入焚烧炉中焚烧。

垃圾污泥协同焚烧处理工艺流程如图 2.11 所示，它具有以下特点：①焚烧处理技术能够将市政污泥中的有机物质全部分解，并且能够彻底杀死病原体，剩余产物主要是烟气与灰渣，灰渣的体积只占焚烧前体积的 1/10～1/5；②生活垃圾焚烧技术作为一项成熟的技术，满足“减量化、无害化、资源化”的要求，能够最大限度地降低污染物排放；③市政污泥和生活垃圾的特性接近，对原焚烧生产影响相对较小，焚烧烟气的净化在可控范围内；④生活垃圾焚烧厂在全国范围内分布较广，进行协同处理的条件相对便利。但该技术也有缺点，如可能会增

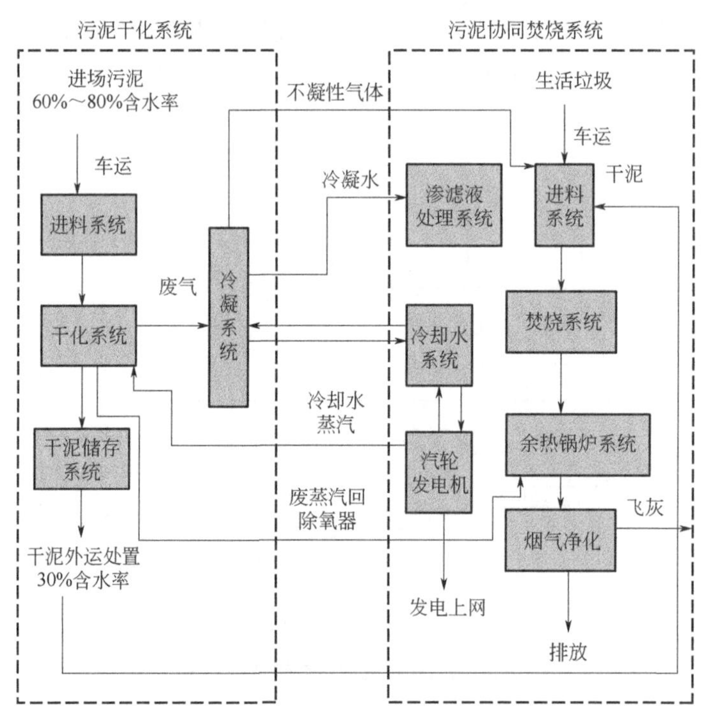

图 2.11 垃圾污泥协同焚烧处理工艺流程

加烟气和飞灰产生量，降低灰渣热灼减率，飞灰中重金属含量增加，还有加剧炉膛结焦、腐蚀和材料变质的风险。

市政污泥入炉时的含水率和掺烧比会对焚烧产生影响，所以市政污泥焚烧前需进行脱水或热干化等前处理，目的是降低含水率（一般为10%～40%），提高市政污泥热值，降低运输和贮存成本。

生活垃圾与市政污泥的协同处置和资源与设施共享，可降低项目投资与运行成本，经济效益可观，但也存在着飞灰含量和重金属含量升高等问题，所以通过研究协同过程中重金属的迁移规律机制，提出解决方案，对于市政污泥处理具有重要意义。

参考文献

[1] 房德职，李克勋. 国内外生活垃圾焚烧发电技术进展 [J]. 发电技术，2019，40（4）：367-376.

[2] Chen D，Christensen T H. Life-cycle assessment of two municipal solid waste incineration technologies in China [J]. Waste Management and Research，2010，28（6）：508-519.

[3] 毛凯，丁海霞，崔小爱. 生活垃圾焚烧发电烟气处理技术综述及其优化控制建议 [J]. 污染防治技术，2018，31（5）：5.

[4] 熊全军. 部分城市生活垃圾热值计算及比较 [J]. 城市建设理论研究，2018（4）：191.

[5] 王延涛，曹阳. 我国城市生活垃圾焚烧发电厂垃圾热值分析 [J]. 环境卫生工程，2019，27（5）：41-44.

[6] Mukherjee C，Denney J，Mbonimpa E G，et al. A review on municipal solid waste-to-energy trends in the USA [J]. Renewable and Sustainable Energy Reviews，2020，119：109512.

[7] 林欢，朱清. 新型炉排型生活垃圾焚烧炉的设备及应用 [J]. 中国环保产业，2019（2）：36-40.

[8] 岳优敏. 生活垃圾焚烧炉炉型及炉内配风对燃烧的影响研究 [J]. 工程技术研究，2019，4（3）：22-25.

[9] 王占磊. 大型生活垃圾焚烧炉的运行和结构优化研究 [D]. 徐州：中国矿业大学，2019.

[10] 符鑫杰，李涛，班允鹏，等. 垃圾焚烧技术发展综述 [J]. 中国环保产业，2018（8）：56-59.

[11] 常守奎. 基于生命周期评价的高参数垃圾焚烧发电工艺比较研究 [D]. 北京：清华大学，2014.

[12] 温利民. 垃圾焚烧循环流化床锅炉设备治理与运行优化研究 [J]. 技术与市场，2019，26（12）：121-122.

[13] 马晓茜，张笑冰，张凌. 有害废弃物焚烧技术分析 [J]. 工业炉，2000（2）：16-20.

[14] 张绍坤. 回转窑处理危险废物的工程设计 [J]. 节能与环保，2010（4）：34-37.

[15] 邓小燕. 基于 CAO 技术的干馏热解气化焚烧系统的研发 [J]. 南通航运职业技术学院学报，2009，8（4）：69-73.

[16] 彭小龙，毛梦梅，袁晓辰，等. 与垃圾焚烧协同的污泥热干化工艺选择 [J]. 环境卫生工程，2019，27（1）：47-49.

[17] 余毅. 污泥与生活垃圾协同焚烧处理设计工艺研究——以上海松江区污泥与生活垃圾协同焚烧处理工程为例 [J]. 环境卫生工程，2018，26（4）：4-8.

第3章

生活垃圾焚烧过程中污染物的生成机理及抑制途径

生活垃圾焚烧产生的污染物主要以气态或固态形式存在，即焚烧烟气中的有害气体和焚烧过程中以及结束后产生的飞灰和炉渣，其一般可分为：不完全燃烧产物（如 CO 和二噁英）、酸性气体（如 HCl、HF 和 SO_2）、氧化还原产物（如 NO_x）、颗粒物、重金属。垃圾中携带灰土，同时自身含有无机物，燃烧过程中会产生飞灰等颗粒物及燃尽后的底渣，飞灰中富含重金属元素，所以必须将飞灰作为危险固体废物处理。生活垃圾中含氯化合物及 NaCl 的存在使其燃烧产生了 HCl 及微量的 Cl_2；HCl 是无色有刺激性气味的发烟性气体，有腐蚀性；烟气中的 HCl 和 Cl_2 均会和飞灰颗粒中未燃尽的碳结合生成二噁英等有毒物质，二噁英是一种强致癌的剧毒性物质，对人体健康和环境都会造成非常大的影响。生活垃圾中的含氮化合物及少量空气中 N_2 的氧化产生了 NO_x 气体，是形成酸雨和破坏臭氧层的主要物质之一。生活垃圾中的含硫化合物产生了 SO_2 气体，其具有刺激性气味和毒性，对人体造成危害，也是形成酸雨的原因之一。生活垃圾中的有机质燃烧不完全时，会产生 CO 气体，虽然 CO 排入大气后会被氧化成 CO_2，但是烟气中 CO 的存在意味着燃烧不完全，也意味着存在未燃尽的碳和其他化合物如多环芳烃（PAHs），因而和二噁英的生成相关联。典型生活垃圾焚烧的污染物种类及浓度如表 3.1 所示。

表 3.1　典型生活垃圾焚烧的污染物种类及浓度

污染物种类	浓度值
尘/（mg/m^3）	1000～5000
CO/（mg/m^3）	5～50
TOC/（mg/m^3）	1～10
PCDDs、PCDFs/（ng TEQ/m^3）	0.5～10
Hg/（mg/m^3）	0.05～0.5
Cd + Tl/（mg/m^3）	<3
Pb、Sb、As、Cr、Co、Cu、Mn、Ni、V、Sn/（mg/m^3）	<50
HCl/（mg/m^3）	500～2000
HF/（mg/m^3）	5～20
SO_2/SO_3（以 SO_2 计）/（mg/m^3）	200～1000
NO_x（以 NO_2 计）/（mg/m^3）	250～500
N_2O/（mg/m^3）	<40
CO_2/%	5～10
H_2O/%	10～20

注：1．TOC，总有机碳；PCDDs，多氯二苯并二噁英；PCDFs，多氯二苯并呋喃。
2．浓度值均在标准状态下测定。

表 3.2 给出了 1t 生活垃圾焚烧对应的污染物排放量。

表 3.2　1t 生活垃圾焚烧对应的污染物排放量

污染物种类	平均值	
	12 座比利时焚烧厂（1999 年）	3 座澳大利亚焚烧厂（2002 年）
尘/（g/t）	165	7
HCl/（g/t）	70	4
HF/（g/t）	2.2	0.36
SO_2/（g/t）	129	24.8
NO_x/（g/t）	2141	189
CO/（g/t）	126	101
TOC/（g/t）	19	—
Hg/（g/t）	0.048	0.1
Cd + Tl/（g/t）	0.095	—
Pb、Sb、As、Cr、Co、Cu、Mn、Ni、V、Sn/（g/t）	1.737	—
PCDDs、PCDFs/（ng TEQ/t）	250	44.4

生活垃圾燃烧产生的烟气中污染物甚多，所以烟气必须进行一系列净化处理达到国家相关的排放指标要求后才可排放，焚烧产生的固体废物也需要进行处理后才可填埋或者资源化利用。污染物控制是生活垃圾焚烧发电最需要解决的问题之一，也是影响其最终能否投建运行的关键。2016 年 1 月 1 日起全面实施《生活垃圾焚烧污染控制标准》（GB 18485—2014），新标准对污染物排放的限值更加严格，要求每台焚烧炉必须设置烟气在线监测系统，对烟气中的主要污染物进行实时连续的监测。清洁高效焚烧已是生活垃圾焚烧行业的必然发展趋势，为更有效减少污染物的产生，需了解其来源和生成机理，在炉内燃烧阶段抑制其形成，以及在污染物生成后对其采取净化措施，实现达标排放和资源化利用的目的。

3.1 飞灰和底渣的产生及焚烧炉型的影响

在生活垃圾的焚烧过程中，无机物质主要形成固体颗粒物以灰渣形式排出系统，生活垃圾焚烧后排出的残渣，包括从生活垃圾焚烧炉排后部排出的炉渣、从锅炉受热面下部排出的锅炉灰和从烟气净化系统排出的飞灰。其中，颗粒较大的固体沉积在焚烧炉底部并从炉排尾端排出，与过热器及省煤器下部排出的灰渣一起被称为炉渣，通常约占垃圾处理量的 20%～30%，主要含 Si、Al、Ca、Na、Fe 等化学元素，由于其重金属含量相对较少，可作为一般固体废物进行处理处置或者资源化利用。飘浮在烟气中被烟气净化系统捕捉和沉积在烟道和烟囱底部的残余物被称为飞灰，约占垃圾处理量的 1.5%～5%。飞灰是一种细小的粉末颗粒物，含水率低，具有粒径不均、孔隙率高及比表面积大的特点，富集了如 Pb、Cd、As、Zn 等有毒重金属以及有毒物质二噁英，明确被归类为危险废物。

飞灰的产量及成分与垃圾种类、焚烧炉型及烟气处理工艺有关。流化床焚烧中物料处于流化态且烟气流速明显高于炉排炉等固定床焚烧炉，致使一些原本应留在底灰中的灰分转移到飞灰中，所以流化床焚烧炉的飞灰含量高于炉排炉，其飞灰可达原垃圾质量的 15%～20%，而炉排炉飞灰量通常低于 5%。炉排炉焚烧飞灰以钙基物质和可溶性氯盐（如 CaO、$CaCl_2$ 等）为主，流化床飞灰则含有大量硅铝化合物（如 SiO_2、Al_2O_3 等）。炉排炉飞灰的重金属质量浓度通常高于流化床飞灰。

炉渣的量除和焚烧炉的形式有关外，主要取决于垃圾的含灰量。焚烧炉的灰平衡可以用式（3.1）表示：

$$GA = \mathrm{BA}\times(1-C_{\mathrm{ba}})+(\mathrm{FA}+\mathrm{FA_e})\times(1-C_{\mathrm{fa}}) \tag{3.1}$$

式中 G——每小时焚烧的垃圾量，t 或者 kg；

A——入炉垃圾的含灰量，%；

BA——每小时收集的炉渣量，t 或者 kg；

C_{ba}——炉渣的含碳量，%；

FA——每小时收集的飞灰量，t 或者 kg；

FA_e——每小时从烟囱排出的飞灰量，t 或者 kg；
C_{fa}——飞灰的含碳量，%。

3.2 NO_x的产生、危害、影响因素及其控制途径

3.2.1 NO_x的产生、危害及影响因素

在生活垃圾焚烧过程中，产生的烟气中含有 NO、NO_2、N_2O 等类型的氮氧化物（NO_x），通常测量值指 NO 和 NO_2。NO_x 是一种重要的大气污染物，会导致酸雨的形成，增加近地层大气的臭氧浓度，产生光化学烟雾，影响空气能见度，对人体有强烈的刺激作用，严重时会导致死亡。所以必须控制 NO_x 的生成量并对已产生的 NO_x 进行处理。

烟气中的 NO_x 的产生方式包括热力型 NO_x、快速型 NO_x 和燃料型 NO_x 三种：

（1）热力型 NO_x

指在高温（超过 1200℃以上）环境下，过量的 O_2 及 O 与 N_2 反应生成，温度和氧浓度是反应的关键因素。根据 Zeldovich 的理论，热力型 NO_x 的生成路径可表示为：

$$O_2 \rightleftharpoons 2O \tag{3.2}$$

$$O + N_2 \rightleftharpoons NO + N \tag{3.3}$$

$$O_2 + N \rightleftharpoons NO + O \tag{3.4}$$

$$OH + N \rightleftharpoons NO + H \tag{3.5}$$

燃烧温度在 1800K 以下时，热力型 NO_x 的生成量很小，一般生活垃圾焚烧炉内温度都不会超过此温度，由此可见，在垃圾燃烧系统中，热力型 NO_x 并非 NO_x 形成的主要因素。

（2）快速型 NO_x

在过量空气系数小于 1 的条件下，燃料中的碳氢化合物受热分解产生 CH 自由基，由 CH 自由基和炉膛内空气中的 N_2 反应生成，由于生活垃圾中的碳氢等活性基团浓度较低，所以快速型 NO_x 生成量亦相对较小，可忽略不计。

（3）燃料型 NO_x

由垃圾中的含氮化合物在燃烧中氧化生成，主要发生在焚烧初始阶段，含氮化合物中的 N 首先在较低温度下分解为 HCN、NH_3 和 HNCO 等小分子中间产物，然后再被氧

化成 NO_x，其生成率与炉膛内的空气量关系密切：空气量充足时，生成率较高，空气量较低时，生成率较低。由于生活垃圾含氮量高，所以烟气中的 NO_x 主要是燃料型 NO_x。

由此可见，NO_x 的形成主要与炉内温度控制、生活垃圾化学成分及过量空气系数有关。

3.2.2 NO_x 的主要控制途径

NO_x 的控制技术主要有燃烧前脱硝技术、燃烧中控制技术和烟气脱硝技术三类，燃烧前脱硝技术受制于经济技术原因，未很好开发应用，所以目前主要以后两者为主。

（1）燃烧中控制技术

包括空气分级燃烧（OFA）、燃料分级燃烧、烟气再循环等。

① 空气分级燃烧（OFA）。目前国内外普遍运用的较为成熟的 NO_x 控制技术。将空气分级送入燃烧区，主燃烧区的空气减量为总空气量的 70%～75%，形成不完全燃烧的还原性气氛，降低区域燃烧温度，减少了燃料型 NO_x 的生成量，剩余空气作为二次风送入，使挥发分完全燃尽，抑制 NO_x 的生成。这种技术可使 NO_x 排放量减少 30%左右。

② 燃料分级燃烧。采取三段燃烧方式，将锅炉炉膛自下而上分成三个燃烧区：主燃区、再燃区、燃尽区。首先将 80%燃料送入主燃区，在空气过剩系数为 1.0～1.1 的条件下燃烧，并生成 NO_x。其余 20%燃料送入位于主燃区上部的再燃区，再燃区空气过剩系数为 0.8～0.9。在此条件下，来自主燃区的大部分 NO_x 被还原为 N_2，同时还抑制新的 NO_x 生成。燃烧产物由再燃区进入燃尽区，燃尽风则从燃尽区的进口处喷入，最后完成完全燃烧过程。

③ 烟气再循环。抽取部分燃烧产生的烟气与助燃空气混合后作为二次风回流至焚烧炉，因为燃烧后烟气基本为惰性气体，使得燃烧区的温度降低，并且起到稀释燃料的作用，抑制 NO_x 的生成。

（2）烟气脱硝技术

包括选择性催化还原（SCR）和选择性非催化还原（SNCR）。

选择性催化还原（SCR）：该技术使用还原剂（NH_3 等）在合适的温度范围（一般应用温度为 320～400℃）在有氧条件下在催化剂（一般选取 TiO_2、Al_2O_3 等）的作用下使 NO_x 选择性还原为无害的氮气和水，其脱硝率可达到 90%以上。其普遍公认的反应机理如下式所示：

$$4NH_3 + 4NO + O_2 = 4N_2 + 6H_2O \tag{3.6}$$

$$4NH_3 + 2NO + 2O_2 = 3N_2 + 6H_2O \tag{3.7}$$

由于催化剂对灰尘和 SO_2 的含量十分敏感，很容易中毒失活，因此 SCR 装置通常布置在除尘装置和除酸装置之后，合适的 SCR 催化剂是该项技术的关键。

选择性非催化还原（SNCR）：与 SCR 相比，SNCR 无需催化剂，还原剂也为 NH_3、氨水或尿素，与烟气中的 NO_x 选择性反应生成无害的 N_2 和 H_2O。其反应温度在 850～1100℃之间，温度范围较窄，脱硝率不高，一般为 30%～60%，但其无需考虑催化剂中毒或堵塞的问题，改造投资成本较低。

3.3 酸性气体的产生与排放控制

3.3.1 酸性气体的产生及危害

由于生活垃圾组分中含有 S、Cl 等元素，所以焚烧过程中会产生以 SO_2、HCl 为主要成分的酸性气体。SO_2 主要来源于生活垃圾中的含硫化合物与氧气在高温下发生的反应，HCl 来源于垃圾中的有机氯化物（如 PVC 塑料、橡胶、皮革等高温燃烧时分解生成 HCl）和无机氯化物（如 NaCl、$MgCl_2$ 等与高温水汽反应生成 HCl）。酸性气体中，HCl 的生成量最多，危害最大，对人类及动植物的健康有极大的影响，造成环境污染，也会腐蚀损坏焚烧设备。酸性气体通常采用碱性介质［普遍采用 $Ca(OH)_2$ 和 NaOH］吸收法去除，净化工艺有干法、湿法和半干法。

3.3.2 酸性气体的主要控制途径

（1）干法脱酸工艺

将碱性吸附剂以干粉的形式直接喷入位于省煤器和除尘装置间的水平烟道，或置于干式反应塔中与酸性气体接触，吸附剂与酸性气体之间通过气固相接触并发生中和反应，来去除烟气中的酸性气体。干法工艺设备简单，投资较少，没有废水问题。但由于干法存在吸附剂与烟气接触面积小、反应时间短等缺点，因此干法脱酸效率较低（50%～60%），一般喷入的吸附剂如消石灰会过量很多（钙酸比大于 3），因此会导致下游的除尘设备负荷增加。常规的干法脱酸工艺已经较难满足排放要求，因此一方面使用活性更高的碳酸氢钠粉末作为反应中和剂代替石灰，另一方面目前大型的焚烧厂只将干法作为一个净化环节而不作为主要反应环节。

（2）湿法净化工艺

湿法脱酸工艺一般使用湿式洗涤塔，烟气中的 HCl 和 SO_2 等酸性气体在洗涤塔内与喷入的碱性吸收剂接触并进行中和反应，以便脱除酸性气体。湿法工艺早先在欧美等发达国家应用较多，目前我国也在广为使用。在工业装置上的运行数据证明，脱氯效率可达到95%以上，脱硫效率也可达到80%以上；湿式洗涤塔在去除酸性气体的同时能够有效地降低粉尘、二噁英和重金属的浓度；还可以在洗涤液中加入重金属沉淀剂去Hg。因此，湿法工艺具有高效全面脱除污染物的优点。湿法工艺最大的问题是废水和烟气降温：①湿法产生大量高浓度的无机盐和含重金属的废水，容易造成二次污染，增加污水处理的负荷和运行费用；②经湿式洗涤塔后的烟气一般温度在60～70℃左右，在烟气露点以下，需在系统中增加再加热器，提高烟气的温度后才能排放，否则烟囱出口会出现白烟现象；③湿法工艺一次性投资额高，工艺路线复杂，运行费用也较高，还需要防腐蚀。

（3）半干法净化工艺

半干法脱酸工艺在过去应用最为广泛，国内在2014年前建设的大型垃圾焚烧厂大都采用该工艺。半干法工艺一般吸收剂也采用$Ca(OH)_2$，首先制成$Ca(OH)_2$浆液，然后由安装在半干式反应塔顶部的雾化器把吸收剂浆液喷入反应塔，雾化器的高速旋转产生剪切作用，使浆液形成极小粒径的液滴，然后与烟气充分接触，通过液滴中的水分挥发来降低烟气的温度，同时提高烟气湿度，石灰浆液滴与酸性气体进行反应，生成中性盐类，得以去除酸性气体。碱性吸附剂与烟气的进入接触方式有两种，顺流方式和逆流方式，各有优缺点，吸附剂都由塔顶进入，烟气可选择由塔顶上部或下部进入。旋转喷雾反应系统的结构包括雾化器本体、雾化盘、润滑系统、回油系统、变频调速系统、控制系统和冷却系统，以及合适直径的筒体。反应器的直径和高度等的设计主要考虑为反应提供足够的空间和反应时间，以达到最佳的脱酸效率。半干法的脱酸效率和吸附剂的利用率要高于干法，正常情况下对烟气中HCl的脱除效率可达90%以上；同时，半干法脱酸过程中也不产生废水，浆液中的水分主要用来冷却高温烟气，降低烟气温度，以提高反应效率；半干法工艺的操作温度一般在150～170℃左右，高于烟气的露点温度，因此烟气经过除尘器后可直接排放。

在新的《生活垃圾焚烧污染控制标准》（GB 18485—2014）实施以前，我国垃圾焚烧炉的烟气净化系统以半干法+布袋除尘为主；但是GB 18485—2014实施以后，由于对重金属和酸性气体的排放提出了更为严格的要求，目前半干法仍作为一个净化环节，与干法或者湿法配合使用。

3.4 CO和C_nH_m的产生与排放控制

生活垃圾中包含大量的有机质类碳氢化合物，进入焚烧炉后，当炉温上升到500～600℃左右，在高温作用下，大分子碳氢化合物分解形成CO和C_nH_m。

焚烧炉中氧气不足或局部缺氧，导致生活垃圾中的有机物不完全燃烧生成CO和C_nH_m。此外，固定碳的缺氧燃烧以及CO_2被高温焦炭粒子所还原，都会生成CO。发生的反应有：

$$生活垃圾 \xrightarrow{吸热脱水} 有机大分子+H_2O \tag{3.8}$$

$$有机大分子 \xrightarrow{吸热断链} C_nH_m + CO + CO_2 + H_2O \tag{3.9}$$

$$C_nH_m + \frac{(2n-k+m)}{2}O_2 \xrightarrow{氧化放热} kCO + (n-k)CO_2 + \frac{m}{2}H_2O \tag{3.10}$$

$$C + \frac{1}{2}O_2 \xrightarrow{氧化放热} CO \tag{3.11}$$

$$C + CO_2 + Q \longrightarrow 2CO \tag{3.12}$$

式中，Q 为热量。

总的来说，CO 和 C_nH_m 排放浓度高是燃烧不充分，大量中间产物直接排放导致的。这两种物质对人体都有毒害，呼吸道吸入 CO，然后通过肺泡进入血液当中，与携氧血红蛋白形成一种稳定的复合物，会导致人体缺氧，严重时能够使人死亡。CO 还能够影响人的神经系统，对人的心血管系统造成不良影响。其中 C_nH_m 在阳光及其他适宜条件下还会形成光化学烟雾，危害更大。

只要燃烧温度与燃烧速度稳定，挥发分能够及时彻底燃烧，CO 和 C_nH_m 的排放易于得到控制。但是，当橡胶、塑料等高挥发分物质进入炉内时，会发生突然的高速燃烧，形成“喷出”现象，因而只能通过较大的过量空气系数、湍流混合及一定高温下的二次燃烧方式（即 3T）确保挥发分的彻底燃烧。

3.5 重金属的产生与排放控制

3.5.1 重金属的产生机理

烟气中的重金属类污染物主要源于焚烧过程中生活垃圾所含重金属及其化合物的蒸发，主要有 As、Cr、Hg、Pb 及 Zn 等。重金属在高温下一部分以蒸气形式存在，一部分冷凝后吸附在烟气中的颗粒物上，另一部分留在焚烧灰渣中。重金属不能被生物分解且能在生物体内富集或形成毒性更强的化合物，通过食物链最终对人体形成危害。生活垃圾中成分复杂，其所含重金属种类很多，一般生活垃圾分类只能减少重金属的含量，并不能完全去除重金属，经过焚烧处理后，虽然经过生活垃圾分拣，除去了明显易生成重金属污染的垃圾源，但仍有大量重金属存在于飞灰或者烟气中。为达到排放标准，有必要对焚烧过程中出现的重金属加以控制。

3.5.2 重金属的主要控制途径

首先，应该控制源头、减少入炉量，通过分拣将垃圾中的废旧电池、废铁、橡胶等重金属含量高的组分剔除，回收有价值的金属，从源头减少重金属入炉。《生活垃圾焚烧污染控制标准》（GB 18485—2014）中规定禁止危险废弃物和电子废物及其处置残余物入炉焚烧。

对于烟气中的重金属，根据重金属的形成机理，以下方法可以对其进行有效控制：

① 喷射活性炭粉末，吸附重金属而被除尘设备捕集。向烟气中喷射活性炭吸附剂将烟气中的重金属吸附固定，从而达到降低烟气中重金属的目的，如对汞的去除主要依赖活性炭喷射，其吸附机理是气体分子向碳基体扩散，由于大的比表面积及分子间范德华力的作用，使扩散来的分子保留在活性炭的表面，汞的脱除效率可达 90%。

② 降温使重金属自然凝聚成核或冷凝成粒状物后被除尘设备捕集。重金属以固态、液态和气态的形式进入除尘器，当烟气冷却时，气态部分转变为可捕集的固态或液态。

③ 将烟气通过湿式洗涤塔，去除其中水溶性的重金属化合物，但对挥发性较强的重金属如 Hg 的控制却相对较难，需要加入氧化剂如双氧水将其氧化后捕集。

④ 催化转变，改变重金属的物相，使饱和温度低的重金属元素形成饱和温度高的且较易凝结的氧化物或络合物，被除尘设备捕集。例如改变燃烧气氛，使垃圾中的重金属 Pb、Cd 等在烟气中从氯化物转化成氧化物，可以抑制重金属的挥发或者促进其沉积。

3.6 二噁英的产生与排放控制

3.6.1 二噁英的产生机理

联合国环境规划署 20 世纪末公布的报告中指出，焚烧是二噁英的主要来源之一。估计在全球范围内，由焚烧炉排放出的二噁英占总排放量的 10%～40%，生活垃圾本身可能含有微量浓度的二噁英，但主要是焚烧过程中形成的。

二噁英是生活垃圾焚烧中含氯化合物产生的一种强致癌的毒性物质，主要由多氯二苯并二噁英（PCDDs）和多氯二苯并呋喃（PCDFs）组成，统称为 PCDD/Fs，结构如图 3.1 所示。每个苯环上可取代 1～4 个氯原子，共有 75 种 PCDDs 异构体和 135 种 PCDFs 异构体，但是只有其中 17 种异构体是有毒的。氯原子的数目和相对应位置决定了其分子特性，毒性最明显的是氯原子取代 2,3,7,8 位置的异构体，其中毒性最强的是 2,3,7, 8-TCDD，其毒性为马钱子碱的 500 倍、氰化物的 1000 倍；17 种有毒异构体在 2,3,7,8 位置上的 H 原子均被 Cl 原子所取代。国际上通常以毒性当量 TEQ 评价二噁英的毒性，通过毒性当量因子 TEF 进行毒性折算。

毒性当量因子 TEF 是将某个化合物异构体的相对毒性，以毒性最强的 2,3,7,8-TCDD 的 TEF 为 1，其他二噁英异构体的毒性折算成相应的相对毒性强度。对于同种异构体，不同的研究者根据不同的实验条件可以得出不同的 TEF 值。为了国际间的比较，规定了所谓的国际毒性当量因子（I-TEF）。1997 年世界卫生组织（WHO）修订了毒性当量因子，称为 WHO-TEF；同时还规定了多氯联苯（PCBs）的 WHO-TEF，因此可以计算二噁英及其类似物的总 TEQs，见表 3.3。

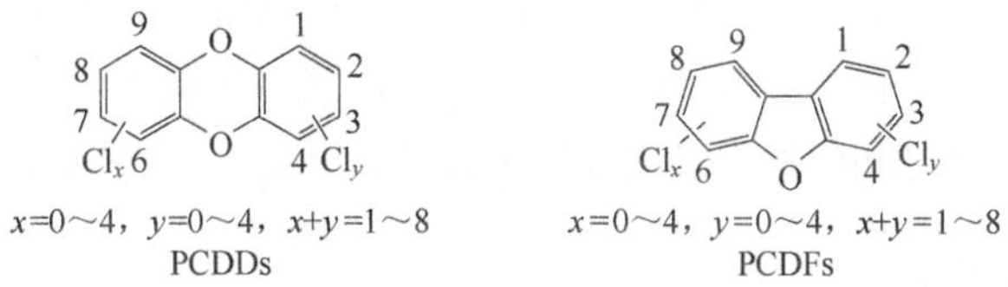

9
O
1
8
2
7
3
Cl_x 6
O
4 Cl_y
x=0～4，y=0～4，x+y=1～8
PCDDs
8
9
1
2
7
3
Cl_x 6
O
4
Cl_y
x=0～4，y=0～4，x+y=1～8
PCDFs

图 3.1　二噁英结构示意图

表 3.3　17 种有毒二噁英异构体的 TEF 值

PCDD/Fs	I-TEF	WHO-TEF
2,3,7,8-TeCDD	1	1
1,2,3,7,8-PeCDD	0.5	1
1,2,3,4,7,8-HxCDD	0.1	0.1
1,2,3,6,7,8-HxCDD	0.1	0.1
1,2,3,7,8,9-HxCDD	0.1	0.1
1,2,3,4,6,7,8-HpCDD	0.01	0.01
OCDD	0.001	0.0001
2,3,7,8-TeCDF	0.1	0.1
1,2,3,7,8-PeCDF	0.05	0.05
2,3,4,7,8-PeCDF	0.5	0.5
1,2,3,4,7,8-HxCDF	0.1	0.1
1,2,3,6,7,8-HxCDF	0.1	0.1
2,3,4,6,7,8-HxCDF	0.1	0.1
1,2,3,7,8,9-HxCDF	0.1	0.1
1,2,3,4,6,7,8-HpCDF	0.01	0.01
1,2,3,4,7,8,9-HpCDF	0.01	0.01
OCDF	0.001	0.0001

二噁英无味无色，难溶于水，难降解，常温下为固态，稳定性强，易生物富集，能够长时间在环境中存在。有 C、H、O、Cl 存在的某些温度区间内的燃烧过程，都有可能生产二噁英。生活垃圾焚烧过程中二噁英产生的主要原因有：①生活垃圾中本身含有的一定量的二噁英；②生活垃圾中的塑料、橡胶等有机物质在焚烧过程中生成一些二噁英前驱物（氯代芳香烃），前驱物分子通过分子结构改变生成二噁英；③生活垃圾焚烧飞灰表面的残炭与 O、H、Cl 等发生催化反应合成二噁英或中间产物。

二噁英主要有以下生成机理：

(1) 高温气相合成

通常在 500～800℃之间发生二噁英气相合成反应，氯苯、多氯联苯等有机化合物通过一系列自由基缩合、脱氯或其他分子反应生成二噁英。生活垃圾在干燥阶段，挥发分中某些低沸点有机物与氧反应生成水和 CO_2，造成局部缺氧，形成不完全燃烧产物（PIC），由于烟气中 Cl 的存在，使得 PIC 发生氯化反应生成氯代 PIC，并通过聚合反应生产 PCDD/Fs。

(2) 低温异相催化合成

低温异相催化合成二噁英包括两个过程：①前驱体在固态飞灰表面发生催化氯化反应合成二噁英；②固态飞灰中的残留炭经气化、解构或重组等方式，与 H、O、Cl 等其他原子结合逐步生成二噁英的前驱体和二噁英，被称为从头合成反应。

① 前驱体表面异相催化合成。在一定的温度（200～450℃）下，二噁英前驱物（氯酚、氯苯、多氯联苯等）经重金属（如氯化铜）的催化，经氯化、缩合、氧化等反应生成二噁英，低温催化生成的前驱体可以是与二噁英化学结构相似的氯酚等含氯的前驱体，也可以是分子结构不相似的不含氯的有机物（如脂肪族化合物、芳香族化合物、苯、甲烷等）与氯反应生成。二噁英的异相催化生成是指烟气中已生成的气态前驱体与飞灰表面吸附的二噁英前驱体在烟气中携带的氯化铜、氯化铁等催化剂的催化作用下生成二噁英的过程，包括二噁英的生成、解吸、脱氯与分解等过程。反应过程最关键的三个影响因素是前驱体、重金属催化剂和反应温度。

② 从头合成。飞灰中大分子的碳和氯基，在低温（约 250～350℃）条件下，通过飞灰中的某些成分（例如过渡元素 Fe 和 Cu）催化反应生成二噁英为从头合成。温度、停留时间、空余催化表面等因素是决定二噁英生成的关键因素。从头合成是尾部低温区形成二噁英的重要方式，二噁英从头合成速率>由氯酚（CP）途径形成的速率>由二苯并呋喃（DF）和二苯并二噁英（DD）氯化的生成速率。从头合成反应与前驱体合成反应相比，最大的区别在于它的反应起始点是飞灰中的残留炭。飞灰中残留的炭吸附在具有多孔结构的飞灰的催化表面上，与空气中的氧发生氧化分解反应形成芳香环，同时，飞灰中的金属氯化配位体从飞灰表面转移到芳香环中最终生成 PCDD/Fs。

3.6.2 二噁英的主要控制途径

目前二噁英的控制技术有：

① 改善燃烧条件，使炉内燃料达到能完全控制二噁英的燃烧状态，采用 3T 技术，即控制温度（temperature）、停留时间（time）、湍流度（turbulence）。控制较高的炉膛温度，延长气体在炉内高温区滞留时间，加强扰动增加湍流度等，使得燃料燃烧充分，抑制二噁英的生成；在焚烧炉中控制炉膛和二次燃烧室温度不低于850℃，且烟气在炉膛和二次燃烧室的停留时间不少于 2s，氧气的浓度不低于 6%，并合理控制助燃空气量以及

注入位置，可实现 PCDD/Fs 的直接分解。缩短烟气在低温区（300～500℃）的停留时间，降低焚烧炉尾气排烟温度（小于 200℃左右）。

② 在烟气中喷入活性炭或多孔性吸附剂，可吸附二噁英，再用除尘器捕集。由于生活垃圾中含有聚氯乙烯（PVC）等高含氯物质，在焚烧过程中释放出氯元素形成二噁英，所以二噁英无法完全除尽，但可以通过在燃烧前分拣燃烧物、燃烧时控制燃烧条件（3T 燃烧技术）及燃烧后烟气处理等方式，达到减少二噁英满足烟气排放标准的目的。

参考文献

[1] Weber R，Sakurai T，Ueno S，et al. Correlation of PCDD/PCDF and CO values in a MSW incinerator-indication of memory effects in the high temperature/cooling section [J]. Chemosphere，2002，49（2）：127-134.

[2] Li X，Ma Y，Zhang M，et al. Study on the relationship between waste classification，combustion condition and dioxin emission from waste incineration [J]. Waste Disposal & Sustainable Energy，2019，1（2）：91-98.

[3] European Commission. Integrated pollution prevention and control [Z]. Reference Document on the Best Available Techniques for Waste Incineration，2006.

[4] 张曼翎，张鹤缤，谭芷妍，等. 城市生活垃圾焚烧飞灰中重金属稳定处理技术研究进展 [J]. 应用化工，2019，48（12）：2957-2961.

[5] 魏广鸿，李锋，杜继臻. 电袋除尘器在燃煤火电厂的应用 [J]. 工业安全与环保，2010，36（10）：5-6，23.

[6] 陈志良. 机械化学法降解垃圾焚烧飞灰中二噁英及协同稳定化重金属的机理研究 [D]. 杭州：浙江大学，2019.

[7] 王雨婷. 炉排炉垃圾焚烧飞灰的水洗脱氯及二噁英降解试验研究 [D]. 杭州：浙江大学，2019.

[8] 李祺. 不同垃圾组分在热转化过程中 NO_x 释放规律实验研究 [D]. 杭州：浙江大学，2019.

[9] 王进. 燃料氮及烟气再循环对垃圾焚烧炉出口 NO_x 浓度的影响研究 [D]. 杭州：浙江大学，2019.

[10] Zeldovitch J. The oxidation of nitrogen in combustion and explosions [J]. Acta Physicochimica，1946，21：577-628.

[11] 马增益. 垃圾焚烧过程 CO 生成和控制机理分析 [C]. 第八次垃圾焚烧处理技术与设备研讨会，2019.

[12] 毛凯，丁海霞，崔小爱. 生活垃圾焚烧发电烟气处理技术综述及其优化控制建议 [J]. 污染防治技术，2018，31（5）：5.

[13] 陈彤. 城市生活垃圾焚烧过程中二噁英的形成机理及控制技术研究 [D]. 杭州：浙江大学，2006.

[14] Tritz A，Ziegler-Devin I，PerrinC，et al. Experimental study of the oxidation and pyrolysis of dibenzofuran at very low concentration [J]. Journal of environmental chemical engineering，2014，2（1）：143-153.

[15] 邵科. 二噁英从头合成机理以及硫基抑制机理研究 [D]. 杭州：浙江大学，2010.

[16] 陈怀俊，牛芳，王乃继. 垃圾焚烧处置中二噁英和重金属污染的控制技术 [J/OL]. 洁净煤技术：1-34 [2021-11-27]. http://kns.cnki.net/kcms/detail/11.3676.TD.20201216.1534.002.html.

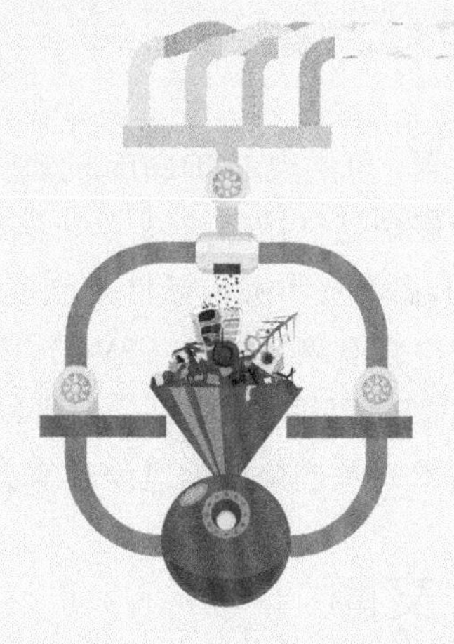

第4章

生活垃圾焚烧过程中烟尘的产生与除尘技术

生活垃圾焚烧过程中会产生大量的烟尘颗粒。我国针对大气微细颗粒物污染专门制定了《环境空气质量监测规范（试行）》。规定将 $PM_{2.5}$、PM_{10} 等可吸入微细颗粒物作为必测项目，将总悬浮微细颗粒物（TSP）作为选测项目，相应制定了国标《环境空气 PM_{10} 和 $PM_{2.5}$ 的测定 重量法》（HJ 618—2011）和《环境空气 总悬浮颗粒物的测定 重量法》（GB/T 15432—1995），从而对工业生产排放烟气中的颗粒物粒径和浓度提出了进一步的严格要求。在工业大气微细粉尘污染防治环保设备中，电除尘器和袋式除尘器约占90%以上，但在生活垃圾焚烧领域，都是使用袋式除尘器。

4.1 烟气除尘技术的发展及分类

所谓烟气除尘，是指利用物理方法将含尘气体（这里是焚烧炉的烟气）中的粉尘从气体中分离出来的过程，即实现气-固相分离，从而达到对烟气的净化作用。

烟气除尘的方法很多，如沉降室法——利用气体中粉尘的重力沉降作用实现气-固相分离；离心力法——利用离心力的作用实现气-固相分离；静电法——利用静电吸引原理实现气-固相分离；过滤法——利用介质如滤布实现气-固相分离；洗涤法——利用液体对尘粒的润湿而捕集去除实现气-固相分离；以及一些其他的除尘方法。但从各种除尘技术的发展和综合指标来看，如除尘效率、技术的成熟性、对烟气和工况条件的适应性以及应用领域等，利用静电吸引原理的电除尘技术和利用过滤原理的袋式除尘技术是目前效率最高的两种除尘技术，并且已经在火力发电厂、生活垃圾焚烧厂、化工、建材、冶金和制药等各个领域得到广泛应用，而其他除尘技术只作为辅助步骤加以利用。

按被控制的颗粒物排出的形态，可分为干式除尘和湿式除尘；而按照颗粒物在处理时所受到的力，可将除尘装置分为重力、惯性力、离心力、静电力等除尘器。

（1）重力沉降室

重力沉降室是使含尘烟气中的尘粒借助本身的重力作用而沉降下来的一种除尘装置。在静止的空气中，直径 100μm 以上的颗粒做加速沉降，4～100μm 的颗粒近似等速沉降，小于 4μm 的尘粒很难沉降。重力沉降室在焚烧炉的余热锅炉设计中也被充分地加以利用，因此过热器、省煤器下面都会有沉降下来的积灰，这些积灰根据《生活垃圾焚烧污染控制标准》（GB 18485—2014）的规定可以视为炉渣予以管理。

（2）惯性除尘器

惯性除尘器利用烟气与挡板撞击或者急剧改变气流方向，尘粒受惯性力的作用而从气体中分离并捕集下来的一种装置。惯性除尘器的构造有两种，即冲击式和反转式。冲击式——以含尘气体中的粒子冲击挡板来收集较粗的粒子。在冲击式除尘器中，沿气流方向装设一道或多道挡板，含尘气体碰撞到挡板上使尘粒从气体中分离出来。气体在撞到挡板之前速度越快，碰撞后越慢，则携带的粉尘越少，除尘效率就越高。反转式——多次改变含尘气流流动方向来收集较细粒子，气体转向的曲率半径越小，转向速度越快，能分离的尘粒就越小，则除尘效率就越高。惯性除尘装置一般多作为高性能除尘装置的前级，用它先去除较粗的尘粒和炽热状态的粒子，常用的惯性除尘为各种百叶挡板结构。百叶式惯性除尘器效率低，对于尺寸为 20μm 以下的粉尘捕集效率通常低于 80%，在焚烧烟气净化中惯性除尘器的应用不多。

（3）旋风除尘器

旋风除尘器也称为离心式除尘器，是利用含尘气流做旋转运动时所产生的离心力，将颗粒污染物从气体中分离出来的装置。

典型旋风除尘器的工作原理如图 4.1 所示，由锥形的外圆筒、进气管、排气管（内圆筒）、圆锥筒和储灰箱等组成。排气管插入外圆筒形成了内圆筒，进气管与外圆筒相切，外圆筒下部是圆锥形，圆锥筒下部是储灰箱。

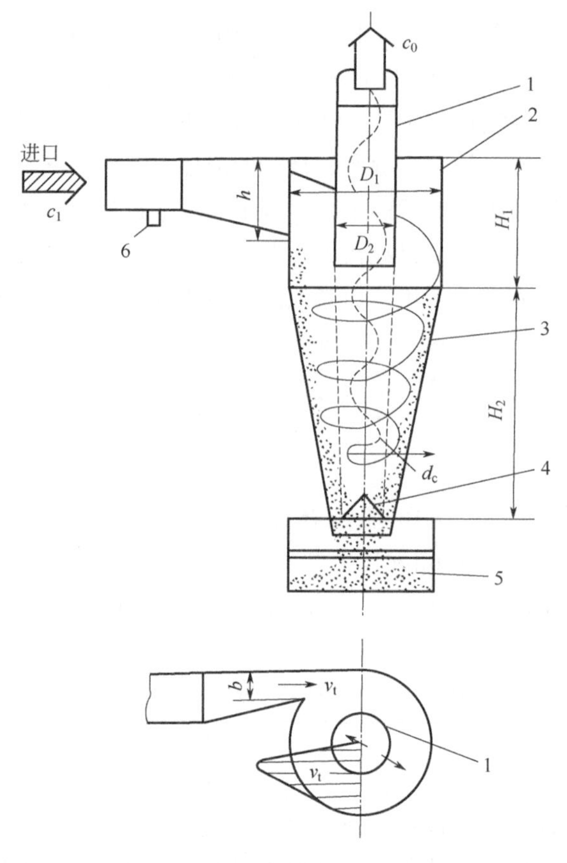

图 4.1 典型旋风除尘器的工作原理

1—内圆筒；2—外圆筒；3—圆锥；4—排灰阀；5—贮灰箱；6—测压口

当含尘气流以 14～25m/s 的速度由进气管进入旋风除尘器时，气流将由直线运动变成圆周运动，由于受到外圆筒上盖和内圆筒壁的限制，气流被迫做自上而下的旋转运动，这个流动也称为“外旋气流”，气流中的颗粒随外旋气流产生较大的离心力，甩向外筒壁，接触到外筒壁面的尘粒失去惯性力，而在筒壁摩擦、吸附及重力的作用下向下滑动，进入储灰箱。旋转下降的外旋气流因受到圆锥收缩的影响向除尘器的中心汇集，根据“旋转矩”不变的原理，其切向速度不断提高，气流在达到锥体底部时，开始返回上升，形成一股自下而上的旋转运动，这个流动也称为“内旋气流”。“内旋气流”中通常不会含大颗粒粉尘，其经由排气管（内筒）向外排出。为了避免“内旋气流”把沉于底部的尘粒再次扬起，提高除尘效率，一方面在锥体下部设置阻气排尘装置，另一方面也开发了不同结构形式的旋风除尘器。

影响旋风除尘器效率的主要因素有旋风除尘器的直径、高度、气流进口速度和排气管的形状与大小，此外卸灰装置保持密封不漏气也是非常关键的。总体来说，旋风除尘器阻力较大，而效率多在 90%以下，在入口速度大于等于 15m/s 时，阻力均大于 500Pa，因此即使作为辅助除尘器，也多用于灰尘量很大的流化床返灰，而在炉排式焚烧炉中很少设置旋风除尘器。通常，单管旋风除尘后烟气中粉尘浓度可降低到 200～300mg/m³的水平；而采用多管旋风除尘器，粉尘浓度最低可降低到 150mg/m³的水平。

（4）湿式除尘装置

湿式除尘器是使水或者其他液体直接与含尘气体接触，利用水滴对尘粒润湿和增重后尘粒的惯性碰撞将尘粒从气流中分离出来，捕集粉尘的主要原理是惯性碰撞和截捕。常见的湿式除尘器如图 4.2 所示，一般有重力喷雾洗涤器、旋风水膜除尘器、冲击式除尘器、板塔式洗涤除尘器、填料式喷淋塔除尘器、文丘里除尘器和机械诱导喷雾除尘器七种。

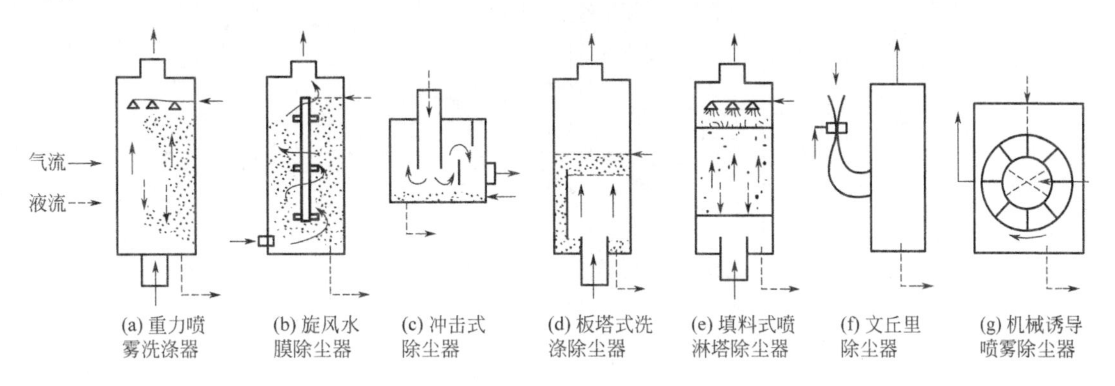

图 4.2 常见的湿式除尘器

湿法除尘的原理包括以下几种：①惯性碰撞。尘粒和液滴之间发生的惯性碰撞是最基本的除尘机理，含尘气流在运动过程中碰到障碍（如液滴）会改变气流方向，绕过障碍物进行流动，其中细小的尘粒随气流一起绕流，运动轨迹由直线变成曲线，颗粒大的粉尘（大于 0.3μm）和密度较大的粉尘具有一定的惯性，使脱离气流的流线保持直线运动，与捕尘体相撞而被捕集。②扩散。对于尺寸小于 0.3μm 的粉尘，扩散是很重要的捕集因素，此时在捕尘体的撞击下，微小尘粒像气体分子一样做布朗运动，在运动过程中尘粒和液滴因碰触而被捕集。③拦截。当粉尘颗粒中心到捕尘体（液滴）边缘的距离较小，且小于或者等于粉尘颗粒自身的半径时，粉尘颗粒容易被捕尘体（液滴）黏附拦截而捕获，也就是通常所说的黏附作用。湿法除尘中粉尘被液滴的黏附作用与被纤维黏附作用相似。④凝聚。一种是粒径很小的粉尘颗粒，在湿度较大的环境中，由于水蒸气的作用使粉尘颗粒凝聚增大，变为更大的颗粒；另一种是尘粒随空气高速运动的过程中摩擦而产生静电，使粉尘颗粒物发生凝聚。粉尘颗粒物凝聚成更大的颗粒物后，通过拦截、惯性碰撞等作用被捕尘体捕获。⑤重力沉降。气流中夹杂着不同粒径的粉尘颗粒，当粉尘颗粒的重量比较大时，或者由于凝聚作用而形成的大颗粒，此时重力起重要作用，大的粉尘颗粒在重力的作用下沉降，这与前面所述的重力沉降是类似的。

总而言之，对湿法除尘而言，气流中粉尘的净化不是仅仅只依靠一种作用来实现的。如图 4.3 展示了粉尘颗粒在布朗扩散或者惯性碰撞作用而被捕获的效率与粉尘颗粒的粒径之间的关系。由图可知，粉尘颗粒的粒径越小，捕尘体通过扩散作用的捕获效率就越大，惯性碰撞概率越小；反之，粉尘颗粒的粒径越大，捕尘体与粉尘颗粒之间的惯性碰撞作用贡献越大，扩散作用的影响较为微弱。但是，中间有一部分是较难黏合区域，粉尘尺寸范围为0.001～0.3μm，尤其是0.01～0.3μm，此时这两种去除机制（碰撞和扩散）均处于较低水平，是湿法除尘应用需要注意的范围。

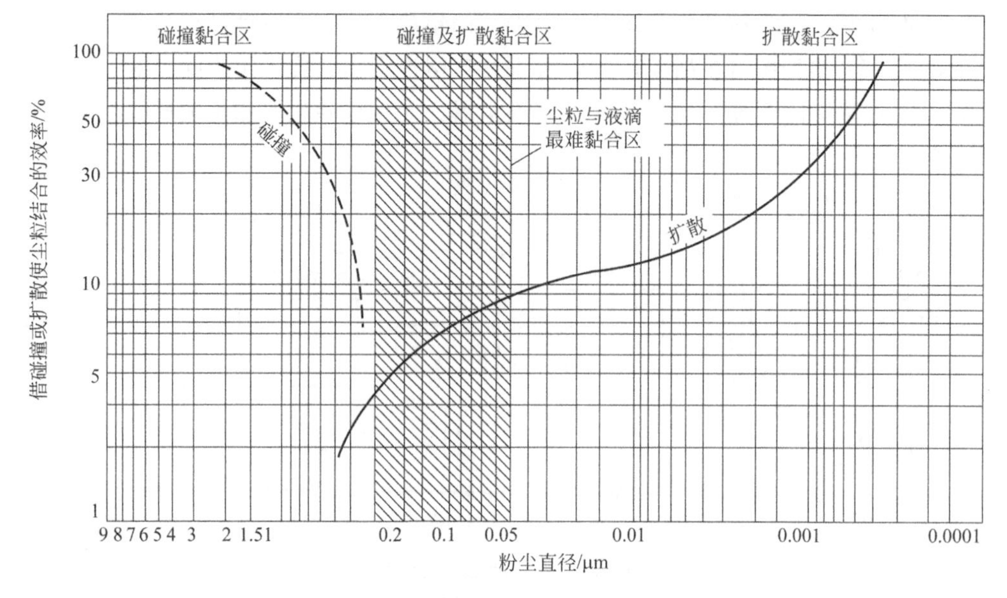

图4.3 粉尘的黏合效率与其直径的关系

湿法除尘器过去在燃煤锅炉行业应用较多，可同时对多种有害气体进行净化，但是一方面耗能高，另一面产生废水，造成二次污染，目前在生活垃圾焚烧行业应用很少，主要是与湿法静电相结合应用。

（5）静电除尘器

静电除尘器是利用静电力从气流中分离悬浮粒子（尘粒或液滴）的一种方法。电除尘器的放电极（又称电晕极）和收尘极（又称集尘极）接于高压直流电源，当含尘气体通过两极间非均匀电场时，在放电极周围强电场作用下，气体首先被电离，并使粉尘粒子荷电，荷电后的粉尘粒子在电场的作用下推向集尘极，从而达到除尘目的。

（6）袋式除尘器

袋式除尘器也称过滤式除尘器，是利用纤维编织物制作的袋装元件来捕集含尘气体中固体颗粒物的除尘装置。

（7）其他除尘技术

声波凝聚技术：该项技术是利用高强度声场使气溶胶中微米和亚微米级细颗粒物发

生相对运动进而提高他们的碰撞团聚速率，使细颗粒物在很短时间范围内，粒径分布从小尺寸向大尺寸方向迁移，颗粒数目减少。

磁凝聚技术：是指被磁化的颗粒物和磁性粒子在磁偶极子力、磁场梯度力等作用下，发生相对运动而碰撞团聚在一起，使其粒径增大。

光凝聚技术：是应用光辐射的原理促进颗粒物的团聚。超细颗粒物团聚遵循如下过程：入射电子束—等离子体膨发—成核—冷凝膨胀长大/等离子体云膨胀—凝结—形成不规则片状—团聚—凝胶化。LG 电子株式会社提出的专利（专利号：KR99017060）公开了一种静电除尘器，放电装置包括接地电极和放电电极，收集装置包括收集电极和正电极，其中放电装置使用足够高的电压发射出能活化一种光催化剂的光能，并且该静电除尘器中的部件包含光催化剂，因而放电装置发射出的光能活化光催化剂，借此以低成本提供了一种静电除尘器，可以同时除臭和消毒。

湍流凝聚技术：该项技术是通过设置扰流部件将烟尘流态由平流变为紊态化，加强粉尘粒子间的接触概率，从而达到除去细颗粒的效果。如 2010 年，浙江菲达环保有限公司在专利申请（专利号：CN201658926U）中提出一种促进颗粒聚合的装置，将卡门涡街发生装置设置在除尘器前端的烟道内，通过产生卡门涡街，促使流体中颗粒有效聚合，提高了颗粒的混合凝聚效果，有效降低后续电除尘器的细微粉尘排放量。

4.2 袋式除尘技术

4.2.1 袋式除尘的发展概况

袋式除尘器（fabric filter，FF）是生活垃圾焚烧领域应用最广的除尘器，除尘效率高，对于 1.0μm 的粉尘，效率高达 98%～99%。袋式除尘技术以北美和澳大利亚应用发展得较早，尤其是自 20 世纪 50 年代以来，随着脉冲喷吹清灰技术及合成纤维滤料的开发应用，袋式除尘技术得到进一步迅速发展。近几十年来，随着环保新政策的颁布，排放标准也日趋严格，原来以应用电除尘技术为主的欧洲国家，也在迅速发展袋式除尘技术，研究开发了多种大型高效低阻袋式除尘器，如德国 LLB 公司的低压脉冲回转清灰袋式除尘技术等。总之，在设备大型化、滤料品种的开发应用，特别是抗腐蚀、耐高温、高湿和高强度的滤料滤袋缝制和覆膜技术、滤袋检漏技术、清灰和辅助清灰技术、制造工艺水平和外观、主要配套件品种（如电磁脉冲阀、气缸等），以及应用经验等方面国外占有一定优势，但是国内的袋式除尘技术也在快速发展成熟。过去为了降低阻力和保障除尘效率，均采用低气布比（气布比是指表面过滤速度，即单位时间处理含尘气体的体积与滤布面积之比），由于低气布比袋式除尘器体积大、占地面积多，随着脉冲袋式除尘技术的发展，现已有采用高气布比的倾向。

我国的袋式除尘技术起步于20世纪80年代，在引进、消化、学习国外先进除尘技术基础上，开发出大型袋式除尘器（处理风量大于$10^5m^3/h$），并广泛用于钢铁、水泥、有色冶金等行业，袋式除尘器的生产已形成了一定规模。90年代后，随着我国滤料、滤袋技术、清灰及控制技术、制造工艺水平的进步，元器件质量的提高和袋式除尘器结构的改进，我国袋式除尘技术得到了迅猛发展，形成了一批生产骨干企业，制定并颁发了一系列相应的标准，在90年代末开始大量应用于生活垃圾焚烧行业。

4.2.2 袋式除尘原理

袋式除尘器的除尘原理实际上就是利用滤料对粉尘的过滤作用，如图4.4所示。总的来说，当含尘气体通过滤料时，依靠滤料纤维产生的拦截、碰撞、筛滤、扩散以及静电吸附等五种效应，将粉尘阻留于滤料表面，形成一层所谓的“一次粉尘层”。在稳定的“一次粉尘层”形成之前，一部分细粉尘会通过滤料的孔隙漏出，因此这时的除尘效率是不高的，通常只有50%～80%左右，但当稳定的“一次粉尘层”形成以后，由于粉尘层具有曲折的细孔和近80%～90%的孔隙率，粉尘层也具有上述五种效应，从而得以更有效地捕集尘粒。如果粉尘层有适当的厚度，对于1μm以下的烟尘也能很好地捕集。因而滤料的过滤作用主要是“一次粉尘层”的过滤作用，但是依赖于“一次粉尘层”的过滤作用压损会随时间延长而增加。近年来，随着膜技术的发展，覆膜滤料的出现，袋式除尘技术也正向表面过滤的方向发展。

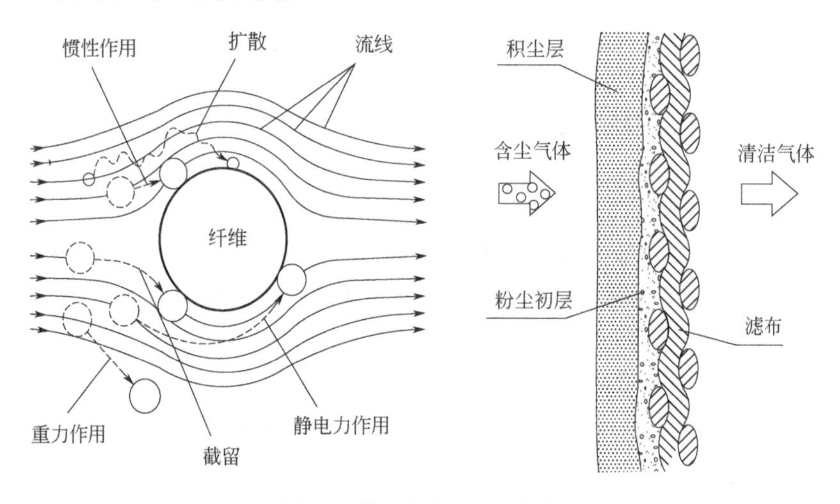

图4.4 袋式除尘原理示意图

袋式除尘机理包括以下几种：

（1）筛分作用

当粉尘粒径大于滤布孔隙或沉积在滤布上的尘粒间孔隙时，粉尘被截留下来。由于新滤布孔隙远大于粉尘粒径，所以截留作用很小。但当滤布表面沉积大量粉尘后，截留作用就显著增大。

（2）惯性碰撞

当含尘气流接近滤布纤维时，气流将绕过纤维，而尘粒由于惯性作用继续直线前进，撞击到纤维上就会被捕集，所有处于粉尘轨迹临界线内的大尘粒均可到达纤维表面被捕集。这种惯性碰撞作用，随粉尘粒径及流速的增大而增强。

（3）扩散和静电作用

粒径小于1μm的尘粒，在气体速度很低时，其除尘机理主要是扩散和静电作用。粒径小于1μm的尘粒在气体分子的撞击下脱离流线，像气体分子一样做布朗运动，如果在运动过程中和纤维接触，即可从气流中分离出来，这种现象称为扩散作用。它随气流速度的降低、纤维和粉尘直径的减小而增强。一般粉尘和滤布都可能带有电荷，当两者所带电荷相反时，粉尘易被吸附在滤布上；反之，若两者带有同性电荷，粉尘将受到排斥。因此，如果有外加电场，则可强化静电效应，从而提高除尘效率。

（4）重力沉降

当缓慢运动的含尘气流进入除尘器后，粒径和密度大的尘粒可能因重力作用自然沉降下来。

上述捕集机理，通常并不是都同时有效。根据粉尘性质、袋滤器结构特性及运行条件等实际情况的不同，各种机理的重要性也不相同。

从除尘过程来讲，除尘器的室内悬吊着许多滤袋，当含尘气流穿过滤袋时，粉尘便捕集在滤袋上，净化后的气体从除尘器出口排出。经过一段时间，开启清灰系统，袋表面层粉尘被抖落掉入灰斗，经输灰设备排出除尘器。袋式除尘过程分为两个阶段（指深层过滤）：首先是含尘气体通过清洁滤布，这时起捕尘作用的主要是纤维，清洁滤布由于孔隙率很大，故除尘效率不高；其后，当捕集的粉尘量不断增加，一部分粉尘嵌入滤料内部，一部分覆盖在表面上形成一层粉尘层，在这一阶段中，含尘气体的过滤主要依靠粉尘层进行，这时粉尘层起着比滤布更为重要的作用，它使除尘效率大大提高。从这种意义上来讲，袋式除尘器是以颗粒来除去颗粒。随着粉尘层的增厚，除尘效率不断增加，但气体的阻力损失也同时增加，因此粉尘层在积累到一定厚度后，需要清灰将这些粉尘层抖脱滤袋。

上述机理都是针对非覆膜的滤袋的，总结起来其除尘过程为：滤袋表面积灰→清灰→滤袋振动→粉尘层脱落→滤袋再积灰。

近 20 年来，覆膜滤袋应用越来越广泛。滤袋覆膜工艺是在普通滤料为基布的基础上，在其表面覆上一种特殊性质的薄膜［常见为聚四氟乙烯（PTFE）］，使过滤更加精密，布袋的除尘效率更高，布袋的使用寿命越长。覆膜滤袋的优点有：

① 效率更高。传统的滤袋除尘是通过在滤袋表面形成一次粉尘层而达到有效过滤；形成有效过滤的时间比较长，大约是整个过滤过程的10%，阻力相对比较大，效率也较低，截留不完全，过滤与反吹时的压力也是比较高的，清灰频繁，能耗较高，气布比也很小，使用寿命不长。使用覆膜除尘布袋滤料，薄膜的孔隙很小，只有0.1μm甚至更低，粉尘不能进入布袋里，是表面过滤。无论是粗、细粉尘，都是全部沉积在滤料表面，仅靠膜本身孔径截留被滤物，无初滤期，一开始就是有效过滤，近百分之百的时间处于高效工作状态。

② 低压、高通量连续工作。传统深层过滤的滤料一旦投入使用，粉尘穿透建立一次粉尘层后，透气性便迅速下降。过滤时内部堆积的粉尘造成堵塞现象，除尘设备的阻力会不断增加。覆膜滤料以微细孔径及其黏性，使粉尘穿透率近于零而实现高效；而当沉积在薄膜滤料表面的粉尘达到一定厚度时，就会自动脱落，易清灰，过滤压力始终保持在一个很低的水平，可以使用较大的气布比。

③ 容易清灰。薄膜滤料的清灰时间短（仅需数秒钟即可），粉尘不会在滤料内部滞留，滤料内部不会造成堵塞，具有非常优越的清灰特性，每次清灰都能彻底除去尘层，因此不会改变孔隙率和质量密度。因为压力损失取决于清灰后灰尘的滞留情况，所以薄膜滤料能经常维持在低压损下连续工作。

④ 滤袋寿命长。覆膜是一种强韧而柔软的材料（如PTFE），与坚强的基材复合而成薄膜滤料，它具有足够的机械强度，PTFE可在-180～260℃长期使用，抗酸抗碱。加之有卓越的清灰性能，而降低了清灰强度和清灰带来的机械疲劳，在低而稳的压力损失下能长期使用，延长滤袋寿命。

4.2.3 袋式除尘器的一般分类

袋式除尘器的分类一般根据清灰方法和结构特点两方面来进行划分。根据清灰方法的不同，袋式除尘器分为五类。

① 械振动类。利用机械装置（含手动、电磁或气动装置）使滤袋产生振动而清灰的袋式除尘器，有适合间歇工作的非分室结构和适合连续工作的分室结构两种构造形式。有下列四种形式：

低频振动袋式除尘器的振动频率低于60次/min，非分室结构。

中频振动袋式除尘器的振动频率应为60～70次/min，非分室结构。

高频振动袋式除尘器的振动频率高于70次/min，非分室结构。

分室振动袋式除尘器，是指各种振动频率的分室结构袋式除尘器。

② 分室反吹类。采取分室结构，利用阀门逐室切换气流，在反向气流作用下，迫使滤袋缩瘪或鼓胀而清灰的袋式除尘器。

分室二态反吹袋式除尘器，是指清灰过程具有“过滤”“反吹”两种工作状态。

分室三态反吹袋式除尘器，是指清灰过程具有“过滤”“反吹”“沉降”三种工作状态。

分室脉动反吹袋式除尘器，是指反吹气流呈脉动状供给反吹袋式除尘器。

③ 喷嘴反吹类。以高压风机或压气机提供反吹气流，通过移动的喷嘴进行反吹，使滤袋变形抖动并穿透滤料而清灰的袋式除尘器，均为非分室结构。

气环反吹袋式除尘器，是指喷嘴为环缝形，套在滤袋外面，经上下移动进行反吹清灰。

回转反吹袋式除尘器，是指喷嘴为条口形或圆形，经回转运动，依次与各个滤袋净气出口相对，进行反吹清灰。

往复反吹袋式除尘器，是指喷嘴为条口形，经往复运动，依次与各个滤袋净气出口相对，进行反吹清灰。

回转脉动反吹袋式除尘器，是指反吹气流呈脉动供给的回转反吹袋式除尘器。

往复脉动反吹袋式除尘器，是指反吹气流呈脉动供给的往复反吹袋式除尘器。

④ 振动、反吹并用类。机械振动（含电磁振动或气动振动）和反吹两种清灰方法并用的袋式除尘器（均为分室结构）。

低频振动反吹袋式除尘器，是指低频振动与反吹并用。

中频振动反吹袋式除尘器，是指中频振动与反吹并用。

高频振动反吹袋式除尘器，是指高频振动与反吹并用。

⑤ 脉冲喷吹类。以压缩空气为清灰动力，利用脉冲喷吹机构在瞬间内放出压缩空气，诱导数倍的二次空气高速射入滤袋，使滤袋急剧鼓胀，依靠冲击振动和反向气流而清灰的袋式除尘器，采用低阻阀，喷吹气源压强允许低于392kPa者称为低压喷吹；采用高阻阀，喷吹气源压强高于392kPa者称为高压喷吹。根据喷吹气源压强和结构特征分为下列种类：

逆喷低压脉冲袋式除尘器，低压喷吹，喷吹气流与过滤后袋内净气流向相反，净气由上部净气箱排出。

逆喷高压脉冲袋式除尘器，高压喷吹，喷吹气流与过滤后袋内净气流向相反，净气由上部净气箱排出。

顺喷低压脉冲袋式除尘器，低压喷吹，喷吹气流与过滤后袋内净气流向一致，净气由下部净气箱排出。

顺喷高压脉冲袋式除尘器，高压喷吹，喷吹气流与过滤后袋内净气流向一致，净气由下部净气箱排出。

根据结构特点把袋式除尘器分为以下型式：

① 上进风式、下进风式和侧进风

上进风式是指含尘气流入口位于袋室上部，气流与粉尘沉降方向一致。能在滤袋上形成较均匀的粉尘层，过滤性能好。但为了使配气均匀，需要上部进气配气室增设一块上花板，使除尘器高度增加，也提高了造价。上进气还会使灰斗滞积空气，增加了结露的可能性。同时，上花板易于积灰，滤袋安装调节也较复杂。

下进风式是指含尘气流入口位于袋室下部，气流与粉尘沉降方向相反。采用下进气时，粗尘粒直接沉降于灰斗中，只有3μm的细尘接触滤袋，滤袋磨损小。但由于气流方向与尘粒方向相反，清灰后会使细粉尘重新附积在滤袋表面，从而降低了清灰效率，增加了阻力。与上进气相比，下进气设计合理，结构简单，造价便宜，因而使用较多。

侧进风是含尘气流由除尘器侧面进入除尘器内。侧进风的设计不会提高上升气流的速度，因而减少了上升气流的粉尘再携带量，压力损失小，从而降低运行费用。

② 圆袋式和扁袋式

圆袋式是指滤袋为圆筒形。

扁袋式是指滤袋为平板形（信封形）、梯形、楔形以及非圆筒形的其他形状。

圆筒形滤袋结构简单，便于清灰，应用广泛。扁平袋的断面有楔形、梯形和矩形等形状。扁袋与筒袋相比，最大的优点是单位体积内可多布置20%～40%的滤袋面积，占地面积小，结构紧凑，但清灰维修困难，应用较少。

③ 吸入式和压入式

吸入式是指风机位于除尘器之后，除尘器为负压工作。

压入式是指风机位于除尘器之前，除尘器为正压工作。

④ 内滤式和外滤式

内滤式是指含尘气流由袋内流向袋外，利用滤袋内侧捕集粉尘。净化气体由袋外排出，其优点是滤袋无需设支撑骨架，不停车可进行内部检修。下进气除尘器多为内滤式。

外滤式是指含尘气流由袋外流向袋内，利用滤袋外侧捕集粉尘。净化气体由袋内排出。外滤式需在滤袋内装支撑骨架，滤袋易于磨损，维修较困难。外滤式要根据清灰方式来确定进气方向。

⑤ 密闭式和敞开式

密闭式和敞开式袋式除尘器根据与风机连接部位的不同而划分。除尘器设在风机的吸入段，为避免漏风，壳体必须严格密闭、保温。

除尘器设在风机的压出段，在处理的气体和粉尘对人体与物体无明显影响的条件下，对除尘器的密封要求不严格。这样可节省投资。

4.2.4 袋式除尘器的结构特征

袋式除尘器主要由滤袋及滤料、机械本体和清灰及控制系统三大部分组成，如图4.5所示。

（1）滤袋及滤料

滤袋是袋式除尘器最关键的组成部分，滤袋和滤料的选择将会对袋式除尘器的工作性能产生直接影响，如气布比、过滤效率、设备选型和阻力大小等。而滤袋的覆膜技术、缝制技术和滤料的结构与材质、后处理等因素决定了滤袋的寿命以及质量。通常对滤料有如下要求：

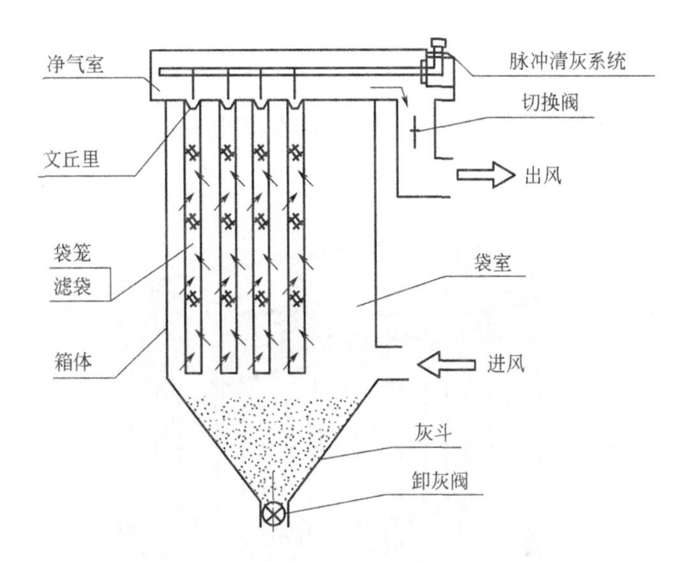

图 4.5　袋式除尘器的工作过程及其组成部分

① 耐高温、长期承受锅炉出口烟气的温度而不损坏。

② 耐磨、耐褶皱、机械强度比较高，不会因为清灰而遭到破坏。

③ 耐氧化、耐腐蚀、耐水解、不吸湿，化学性能稳定，易清灰。

④ 透气性好，压力损失小。

⑤ 在高温和积灰的情况下，滤料的尺寸稳定性好，不会因经纬向的收缩和膨胀而使滤袋变形。

⑥ 使用寿命长，成本低。

滤料种类繁多，从天然无机纤维发展到合成纤维，如涤纶布、针刺毡、Nomex、P84、Ryton、Dralon“T”、Gore-tex、玻纤针刺毡等。近年出现的覆膜滤料，为实现袋式除尘的耐温、高效、节能、低阻、耐腐蚀性能提供了保障。因此，滤料应根据烟气性质、粉尘特性和工况条件合理选择，以保证袋式除尘器长期高效可靠运行。为了满足袋式除尘技术在垃圾焚烧厂、燃煤电厂应用的大型化要求，应开发耐高温高湿、抗腐蚀、寿命长的高气布比袋式除尘器的优质合成纤维滤料和耐高温高湿、抗腐蚀、抗水解、强度好等性能优良且适于锅炉烟气的新型滤料。如 Ryton 和 Dralon“T”滤料在国外已普遍应用。目前国内燃煤电站除尘器中，常用的是聚苯硫醚（PPS）滤料。PPS 滤料有抗酸碱性好的特点，但其最高耐温只能达到 190℃，还有一个致命的缺点就是易氧化，滤料在较高运行温度和氧气含量超过 9 %的情况下会发生氧化而失效，烟气中的 NO_2 含量也会影响 PPS 滤料的寿命。垃圾焚烧厂应用更多的是 PTFE 覆膜加 PTFE 基材的滤袋，耐高温、抗腐蚀、效率高、寿命长，如美国戈尔公司生产的膨体聚四氟乙烯（ePTFE）薄膜多微孔光滑薄膜，纤维组织极为细密，使含尘气体经过滤料后的粉尘排放量接近于零，薄膜本身具有不粘灰、憎水和化学性能稳定等特点，使薄膜滤料具有了极佳的清灰性能。

（2）机械本体

袋式除尘器本体结构形式有多种，本体主要由袋室、箱体、灰斗、进出气口和锁风装置等几部分构成，见图 4.6。本体主要作用是支撑滤袋并形成一个密闭的气流通道，通常为钢结构。

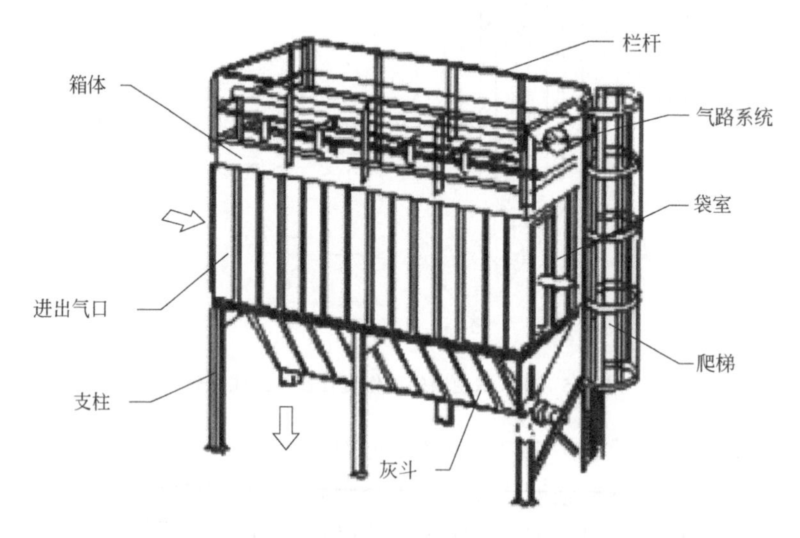

图 4.6 袋式除尘器本体结构示意图

（3）清灰及控制系统

清灰及控制系统主要由气路管道、电磁脉冲阀、带阀气缸、反吹风机或摇动机构、阀门和清灰过程控制器等几部分组成。其作用是按预先设计程序及时清除滤袋上的附灰，使其再生，以保证袋式除尘器长期可靠稳定运行。随着袋式除尘器向大型高效化的方向发展，清灰控制系统先进与否，直接决定设备的可靠性、运转率和运行成本，这已作为选用袋式除尘器的首要因素。

清灰方式分为机械摇动式、反吹风式、脉冲式和声波助清灰等几种。随着袋式除尘器大型化发展，脉冲式清灰以其耗气量少、清灰强度高、机构小、设备阻力小、可靠性高、滤袋可更长（＞7m）等优点而日受青睐，而且它还克服了反吹风弱力清灰袋式除尘器普遍存在的阻力过高现象。目前垃圾焚烧电厂所使用的袋式除尘器均采用脉冲清灰方式，效果极佳。

清灰控制方式分为定时式和定阻式两种。定时式较为简单，通过单片机或 PLC 控制程序即可实现按预先设计的时间和顺序进行清灰，该方式目前在国内仍普遍采用。然而，随着设备大型化的发展和自动化程度的提高，对袋式除尘器运行稳定性及可靠性的要求日益提高，要求其能随工况变化（如浓度、温度、烟气量等）自动调整，维持袋式除尘器在一个合理的运行阻力范围内工作。为此，利用滤袋内外压差控制的定阻式闭环控制方式日益重要。

4.2.5 影响袋式除尘的主要因素

影响袋式除尘器性能的因素主要有滤袋和滤料及气布比等运行参数。由于滤袋是纤维织物，对其影响最大的是烟气的温度、湿度、露点、粉尘黏附性和工况变化。温度过高会烧袋，湿度、黏附性太大会造成堵袋，阻力上升。工况的变化对袋式除尘器影响大，在开机时应严格遵循操作规范程序，防止燃油在启动时产生不良影响，导致水分冷凝、结露；在运行中应注意温度、阻力等的控制，注意负荷，特别是烟气温度不能低于露点温度，否则会产生结露，导致糊袋、堵袋。在袋式除尘器启动前通常需要用消石灰进行预喷涂，可防止烟气温度过低结露时直接接触滤料，造成腐蚀。还应注意袋式除尘器不适宜黏性强及吸湿性强的粉尘，导致滤袋堵塞。

处理高温、高湿气体（如球磨机排气）时，为防止水蒸气在滤袋凝结，应对含尘空气进行加热（用电或蒸汽），并对除尘器保温。

袋式除尘器的气布比（过滤风速）的选择与清灰方式、清灰制度和粉尘特性等因素有关。在正常运行中，由于过滤面积在设计的时候已经确定，过滤风速的大小只取决于过滤的烟气量，而烟气量则取决于焚烧工况，因此，当焚烧工况有较大的波动时，过滤风速会产生较大的变化。过滤风速增大会提高除尘器的阻力、降低过滤效率甚至会损伤布袋。在实际运行中，过滤风速增大会使得除尘器的阻力更快达到清灰时的压力，提高清灰的频次。过滤风速过大往往是由焚烧负荷大、焚烧工况严重偏离设计工况引起的，此时应减少废物的处理量，合理控制过滤风速；过滤风速过小，则说明原来的设计严重偏离实际工况，浪费了除尘器的体积、增大了占地面积和提高了初投资，也是不可取的。

袋式除尘器中的气流均布也很重要，对于大型袋式除尘器而言，因为锅炉烟气量比较大，可以将除尘器分成若干小室，气流分布不均会导致某个小室气流过大导致阻力上升较快，清灰频率高，滤袋易破损，进而影响整机运转率及可靠性。

至于烟气和粉尘化学成分，在选择滤料时只需要充分考虑防止化学腐蚀，其不会影响袋式除尘器性能。此外，含尘浓度大小对袋式除尘器的除尘效率影响较小，但是会因为清灰的频率大小而影响滤袋的寿命长短。处理含尘浓度高的气体时，为减轻袋式除尘器的负担，应采用二级除尘系统，用低阻力除尘器进行预处理，袋式除尘器作为二级处理设备。

4.2.6 国内外常用袋式除尘技术介绍

（1）大气、回转和负压反吹袋式除尘器

均采用分室离线反吹风原理，需要把除尘器分成若干个独立气室，在清灰时把单个气室隔离（离线），然后用高压风机鼓入过滤后的气流，进入气室内进行清灰。

优点：①能够清大口径长袋（长达 12m）；②由于过滤风速低（一般在 0.8m/min 以下），滤袋寿命相对较长。

缺点：①只能离线清灰，由于清灰气室的关闭，入口烟气需要导向其他过滤气室，因此增加除尘过滤面积和设备体积；②除尘器内需要分成多个密封气室，安装闸板和提升阀，增加设备造价；③需要另外独立安装高压风机；④过滤风速相对比脉冲清灰除尘器低。

（2）旋转脉冲袋式除尘器

每台除尘器只应用一个尺寸（6～12in，1in=0.254m）低压脉冲阀，连接一对旋转臂作为喷吹管，对花板下滤袋进行逐行喷吹清灰。

优点：①块式结构，可设计在线或离线清灰：②有应用于电厂锅炉的除尘实例。

缺点：①圆筒形结构制造复杂，单个模块处理风量小；②需要独立配制高压风机供应压缩气进入脉冲阀；③由于脉冲阀安装在除尘器内部，需要采用耐高温隔膜材料（如 Viton），或者需要防爆安装，造价昂贵；④机械旋转臂会产生磨损现象，必须定时维护；⑤一旦脉冲阀故障将影响除尘器运行；⑥在国内是属于比较陌生的技术。

（3）气箱脉冲清灰

其特色是每一个气室只用一或两个脉冲阀对气室内的滤袋进行清灰。在清灰时需要把气室隔离（离线），然后经过脉冲阀把高压压缩气喷进花板上部气箱，在箱体内膨胀后对安装在花板下的滤袋进行清灰。它综合了分室反吹清灰和脉冲喷吹两类袋式除尘器的特点，克服了分室反吹清灰强度不够和在线脉冲喷吹与过滤同时进行会将清下来的粉尘转移到刚清灰的邻排滤袋上的缺点，它与行喷吹形式不同在于采用高压脉冲逐个箱体进行清灰，箱与箱之间完全隔离，在袋室中每箱之间用钢板隔开，只在集灰斗中相连。

优点：①每个室只需要 1～2 个脉冲阀；②不需要安装喷吹管和文丘里管，结构简单，维修方便；③清灰时不会产生二次飞扬，清灰操作比较可靠。

缺点：①只能离线清灰，由于清灰气室的关闭，入口烟气需要导向其他过滤气室，因此增加除尘过滤面积和设备体积；②除尘器内需要区分成多个密封气室，另外安装闸板和提升阀，增加设备造价；③不能利用喷吹管开孔调节每个滤袋的喷吹气压和气量，因此可能造成气室内清灰不均匀而导致局部滤袋破损；④清灰系统完全由压缩空气承担，大部分的压缩气清灰能源都直接喷吹在上气箱内壁而浪费掉，压缩空气耗量大；⑤国内的气箱脉冲除尘器一般都只有固定的每室滤袋数量、滤袋口径和长度，长度一般是固定的 2.45m，否则清灰效果不佳，因此气箱脉冲除尘器将受到现场场地局限而不能灵活设计。

（4）行喷吹脉冲

行喷吹脉冲是目前国际上最普遍、最高效的袋式除尘器。其特点是在每一个脉冲阀的出口安装喷吹管，由喷吹管负责对准安装在喷吹孔下的滤袋逐行按一定次序进行高效脉冲清灰。

优点：①据现场工艺的实际情况，灵活设计在线或离线的高效率均匀清灰系统，克服以上各种清灰方法的不足；②可以根据工艺需要和系统压力，选择高压或低压、在线或离线脉冲清灰；③结构简单，选择不同尺寸的滤袋和脉冲阀，可灵活设计滤袋的分布，制造各种处理风量的机组。

（5）滤料复合催化剂技术

将特殊催化剂植于滤料纤维表面，形成除尘和除二噁英、NO_x 多项功能的滤料。如Gore Remedia 技术，滤料纤维上负载有二噁英分解催化剂，可以有效去除二噁英、呋喃，当二噁英标准入口含量低于 10ng TEQ/m^3、温度在 180～250℃时，确保排放低于 0.1ng TEQ/m^3。国内也在开发将选择性催化还原（SCR）催化剂进行复合的功能性滤料。

4.3 静电除尘技术

4.3.1 静电除尘技术的发展概况

自从美国加利福尼亚大学教授科特雷尔（F. G. Cotrell）最早在 1907 年将静电除尘器（electrostatic precipitator，ESP，也称之为电除尘器）用于工业捕集硫酸雾至今，研究、应用电除尘技术的历史已近百年。经过多年的工业应用，积累了大量的实践经验，使得电除尘技术正日趋成熟，并在火电厂、造纸、钢铁、冶金、化工、水泥等领域得到了广泛的应用。静电除尘器的除尘性能可实现烟气中的粉尘浓度降低到 15～25mg/m^3 的水平。采用多电场（2～3 个）及除尘面时，烟气中的粉尘浓度还可降低到 5mg/m^3 的水平。

我国科技工作者自主研制了电除尘器的重要组成部分——高压电源。我国自主研发的微机控制可控硅调压电源，在功能、控制精度、电能管理、火花能量识别和处理等关键技术均已达到国际领先水平。例如，由计算机集散式控制系统（DCS）、浊度仪监测装置和能量管理软件系统构成了既满足排放目的，又大幅度自行节能的闭环管理系统，还可通过程控电话、网络实现遥测、遥讯和遥控。

近几年来，随着环保排放标准日趋严格，如电力工业粉尘排放从 200mg/m^3 提高到 30mg/m^3，水泥工业也从 100mg/m^3 提高到 30mg/m^3，另外对 SO_2 的排放控制力度加大，燃煤电厂采用低硫煤、脱硫工艺和洁净煤技术导致了粉尘比电阻和烟气含尘浓度大幅升高，从而导致了电除尘器的性能下降，排放超标。所以电除尘器在煤电行业也有被袋式除尘器或其他除尘器所替代的趋势。

在欧洲，垃圾焚烧厂采用静电除尘器主要是作为预除尘措施，后面还有袋式除尘。

而后发展起来的湿法电除尘（WESP）很少用于预除尘，因为其运行温度低，通常是作为最后一级除尘，目前在要求高的工业固废和危险固废焚烧行业逐渐推广。根据欧洲的运行经验，ESP运行在200～450℃温度范围时，二噁英、PCDD/Fs在ESP中有合成现象，然而在WESP中再合成鲜有报道。因为ESP中二噁英的合成，也导致了后面袋式除尘器在焚烧炉烟气净化系统的广泛应用。

4.3.2 电除尘原理

静电除尘器的除尘原理如图4.7所示。在两个相对放置的金属阳极板和阴极板之间接通高压直流电，使极板之间的不均匀电场很强，从而把气体电离产生非常多的带电电子、离子。当含尘气体进入电场后，粉尘在这些电子和离子的作用下，瞬间荷电（即电子和离子吸附在粉尘表面），荷电粉尘受到电场力的作用开始向极性相反的电极方向移动，当荷电粉尘黏附到电极后释放出所带电荷并带上与极板相同的电荷，最后通过振打装置撞击极板使电极上的粉尘掉落，从而达到清除粉尘，并把粉尘与气体分离的目的。

电除尘技术工作过程包括以下五个步骤：①气体的电离；②悬浮尘粒的荷电；③荷电尘粒向电极运动；④荷电尘粒沉积在电极上；⑤振打清灰。

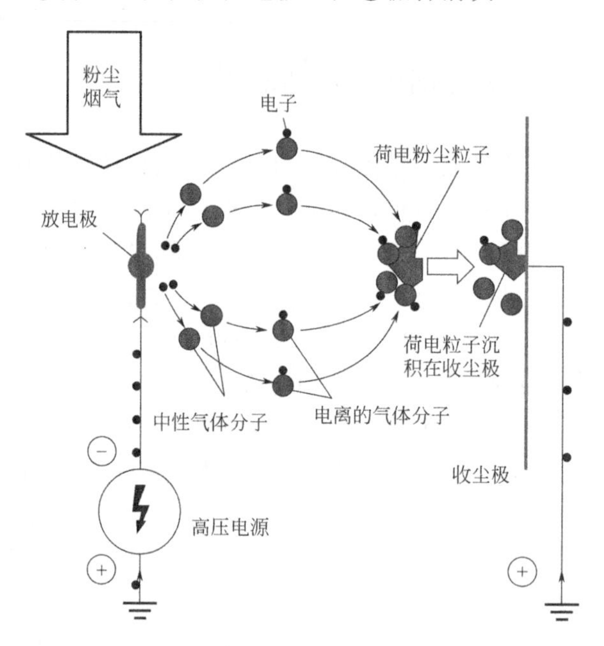

图4.7 静电除尘器的除尘原理示意图

4.3.3 静电除尘器结构

如图4.8所示，电除尘器主要由机械本体和高压电源两部分组成。其中，机械本体主要包括气流均布装置、设备壳体、内部构件、辅助设施及装置等几部分；高压电源主要包括高压硅整流变压器和高、低压控制系统两部分。

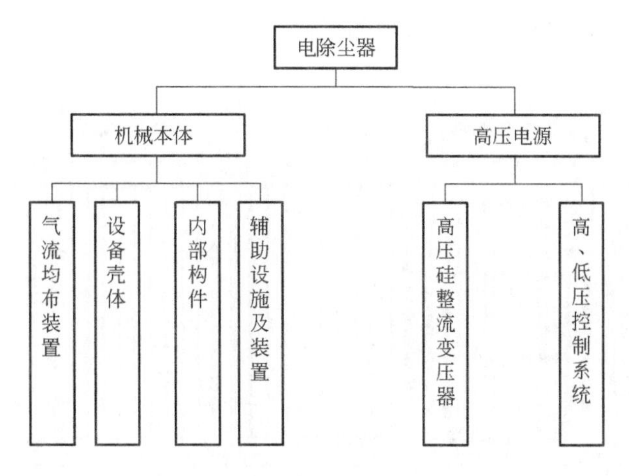

图 4.8　电除尘器构成框图

（1）气流均布装置

气流均布装置设在电除尘器的进气口喇叭处，通常由导流板、折流板、气体分布板和振打装置组成。其主要作用是使入口烟气沿电场断面均匀分布，促使粉尘均匀荷电，进而保证电除尘器高效工作。在电除尘器技术发展中，分布板的型式多种多样，如圆孔板、方孔板、折型板、百叶窗型、锯齿型及 X 型分布板等，其最终目的是促使入口烟气沿电场断面均匀分布，保证粉尘均匀荷电以提高电除尘效率。随着设备大型化的发展及高浓度除尘的出现，该装置的作用也更加突出和重要。

（2）壳体

壳体主要由进气口、出气口、走道、支架和灰斗等组成，如图 4.9 所示。主要用于支撑内部构件及外加载荷，并形成一个密闭的气流通道。壳体通常为钢结构，钢耗量占除尘器总钢耗量的 1/3～1/2。壳体的结构型式有立式、管式、卧式、板式等多种，但随着电除尘器大型化的发展，板式和卧式为发展主流。

（3）内部构件

内部构件是电除尘器的核心部分，主要由放电极、收尘极及振打装置组成，见图 4.9。放电极和收尘极构成电场收尘工作区，通过合理的板线配合，可以获得最佳的板电流分布及较高的平均电压，从而实现粉尘与气流的有效分离，达到最佳除尘效果。极线、极板的性能及其配合直接影响电除尘器的除尘效率。其中：

收尘极：收尘极板是电除尘器的重要部件之一，其作用是与放电极形成高压静电场并捕集荷电粉尘，在受冲击振打时，使粉尘成片状脱落进入下部灰斗，达到除尘目的。

收尘极板通常由厚度 1.2～1.5mm 的冷轧板轧制成型，长度可达 15m。经过多年的发展，极板有管形、郁金花状、棒帏状、波纹形、CSW 形、Z 形、C 形及 ZT24 形等。但不管何种类型的极板均以满足以下基本要求为优。

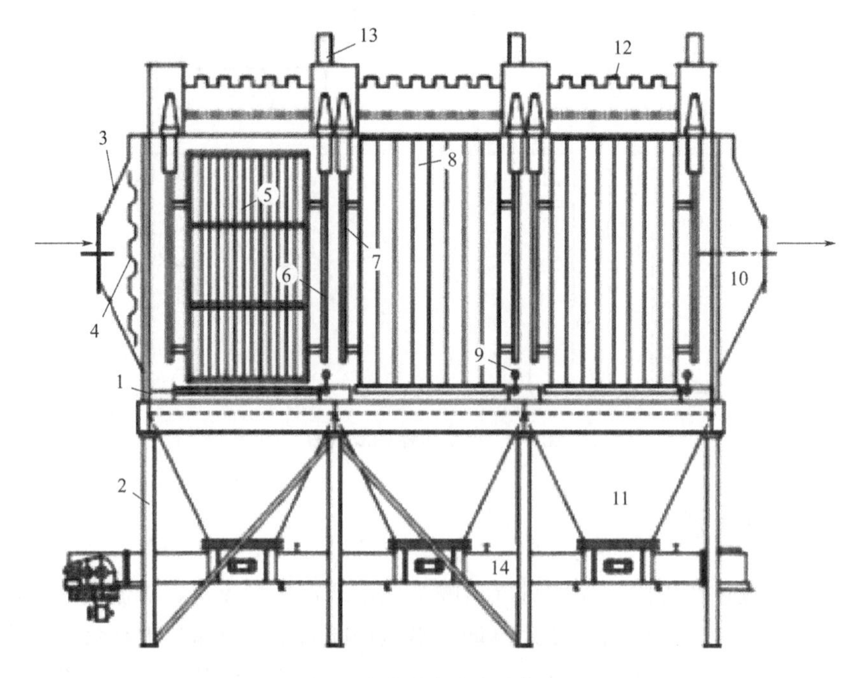

图 4.9 电除尘本体结构图

1—壳体；2—支架；3—进气口；4—气流均布装置；5—放电极；6—放电极振打装置；7—放电极悬挂框架；8—沉淀极；9—沉淀极振打及传动装置；10—出气口；11—灰斗；12—防雨板；13—放电极振打传动装置；14—拉链机

① 有良好的导电性能。即极板表面的板电流密度分布要均匀，从而扩大实际收尘面积，提高极板面积的利用率。

② 有良好的振打加速度分布性能。应当保证振打力的有效传递，使极板上的附灰及时被清除。

③ 有较好的防止粉尘二次飞扬性能。该性能是保证电除尘器达标排放不可忽视的因素，对高浓度烟气尤为重要。如二次飞扬问题解决不好，即使电除尘器正常工作，过大的粉尘二次飞扬也将导致电除尘器出口排放浓度升高，不能达标，为此极板在结构设计上充分考虑防止粉尘二次飞扬是非常重要的。需通过流体动力学对极板结构进行特殊设计方能实现，如设计防风沟。

④ 有足够的刚度，受温度影响变形小，保证长期可靠使用。

⑤ 重量要尽可能轻，降低造价。

放电极：放电极是第二个重要部件，由电晕线和定位部分组成。作用是与收尘极配合形成高压静电场，产生尖端放电和电晕电流。电晕线有星形线、锯齿线、螺旋线、芒刺线（B5线、V0线、V15线、V25线、V40线）等多种，但无论何种线型，只有满足以下基本要求才能保证电除尘器长期高效可靠运行：

① 良好的放电性能。电气性能的好坏受放电极的形状和尺寸的影响，因此收尘极上的电流分布密度的均匀性越好，平均电场强度越高，则电气性能越好。对于含尘浓度高、粉尘粒径小的工况，其伏安特性曲线的斜率要大，这表明在相同电压下，粉尘荷电的强度和机率较大。而对于高浓度烟气，应根据不同电场区及同一电场中的不同位置（上、下层）的烟气含尘情况选用不同的极配方式和极线种类，以达到高效除尘效果。例如，在电除尘器第一电场下部的高浓度区，可采用刺较长的芒刺线，增加电晕电流，提高放电强度，避免电晕封闭的发生；而在含尘浓度低、粉尘粒径小的最后一个电场区域应采用起晕电压高的V0线、星形线或圆形线，从而增加荷电粉尘向极板移动的驱进速度。

② 具有足够的机械强度。保证连接可靠，不断线，不易电蚀。

③ 具有高温防变形能力。

振打装置：该装置是放电极和收尘极系统中一个非常重要的部分，主要由减速电机、传动轴和振打锤组成。可分为三种型式，即电动机械式、气动式和电磁式，有顶部振打和侧部振打两种振打方式。其作用是及时清除放电极和收尘极上的粉尘，同时考虑防止二次扬尘，以保证机器运转寿命。通常对放电极采用连续振打，以保证其表面清洁，良好放电；对收尘极采用周期振打，以保证沉积在极板上的粉尘成片状脱落。为了使二次扬尘得到有效控制，对极板应采用间隔振打，即对每排极板按先后顺序间隔分别振打，避免同时振打使振打力太大从而使二次扬尘过多。在振打力的选择上，只要能够使粉尘脱落并有效率清除即可，应尽量避免造成二次扬尘。在电除尘器处理高浓度烟气时，防止二次扬尘尤为重要。

（4）高压电源及控制装置

高压电源及控制装置是电除尘器的一个重要组成部分，主要由高压硅整流变压器、控制组件和控制系统传感组件等组成，实现对除尘系统的供电和控制功能。供电部分作用是产生高压直流电并向电极系统供电。控制部分主要是对供电部分进行控制，提供供电方式选择、监测、调整和保护等功能，同时还可提供与上位机的通信功能，实现集中控制和遥控、遥感及遥测功能。该装置的性能及与本体阻抗匹配与否将直接影响电除尘器的性能。

高压电源及控制装置应具备：①自动跟踪性能好，为了使电场区电晕功率的有效平均值达到最大，工作装置输出的电流和电压可以随着实际的粉尘浓度和烟雾的大小等自适应控制和调节；②当电除尘器出现故障时，能提供必要的保护，以及特殊工作情况下的安全运行。

随着现代电子科学技术的发展，高压供电技术也有了很大的进步。产生高压直流电的方法已由原来的机械整流、电子管整流发展到目前的可控硅整流。可控硅（SCR）调压和微机智能控制已经成为调压和控制的主流，供电和运行方式呈多样化。集散控制系统（DCS）和能量管理系统（EMS）的广泛应用，为提高供电质量、节约用电、保证除尘效率提供保障。

4.3.4 影响电除尘的主要因素

影响电除尘器除尘效率的因素较多，主要有以下四个方面：①粉尘特性；②烟气性质；③结构因素；④操作因素。其中前两方面对电除尘器性能的影响最为显著。

（1）粉尘特性

主要包括粉尘的粒径分布、成分和比电阻等。粉尘比电阻是衡量粉尘导电性的主要指标。研究结果表明，最适于采用电除尘技术的粉尘比电阻值在 10^4～$10^{11}\Omega \cdot cm$ 范围。

当粉尘比电阻较低时（$<10^4\Omega \cdot cm$），由于导电性好，使带电尘粒到达收尘极表面时，瞬间放电后带上与收尘极相同的电荷，进而与电极相斥，受到电荷之间的作用力飘回到气流中，从而粉尘颗粒在收尘电极上跳跃，随着气流的影响粉粒被带出，结果除尘不完全，除尘效率相应降低。不过，在实际应用中低比电阻粉尘较少见。反电晕容易出现在粉尘比电阻特别高时，使电极间电压下降，电流增大，在电场区域内闪络现象频繁发生，二次粉尘颗粒飞扬严重，从而导致除尘率的下降。因此对高比电阻粉尘的捕集必须采取有效的措施，才能保证电除尘器的高效稳定工作，对此，应采用以下几种处理高比电阻粉尘的方式：

① 对烟气进行调质处理。通过喷雾增湿塔或在烟气中加入化学添加剂，将粉尘比电阻降低到适于电除尘器捕集的范围。这是目前最为普遍采用的处理方法。

② 改进除尘器本体结构。适当加宽极间距提高电场电压，或增加辅助电极加强对高比电阻粉尘的捕集，此法目前使用较少。

③ 采用高温电除尘器。提高烟气温度（＞300℃）以降低粉尘体积比电阻到适于电除尘器捕集的范围。

④ 供电方式的替换。三相高频电源、恒流源或脉冲供电等，利用电源特性改善电除尘器捕集高比电阻粉尘的性能。随着供电技术的快速发展，改变供电方式处理特殊粉尘也是今后一个主要发展方向。

以燃煤电厂粉尘（煤灰）为例，影响其比电阻的主要因素是燃煤的含硫量和煤灰的化学成分。为了使电除尘效率得到提高，当煤的含硫量较高（＞1.5%）时，燃烧所形成的硫氧化物吸附在粉尘上能大大降低其比电阻。但如果含硫成分太少，形成的硫氧化物则很少，就不能降低粉尘的比电阻，使电除尘效率降低，此时必须采取其他措施或采用袋式除尘技术。

（2）烟气性质

烟气性质，主要包括烟气温度、成分、湿度和含尘浓度等。其中烟气性质是影响电除尘器选型及结构设计的首要因素。通常烟气的温度和湿度对粉尘比电阻影响大，在电除尘器设计时，通过对烟气进行预处理（增湿、降温等）使电除尘器在合适的工况条件下运行是保证其高效除尘的关键。影响电晕电流和除尘效率的重要因素是含尘浓度，通常电除尘器对浓度的适应范围为标准状态下几克到几十克每立方米。大于这个数值极限，电流将与浓度成反比，即通过电场区的电晕电流将趋近于零，从而激发电晕封闭现象的发生，导致电除尘器无法正常工作，除尘效率显著下降，这也是常规电除尘器不能直接处理高含尘浓度烟气的原因。

（3）结构因素

结构因素包括极板和极线形式、比收尘面积、气流分布等结构参数。

（4）操作因素

操作因素如电晕线肥大、二次扬尘等，也对电除尘器性能有较大的影响。

当处理高浓度烟气时，可在电除尘器中采用不同的极配形式，改进气流均布装置和振打方式，并通过减少二次扬尘等措施改善电除尘器性能。对于燃煤电厂高浓度、高比电阻粉尘，可通过烟气调质或改变供电方式提高电除尘器性能，保证排放达标。

因此，同其他除尘器相比，电除尘器对周围环境的要求较高，易受环境的变化而产生不同的效果。

4.3.5 电除尘器提效技术

（1）气流均布技术

气流分布不均匀会影响除尘器的工作效率，主要的原因有以下几点：①不相同的气流分布会造成不同区域的集尘量不同，气流风速的不同会造成除尘效率降低，过高风速的除尘效率较低，过低风速的除尘效率较高，因此造成不同气流除尘效率不一致，工作效率指数参差不齐；②当其中某部分气流过高时，除尘极会与料斗进行冲刷，这会导致二次粉尘污染现象；③高风速会造成气体涡流，影响除尘效率；④在低气流区会造成粉尘堆积，影响后期除尘效果。

（2）低温电除尘技术

低温电除尘技术是一种利用低温省煤器或者烟气冷却器将电除尘器入口的温度降低至烟气酸露点（SO_3露点）以下的技术，一般为（90±5）℃，在除尘提效的同时对SO_3也具有较高的脱除效率。通过低温省煤器将温度降低具有如下的优点：降低电阻，提高电荷化的效率，增大集尘电极的面积，当温度低于某个点，可以使烟气中的二氧化硫等酸性气体析出，最终提高电除尘器的除尘效率。目前进一步通过烟气冷却器将烟气温度降低到 90℃左右的低温电除尘，有大量装置在燃煤电厂应用。

还有一种烟气调质技术也是利用 SO_3 降低比电阻，使烟气条件适合电除尘器的工作环境，以提高除尘效率。通过向烟气中注入调质剂 SO_3，改变烟尘的一些物理化学特性，降低比电阻、黏性等，从而提高电除尘器除尘效率。除 SO_3 外也可采用氨法烟气调质，或 SO_3 加氨法（即双调法）调质，效果会更好一些。

（3）高频电源技术

高频电源技术可以实现除尘的效率，可以将常规的直流电源改为高频的直流电压输出电源，高频直流电源比常规的直流电源增加电压为五分之一，间接性提高了输出电流，提升后的电流可以达到原来的 2 倍，电流的提高，可以增加粉尘的电荷量，提高电荷化的效率。

（4）旋转电极技术

旋转电极安装在末电场，为若干个小块极板固定在板链上的低速旋转机构。极板由原来的整体压型板改为小块极板，固定在板链上形成。下部极板两侧有一对正反旋转的螺旋刷，以清除极板两面的积灰。旋转电极的作用是：①极板上的粉尘直接刷在灰斗内，避免了粉尘二次飞扬，减少了粉尘排放；②提高了高比电阻、高黏性粉尘的清灰效果，起到了提高末电场除尘效率的作用。

该项技术已在包头、兰州、合肥等电厂应用。从旋转电极的结构和工作原理看，由于采用刷除式清除极板集尘，清灰效果好，同时避免了粉尘二次飞扬，理论上对提高除尘效率有一定的效果。但需在设计、制造和安装调试等环节严加注意和把关，避免故障。

（5）微细粉尘静电凝聚技术

静电凝聚技术是近年提出的一种利用不同极性放电使粉尘颗粒凝聚变大的技术。该技术的应用，不仅可提高除尘效率，还能减少微小颗粒的排放。该项技术待应用成功后将会逐步推广。

4.4 湿式电除尘技术

4.4.1 湿式电除尘器的原理

湿式电除尘（WESP）与常规电除尘（ESP）的原理基本相同，都经历电离、荷电、收集、清灰四个阶段。放电极通过直流高电压的作用将周围的气体电离，产生大量的负离子，负离子与烟气中的粉尘颗粒碰撞并附着在其表面荷电，荷电后的粉尘颗粒在静电场力的作用下向收尘极运动，被收集在收尘极表面，采用喷淋的方式在收尘极板上形成连续的水膜，将收尘极板上的粉尘颗粒冲刷至灰斗而排出，达到烟气净化的目的。因此可以说 WESP 是常规 ESP 在清灰方式上的改进，其清灰原理如图 4.10 所示。

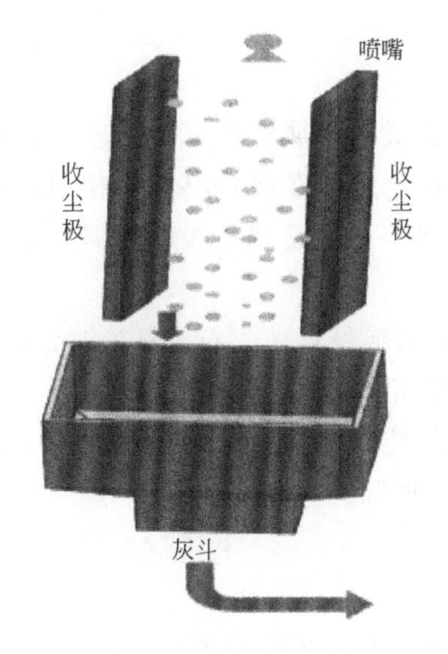

图 4.10　WESP 的清灰原理

常规 ESP 通常采用机械振打的方式清除收尘极表面的粉尘颗粒，而 WESP 采用液体冲洗收尘极表面来进行清灰，这种清灰方式消除了振打清灰产生的二次扬尘问题，可以达到较高的除尘效率，借用了湿法除尘技术的捕尘体原理。

WESP 技术优点有：

① 可协同脱除多种污染物。WESP 对于细微颗粒 $PM_{2.5}$、SO_3 酸雾、重金属汞等有显著的脱除效果，可实现粉尘接近零排放，满足目前国家环保新标准的要求。

② 收尘极的粉尘颗粒通过水膜冲洗清除，有效抑制了粉尘颗粒的积累及二次扬尘，消除了反电晕现象，大幅度提高了除尘效率。

③ 捕集了液滴，解决了湿法脱酸导致的酸雾问题。

④ 可有效收集黏性大或高比电阻的粉尘，同时也适用于高湿的烟气。

⑤ 无运动部件，无易损件，运行维护工作方便，性能可靠。

4.4.2　湿式电除尘器的分类

（1）按结构分类

WESP 按电极结构的不同主要有管式和板式两种基本类型。管式 WESP 的收尘极为多根并列的圆形或多边形管，放电极均匀布置在各极板之间，只能处理垂直流动的烟气。而板式 WESP 的收尘极为平板状，可在其表面形成较好的水膜特性，电晕线均布在极板间，可处理水平或垂直流动的烟气。对于给定的除尘效率，且电极长度相同的条件下，管式 WESP 的烟气流速是板式 WESP 的 2 倍，因此在要求相同的除尘效率下，管式 WESP 占地面积明显小于板式 WESP。

（2）按阳极板材质分类

收尘阳极板的材质有三大类：金属极板、导电玻璃钢和柔性极板。金属极板多采用耐腐蚀的不锈钢材料，结构形式与常规 ESP 基本相同，是国内外燃煤电厂 WESP 应用的主流技术，该技术成熟可靠，基建费用较低，但也存在水耗、碱耗等运行费用较高等问题。

导电玻璃钢阳极板采用添有碳纤维毡、石墨粉等的导电玻璃钢材料，具有极强的耐腐蚀性，收尘极结构形式为蜂窝状管式。

柔性极板阳极板采用柔性绝缘疏水纤维滤料，被浸湿后具有导电性能，可实现对 $PM_{2.5}$、SO_3 液滴等的联合高效脱除。

（3）按布置形式分类

目前应用在燃煤电厂的 WESP 按布置形式主要分为以下三类：

① 水平卧式独立布置。应用于中大型或超大型燃煤机组，处理烟气量大，可达到较高的除尘效率，在国外燃煤电厂应用最多，诸如美国和日本一些燃煤电厂中较多采用了这种布置形式。

② 垂直烟气独立布置。在冶金和化工行业应用较多，通常采用管式结构，便于安装与维修，但也需要额外的空间。

③ 垂直烟气与湿式洗涤塔整体布置。主要应用于燃煤电厂湿法脱硫塔的改造工程中，将 WESP 布置在吸收塔的顶部，可起到机械除雾器的作用，占地面积较小，并且设备成本和运行费用也较低，但是由于应用的湿式洗涤塔收尘极多为金属材料，密度较大，设备较重，具有多级电场，使脱硫塔上部高度增加，载荷增多，安装要求提高，对洗涤塔要求也提高了，应用并不多。

4.4.3 湿式电除尘器的适用条件

目前 WESP 主要应用于燃煤电厂，并且主要对于燃用中、高硫煤电厂，该技术不仅可以有效控制烟尘排放量，满足目前烟尘排放标准，而且能够脱除大部分 $PM_{2.5}$、SO_3 液滴和重金属汞等，避免发生蓝色烟羽现象；其次对于新建燃煤电厂，要求烟尘排放浓度低于 $5mg/m^3$，且对 $PM_{2.5}$、SO_3、液滴浓度有严格的要求时也采用；此外是对于燃煤电厂改造工程，当除尘设备及湿法脱硫设备改造难度大或费用较高、烟尘排放浓度超标，尤其是烟尘排放限值为 $10mg/m^3$ 或更低，且场地允许时使用。

WESP 在欧洲也大量应用于生活垃圾焚烧厂的烟气处理系统中，过去我国不重视

WESP 在生活垃圾焚烧厂的使用，随着标准的提升，在湿式洗涤塔尾部加装 WESP 已经在一些生活焚烧厂开始使用。需要注意的是，WESP 也具有一些缺点：

① 不适用于处理温度过高的烟气，除考虑二噁英的再合成因素外，还要考虑大量水分蒸发引发的副作用，若烟气温度高于饱和温度，会造成收尘极的液膜蒸发，导致粉尘颗粒干燥，影响除尘效率。

② 不适合处理粉尘浓度及 SO_x 浓度过高的烟气，粉尘浓度过高会造成收尘极上的泥浆不易被冲走，SO_x 浓度过高易造成电场部件发生严重腐蚀。因此适合装在湿法塔后，前面装有袋式除尘器除去绝大部分的灰尘。

③ 电场与电场内部构件需采用耐腐蚀性较强的材料，工程造价相对较高。

④ 耗水量较大，需增设灰水处理系统。

总体上，随着环保要求的提高，WESP 将会在生活垃圾焚烧发电厂的烟气净化系统中使用越来越多。

4.5 静电-袋式复合除尘技术

静电-袋式复合除尘技术是前级电除尘器和后面袋式除尘器组合在一起的除尘设备。这种除尘设备一方面是再次提高除尘效率，另一方面也是减轻袋式除尘器的负荷、延长其寿命而采取的措施。经过在燃煤电厂的应用证明，静电-袋式复合除尘器环保作用不如想象得那么理想。众多的案例说明，静电-袋式复合除尘器由于存在臭氧的腐蚀、运行阻力的增高以及投资较多、占地面积大、滤袋寿命反而相对较短等诸多缺陷，其在生活垃圾焚烧上的应用前景不容乐观，反而是湿式静电除尘更有前景。

4.6 不同除尘技术效果的比较

表 4.1 给出了不同除尘器的性能比较。

表 4.1 不同除尘器的性能比较

除尘器类型	适用范围			不同粒径段颗粒捕集效率/%			出口排放浓度/（mg/m^3）	优点	缺点
	颗粒粒径/μm	颗粒质量浓度/（g/m^3）	温度/℃	＞15μm	5～15μm	1～5μm			
旋风除尘器	＞5	＜100	＜1000	96	73	27	单筒旋风：200～300；多筒旋风：100～150	设备简单，不需要电力驱动	除尘效率相对较低，不能脱除粒径小于5μm 的颗粒物

续表

除尘器类型	适用范围			不同粒径段颗粒捕集效率/%			出口排放浓度/(mg/m^3)	优点	缺点
	颗粒粒径/μm	颗粒质量浓度/(g/m^3)	温度/℃	>15μm	5～15μm	1～5μm			
过滤除尘器	>0.01	<30	<1000	100	>99	98	<20；覆膜可<5	除尘效率最高	初始投资较高、压力损失较大、过滤材料抗机械冲击和温度冲击较差
静电除尘器	>0.05	<30	<800	>99	99	86	<40～50；比电阻等合适可<5～25	除尘效率高，处理烟气量大，运行稳定性好，压损小	特殊气体成分和颗粒性质会影响颗粒的捕集效果；200～450℃有二噁英再合成
WESP	>0.01	<30	<200	>99	99	98	尘和液滴<20；湿塔后<5～20	除尘效率高，能同时去除$PM_{2.5}$、SO_3、液滴和重金属	耗水量较大，需增设灰水处理系统；需要考虑防腐蚀；多用于后除尘

参考文献

[1] 周兴求．环保设备设计手册：大气污染控制设备［M］．北京：化学工业出版社，2004．

[2] 王丽萍，陈建平．大气污染控制工程［M］．徐州：中国矿业大学出版社，2012．

[3] 吴成林．电厂脱硫及除尘技术概述和适用性分析［J］．建筑工程技术与设计，2019，32：3716．

[4] 啜广毅，王力腾，沈继平．燃煤电厂烟气除尘技术介绍［J］．中国环保产业，2013，2：52-56．

[5] 祝冠军，周林海，余顺利，等．燃煤电厂$PM_{2.5}$及其治理技术［J］．电站系统工程，2012，28（4）：19-20．

[6] 刘小峰，胡斌，刘旸．戈尔空气过滤技术在热电厂脱硫除尘改造工程中的应用［C］．第9届中国热电行业发展论坛，2016．

[7] 陈雪红．滤料的功能化改性研究［D］．福州：福州大学，2018．

[8] European Commission．Integrated pollution prevention and control［Z］．Reference Document on the Best Available Techniques for Waste Incineration，2006．

[9] 慕银银，杜军虹，马福全，等．燃煤电厂湿式静电除尘技术及其应用现状［C］．第17届中国电除尘学术会议，2017．

第 5 章

生活垃圾焚烧过程中 NO_x 的产生与脱硝技术

生活垃圾在焚烧过程中由于自身含 N 化合物被氧化或者空气中的 N_2 被氧化而生成的氮氧化物（NO_x）是主要大气污染物之一，它既是酸雨污染形成的主要原因，也是光化学污染的主要成分之一，对高空臭氧层有很大的破坏作用。如果生活垃圾焚烧过程中不能实现对 NO_x 的有效控制，将会严重破坏大气环境，并且会对人和其他生物产生巨大的危害。本章主要是对城市生活垃圾焚烧处理中 NO_x 的生成途径、危害及其烟气脱硝技术最新进展进行综述，并对各技术的优缺点及经济性进行对比。

5.1 NO_x 的生成特性

氮氧化物包括 NO、NO_2、N_2O、N_2O_3、N_2O_4、N_2O_5 等。其中 NO、NO_2、N_2O 是烟气中最常见的。

生活垃圾焚烧过程中主要产生 NO，这是一种无色有毒气体，占燃料所产生氮氧化物总量的 90%～95%。NO 是导致酸雨的因素之一，它还参与光化学反应，形成光化学烟雾。另一方面，NO 还造成了臭氧层的破坏。NO 在大气中的存在时间只有几秒至几分钟，便在大气层低空被氧化为 NO_2。

NO_2 是一种红棕色且有强烈刺激性的气体，约占燃烧中生成氮氧化物的 5%～10%。NO_2 的毒性是 NO 的 5 倍，容易与血液中的血红蛋白结合，使血液缺氧，引起中枢神经麻痹，还对呼吸器官黏膜有强烈的刺激作用，引起肺癌，此外 NO_2 对人体的心、肝、肾和造血组织都有损害。而且它参与光化学烟雾的形成，具有致癌作用，同时光化学反应使 NO_2 分解为 NO 和 O_3，O_3 对人体健康十分有害。

N_2O 是一种有毒的无色气体，俗称笑气。其是一种非常稳定的化合物，在大气中的寿命可以超过一个世纪。由于笑气吸收红外辐射，是造成温室效应的气体，并且会造成臭氧层的变薄，在对流层相对稳定（存活期达 150 年以上），因而开始受到人们的密切关注。N_2O 生成于燃烧的早期阶段，并在高温条件下被破坏，所以在大多数燃烧过程中的排放值较低。

N_2O_3、N_2O_4、N_2O_5 等的含量非常小，一般忽略不计，因此通常将 NO 和 NO_2 总称为 NO_x。在垃圾焚烧过程中，NO_x 产生的方式有三种，分别是热力型、燃料型和快速型。

5.1.1 热力型 NO_x

在高温环境下，空气中的氮氧化生成的 NO_x，称为热力型 NO_x（thermal NO_x），也称为温度型 NO_x。这个氧化机理是由苏联科学家捷里道维奇（Zeldovich）最早提出的，氮氧化物的生成过程是一个不分支连锁反应。根据这一机理，反应式表示如下：

$$[O]+N_2 \longrightarrow NO+[N] \tag{5.1}$$

$$[N]+O_2 \longrightarrow NO+[O] \tag{5.2}$$

$$N_2+O_2 \longrightarrow 2NO \tag{5.3}$$

$$2NO+O_2 \longrightarrow 2NO_2 \tag{5.4}$$

温度是热力型 NO_x 生成的主要影响因素，甚至超过了氧气浓度和反应时间的影响。随着温度升高，NO_x 达到峰值，然后由于发生分解反应而又降低。随着氧浓度的增大和空气预热温度的升高，NO_x 排放值增加达到某个最大值。氧气浓度偏高时，由于对火焰的冷却作用，NO_x 值有所降低，所以要尽量避免氧浓度峰值和温度峰值。为了降低生活垃圾焚烧炉内 NO_x 的生成，可以采取的措施有：降低峰值温度，缩短烟气在炉内最高温度区域的停留时间和降低烟气中氧气浓度。由于生活垃圾焚烧后温度低于 1800K，因此，热力型 NO_x 并不是生活垃圾焚烧系统中最主要的 NO_x 生成原因。

5.1.2 燃料型 NO_x

燃料型 NO_x（fuel NO_x）由燃料中的氮元素在燃烧中氧化生成。在生活垃圾焚烧过程中，由于燃料中氮的分解温度低于垃圾焚烧温度，在600～800℃就会生成燃料型NO_x，燃料型NO_x为垃圾焚烧后NO_x的主要生成原因。在生成燃料型NO_x过程中，首先是含有氮的有机化合物热分解产生N、CN、HCN、NH_i等中间产物基团，后被氧化成NO_x。由于生活垃圾的焚烧过程由挥发分燃烧和焦炭燃烧两个阶段组成，因此燃料型NO_x的形成也由挥发分NO_x和焦炭NO_x两部分组成。其中挥发分氮的转化率随燃烧温度的升高而增加。

燃料型NO_x的生成量和过量空气系数的关系很大，其转化率随过量空气系数的增大而增加，在过量空气系数小于1时，其转化率会显著降低，比如当过量空气系数等于0.7时，其转化率接近于零。与热力型NO_x不同，燃料型NO_x生成于较低的温度水平，开始温度影响较大，在高温条件下，NO_x的生成达到稳定状态。

在生活垃圾焚烧过程中，生活垃圾中的含氮有机物先被热解为NH_3、CN和HCN等中间产物，后随挥发分一起析出称为挥发分-N，挥发分-N首先反应生成HCN和NH_3，然后HCN被进一步氧化为NCO、NH_3，与OH等活性基团相遇成为NO_x的生成源，最后都被进一步氧化成NO_x；而未被热解的剩余燃料氮仍然残留在焦炭中，这部分氮被称为焦炭-N；由于焦炭-N的主要化学成分为芳香族化合物，而芳香族化合物的化学性质极不稳定，在高温条件下易于直接氧化生成NO和N_2O等，故生活垃圾中燃料氮的转化途径如图5.1所示。

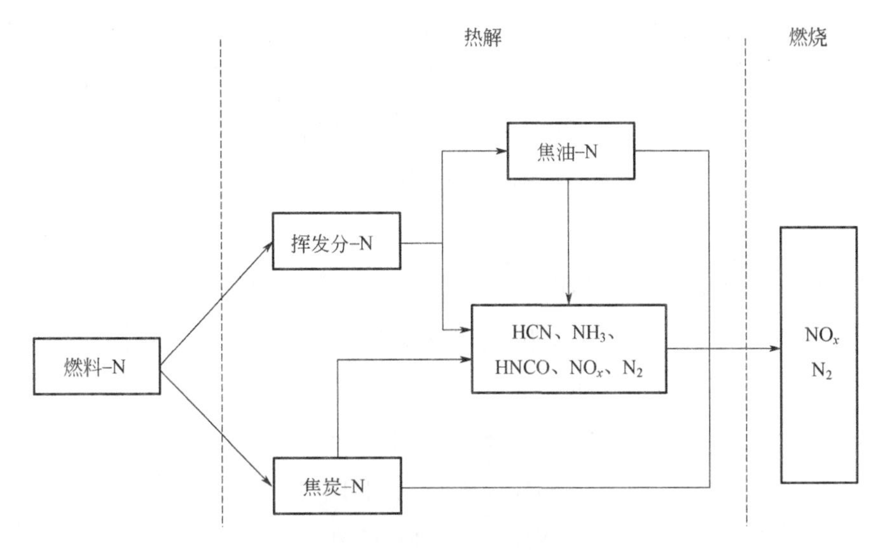

图5.1 燃料氮的转化途径

反应式包括：

$$[NH]+[O]\longrightarrow N+[OH] \tag{5.5}$$

$$[NH]+[O]\longrightarrow NO+[H] \tag{5.6}$$

$$[NH]+[OH]\longrightarrow [N]+H_2O \tag{5.7}$$

$$[N]+[OH]\longrightarrow NO+[H] \tag{5.8}$$

$$[N]+O_2 \longrightarrow NO+[O] \tag{5.9}$$

上述反应式中 NH 及 N 自由基来自燃料在高温下的分解，O 及 OH 等自由基来自高温火焰中 O 的分解与合成。因此燃料型 NO_x 主要在氧化性气氛下大量产生，因而降低燃烧时的氧含量，可以抑制燃料型 NO_x 的生成。通过向炉内注入烟气，即设置烟气再循环系统，降低局部区域的含氧量，可以抑制燃料型氮氧化物的形成。

生活垃圾焚烧时，通过燃料中的氮氧化产生的 NO_x 大约占整个 NO_x 产生量的 90%，减少燃烧区域的空气量对减少燃料型 NO_x 很有效。但是为了防止生活垃圾中的低沸点及腐蚀性成分产生熔渣、烧坏炉排，同时保证燃烧完全，一般使用燃烧所需理论空气量 1.5～2 倍的空气，燃烧温度应控制在 1100℃以下。

5.1.3 快速型 NO_x

快速型 NO_x（prompt NO_x）是由于燃料挥发物中碳氢化合物高温分解生成的 CH 自由基可以和空气中的氮气反应生成 HCN 和 N，再进一步与氧气作用以极快的速度生成 NO_x，其形成时间只需要 60ms，所生成的 NO_x 与炉膛压力 0.5 次方成正比，但与温度关系不大。对于大多数燃料，快速型 NO_x 含量较小。快速型 NO_x 是 1971 年 Fenimore 最先提出的。他提出在碳氢燃料过浓燃烧时，空气中的氮能与燃料中的碳氢自由基团通过快速反应生成 NO_x。快速型 NO_x 的主要反应机理表示为：

$$[CH]+N_2 \longrightarrow [HCN]+[N] \tag{5.10}$$

$$N_2+C \longrightarrow 2[CN] \tag{5.11}$$

$$[N]+[OH] \longrightarrow NO+[H] \tag{5.12}$$

90%的快速型 NO_x 都是通过 HCN 生成的，其反应步骤为：

$$N_2+[CN] \longrightarrow HCN+[N] \tag{5.13}$$

$$HCN+[O] \longrightarrow [NCO]+CO \tag{5.14}$$

$$[NCO]+[H] \longrightarrow [NH]+CO \tag{5.15}$$

$$[NH]+[H] \longrightarrow [N]+H_2 \tag{5.16}$$

$$[N]+O_2 \longrightarrow NO+[O] \tag{5.17}$$

快速型 NO_x 在整个 NO_x 形成中占据很小的一部分，在垃圾焚烧炉中也可以忽略。

根据 NO_x 的生成途径，可知影响 NO_x 排放的因素主要有燃料（垃圾）含氮量、燃烧区与烟道区的过量空气量、烟气在高温区停留的时间等。所以 NO_x 减排技术可分为燃烧前控制技术、燃烧中控制技术及燃烧后 NO_x 的脱除。燃烧中可降低燃料周围的氧浓度，如空气分级技术和烟气再循环燃烧技术；延长在低氧浓度条件下的停留时间。当 NO_x 排放还达不到标准时，可采取燃烧后控制技术，如选择性催化还原法（SCR）、选择性非催化还原法（SNCR）等。

5.2　分级燃烧技术对 NO_x 的控制效果

在生活垃圾焚烧过程中控制 NO_x 的方法，首先是要遵循燃烧控制的 3T+E（temperature，time，turbulence，excess air）基本原则，包括合理的生活垃圾焚烧锅炉几何尺寸设计、有效控制一次空气与优化二次空气供给、高温条件下较长的烟气停留时间、保持烟气中低氧含量等。通过这些措施，在减少 NO_x 生成的同时，可减少 CO 的生成并抑制二噁英等有机污染物的合成。

在燃烧过程中降低 NO_x 生成，主要依靠分级燃烧来实现。分级燃烧有两种：

一种是燃料分级供应，实现浓淡燃烧；在燃料过浓区域，呈现还原性气氛，抑制了燃料型 NO_x 的生成；在燃料过淡的区域，温度偏低，抑制了热力型 NO_x 的生成。在燃煤锅炉中燃料分级容易实现。在生活垃圾焚烧炉中，采用热解气化焚烧基本上实现了这一效果。在气化阶段，供氧不足，燃料主要发生气化反应，在燃气燃烧阶段，空气过量，热力型 NO_x 生成较少，但是如果燃气中含 N 中间产物较多，则在燃气燃烧段会生成较多的燃料型 NO_x。

另一种是空气分级，沿燃烧室内烟气流动方向，分别在不同位置注入助燃空气的燃烧方式，在降低 NO_x 生成的同时能促进具有还原作用的 NH_n 的产生，烟气中的可燃气体与通过从炉膛上部吹入的二次空气、三次空气混合后完全燃烧。高温下 NO 的还原反应是在 O_2、NO 以及还原剂的共存下，在 800℃以上进行的。烟气中的可燃气体中包括 NH_n、HCN、CH_n 等，在燃烧时，这些还原成分中的一部分即可直接被氧化为 NO_x，另外也能够还原炉膛底部（炉排或密相区）的燃烧过程中产生的 NO_x。在炉膛上部存在的碳微粒也能够部分还原 NO_x。当炉膛底部的燃烧份额较大时，由于炉底附近的耗氧速度较快，增大了 NO_x 还原的空间，也有利于抑制 NO_x 的产生。此外，一次空气的供入量有一个最佳值，它相当于炉膛底部挥发分燃烧所需要的理论空气量的 80%左右。二次空气的给入位置应选择在 NH_n 还原 NO_x 过程接近结束的地方。在实际的焚烧炉中选择二次空气给入位置时，主要根据气体的混合距离决定。尽管不同焚烧设备所需的二次空气供入位置不一样，但是至少要保证含有可燃气体的烟气在高温区有 2s 的燃烧时间。

根据工程实际情况，当一次风过量系数 α 大于 1 时，可采用再燃烧法控制 NO_x 排放，即对燃料及空气均分级布置，基本原理如图 5.2 所示。这种相当于双分级的燃烧方式，主要在有燃煤的场合使用，而在生活垃圾焚烧炉中很少单独使用，主要是考虑到二次燃料的燃尽仍需要一个 850℃的温度及 2s 以上的停留时间，这对燃烧空间要求高。

以广西某水泥有限公司 3200 t/d 水泥熟料生产线建设协同处置 300 t/d 原生态城乡生活垃圾项目为例，项目采用“机械生物法预处理+热盘炉焚烧”的技术路线（如图 5.3 所示），将原生态生活垃圾处理到合适含水量和粒度后，不经分选，直接进入与分解炉连接的热盘炉内焚烧，燃烧后残渣进入窑内煅烧成熟料，有机气体经高温分解、燃烧，最终经窑尾净化设备处理后，从窑尾烟囱排出。

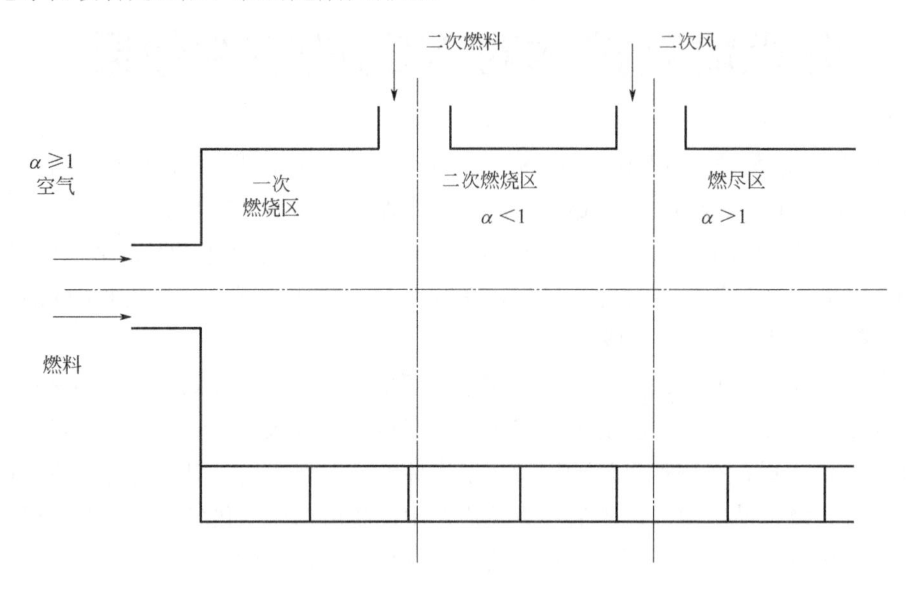

图 5.2　再燃烧法原理图

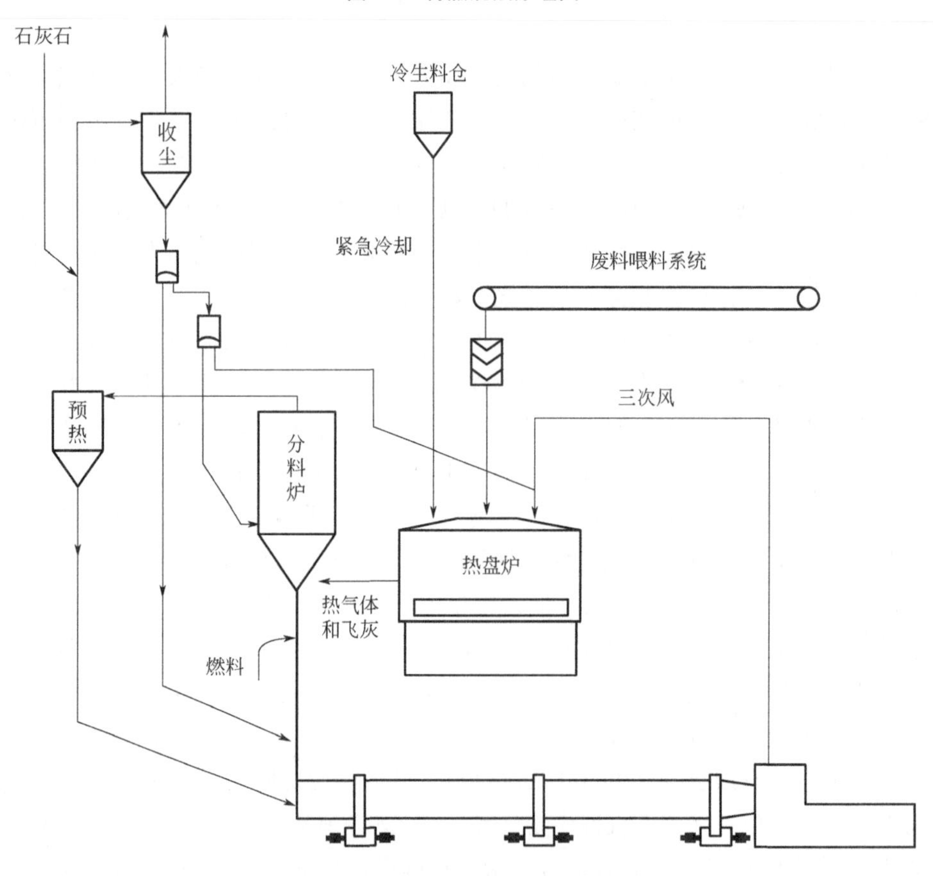

图 5.3　生活垃圾进入水泥窑的系统

该项目改造属于燃料分级类型。在窑尾烟室、上升烟道、分解炉锥部等区域通过设置 3 层煤粉分级管道，实现了燃料分级燃烧的布置。

在对炉膛进行分级燃烧改造后，燃料情况并未发生显著改变。为保证 NO_x 排放达标，窑系统烟囱 NO_x 排放浓度控制在 250～280mg/m^3 不变，改造后未投运生活垃圾时与改造前的脱硝氨水消耗量见图 5.4。

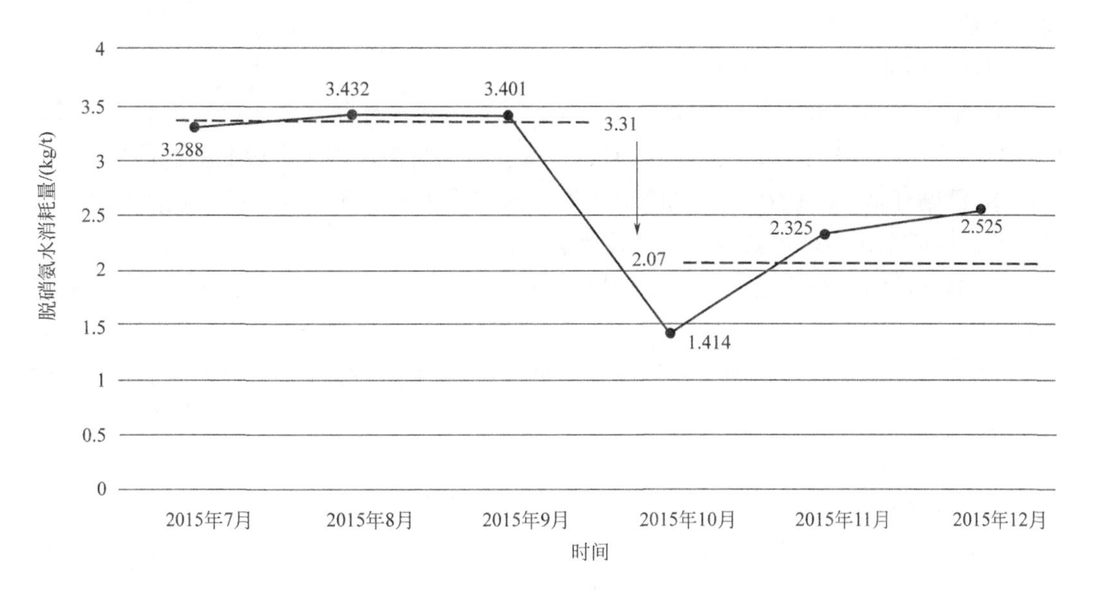

图 5.4　分级燃烧改造前后脱硝氨水消耗情况

通过分级燃烧改造，实现了脱硝用吨熟料氨水消耗从 7～9 月的均值 3.3 1kg/t 下降到 2.07kg/t，说明分级燃烧脱硝效果明显。但分级燃烧技术对还原区域的氧含量要求比较严格，对生产和操作的稳定性、连续性起到一定限制作用。

在垃圾焚烧炉中，空气分级燃烧是常见的选项，一次风来自炉排下面；二次风口在炉膛的喉部位置。一方面实现 NO_x 的降低，另一方面促进扰动和湍流混合。

5.3　烟气再循环技术对 NO_x 的控制效果

烟气再循环技术是近年来的热点问题，康恒、荏原、西格斯等焚烧炉供应商均针对各自炉型进行了相关设计。目前该技术已在国内部分垃圾焚烧发电厂进行应用。

一般在空气分级燃烧的基础上，将锅炉尾部烟道中一部分低温烟气（烟温约 250～350℃，净化后的洁净烟气），通过再循环风机送入炉膛，从而改善炉膛烟气混合情况，有效控制炉膛温度水平，通过在炉内形成贫氧燃烧区而抑制垃圾焚烧过程中 NO_x 生成，同时抑制或防止炉膛结焦，提高锅炉出力。

烟气再循环技术可以降低燃烧室内空气量减少而导致的温度上升，减少空气中氮被氧化而生成的热力型 NO_x，但再循环烟气量过多时，有可能引起燃烧的不稳定和 CO 生成量的增加。

目前国内外设计的生活垃圾焚烧炉，有很多采用烟气再循环促进焚烧炉内烟气湍流度、控制燃烧温度和过量空气系数，以促进生活垃圾燃烧效果和抑制 NO_x 等有害物质排放。

烟气再循环工艺具有如下优点：

① 相比于 SNCR、SCR 燃烧后处理工艺，烟气再循环是一种燃烧过程中控制氮氧化物的工艺，配合低空燃比燃烧达到抑制 NO_x 生成的目的，减少了脱硝药剂的使用。

② 再循环烟气一般在二次风喷嘴附近注入焚烧炉内，在炉内形成湍流，代替二次风的搅拌及降温作用，可减少二次风预热的能耗。

③ 烟气再循环可降低炉温，减缓燃烧速度，使炉内温度分布更加均匀，如此降低 NO_x 浓度。

④ 烟气再循环可减少烟囱外排的烟气量及污染物排放总量，并回收烟气热量，增加蒸发量。

影响烟气再循环效果的主要因素有：

① 焚烧炉内含氧量：烟气再循环量与二次风量的配比及炉内助燃区域的含氧量有密切关系。烟气再循环量越大，二次风量越小，焚烧炉内助燃区域含氧量越低。在保证燃烧的情况下，含氧量越低，抑制 NO_x 生成的效果越明显。提高烟气再循环量、降低二次风量有利于形成贫氧燃烧，从而减少 NO_x 的生成。但是前提是要保证燃烧完全，CO 排放达标。

② 垃圾热值：在垃圾热值高时，焚烧炉内焚烧温度高，烟气再循环可降低炉内温度，抑制 NO_x 生成的同时不影响垃圾的充分燃烧。因此，垃圾热值高的项目适宜采用烟气再循环技术。垃圾热值低时，焚烧炉内燃烧温度相对较低，采用烟气再循环将进一步降低炉温，可能导致燃烧不充分，会增加二噁英、CO 等污染物浓度。因此，垃圾热值低的项目需首先考虑保证焚烧炉内温度达到 850℃、停留 2s 的要求，需慎重采用烟气再循环技术。

③ 喷嘴烟气流速：再循环烟气在炉内需起到充分搅拌及降低炉温的作用，不同炉型、不同处理规模的焚烧炉对应的最低风速要求均不相同。喷嘴烟气流速需根据炉膛流场模拟进行设计，并结合运行情况进行优化。

需要提醒的是：烟气再循环应该有防腐措施。再循环烟气从袋式除尘器出口烟道回流至焚烧炉，输送距离长，可能因烟道散热等原因导致烟气温度降低至酸露点，造成风机、烟道等的腐蚀。目前已投运的实际案例中，也有部分存在此类问题，影响烟气再循环系统的长期稳定运行。因此，需充分考虑保温及防腐措施，保证系统稳定运行。

5.4 SNCR 脱硝技术及其效果

选择性非催化还原法（selective non-catalytic reduction，SNCR）是在烟气温度 850～1100℃，与 O_2 共存的条件下，向炉膛中直接加入氨液（NH_3）或是尿素［$CO(NH_2)_2$］等脱硝剂，将氮氧化物还原成为氮气与水。由于此法不需催化剂，从而可避免催化剂堵塞或毒化问题的发生。其去除效率受到脱硝剂与氮氧化物接触条件（如炉膛温度随生活垃圾特性的变化及反应时间的影响）而有很大的变化，因此喷嘴吹入口的位置必须根据炉体型式、构造及烟道形状予以确定。

采用 SNCR 法（图 5.5）的脱硝率约在 30%～75%之间。若为了提高脱硝率而增加药剂喷入时，氨的泄漏量也相应增加，剩余的氨和氯化氢及 SO_3 化合成氯化氨及硫酸氢氨而沉淀在锅炉尾部受热面，导致余热锅炉尾部受热面结垢和堵塞。同时使烟囱排气形成白烟。但由于投资及操作维护成本较低且无废水处理的问题，其使用实例很多。

焚烧炉内喷入氨液的反应原理为：

$$4NH_3+4NO+O_2 = 4N_2+6H_2O \tag{5.18}$$

$$4NH_3+5O_2 = 4NO+6H_2O \tag{5.19}$$

$$4NH_3+3O_2 = 2N_2+6H_2O \tag{5.20}$$

NH_3 溶液依不同设计要求，以 8%～25%浓度通过 0.3～0.7MPa 压力加入炉膛内。由于垃圾焚烧炉温度曲线是在一定范围内变化的，需要设置 2～3 层喷嘴以适应不同温度工况。不同标高的喷嘴切换是基于燃烧室温度测量值。

喷入尿素溶液的化学反应原理为：

$$2CO(NH_2)_2+H_2O = 2NH_3+CO_2 \tag{5.21}$$

在 SNCR 脱硝原理的基础上采用高分子活性氨作为脱硝剂的高分子烟气脱硝技术称为 PNCR。活性氨在温度高于 400℃时，就可以受热分解，转化为易于与 NO 反应的 NCO 和 NH_2。NCO 会将 NO 还原，生成 N_2O，N_2O 会继续被 OH 等一些还原性物质还原为 N_2，就是通过 NCO 和 NH_2 来将 NO 还原而生成 N_2 的，这具有更广泛的温度适用性，PNCR 工艺流程图如图 5.6 所示，但 PNCR 技术中的活性氨作为固体脱硝剂在输送过程中易堵，会造成物料输送不连续、加药量不精确等问题。

除 PNCR 外，还有一类活性还原剂的使用价值也值得关注，就是肼类物质。肼具有双温度窗口，而且低温区窗口在 570～630℃范围内，如图 5.7 所示，可以在余热锅炉内实施 SNCR 脱硝。

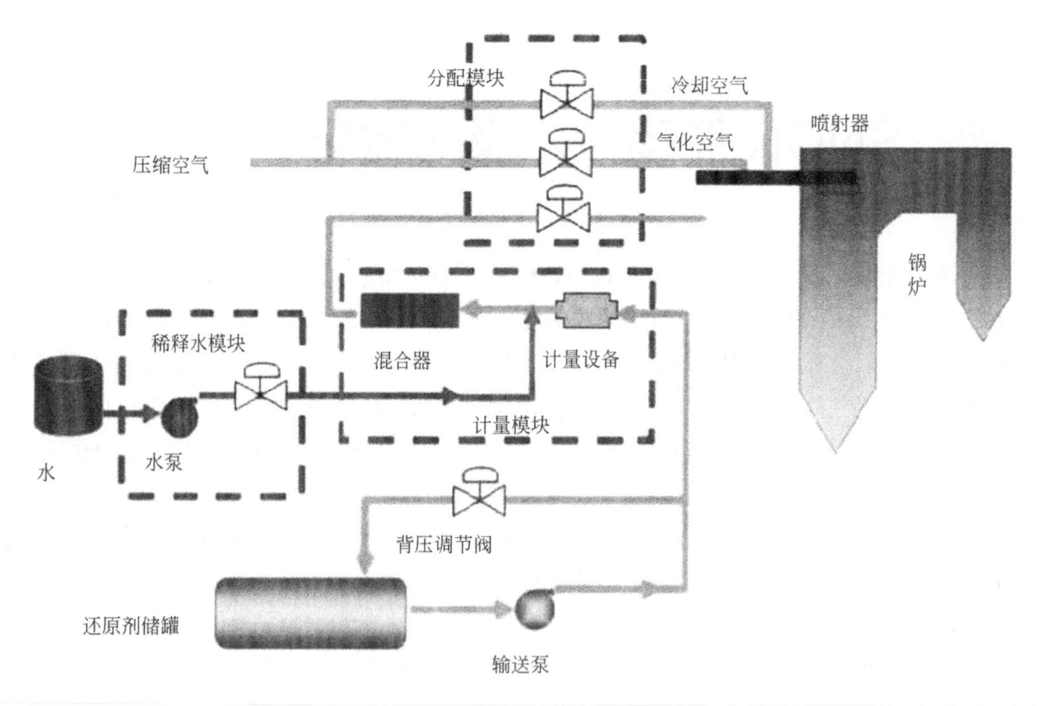

图 5.5 SNCR 工艺流程图

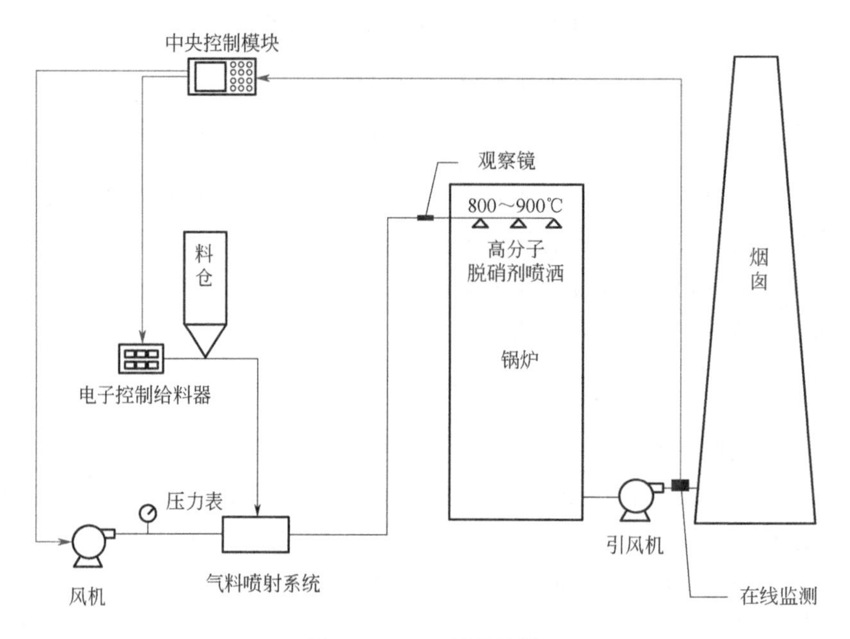

图 5.6 PNCR 工艺流程

为了降低肼类还原剂的价格，同济大学开发了基于肼的复合还原剂，不仅具有低温SNCR脱硝效果，而且不存在PNCR堵塞等问题，在中试台架上获得的效果如图5.8所示，并且其氨泄漏量非常低。这些研究丰富了脱硝还原剂和温区的选择。

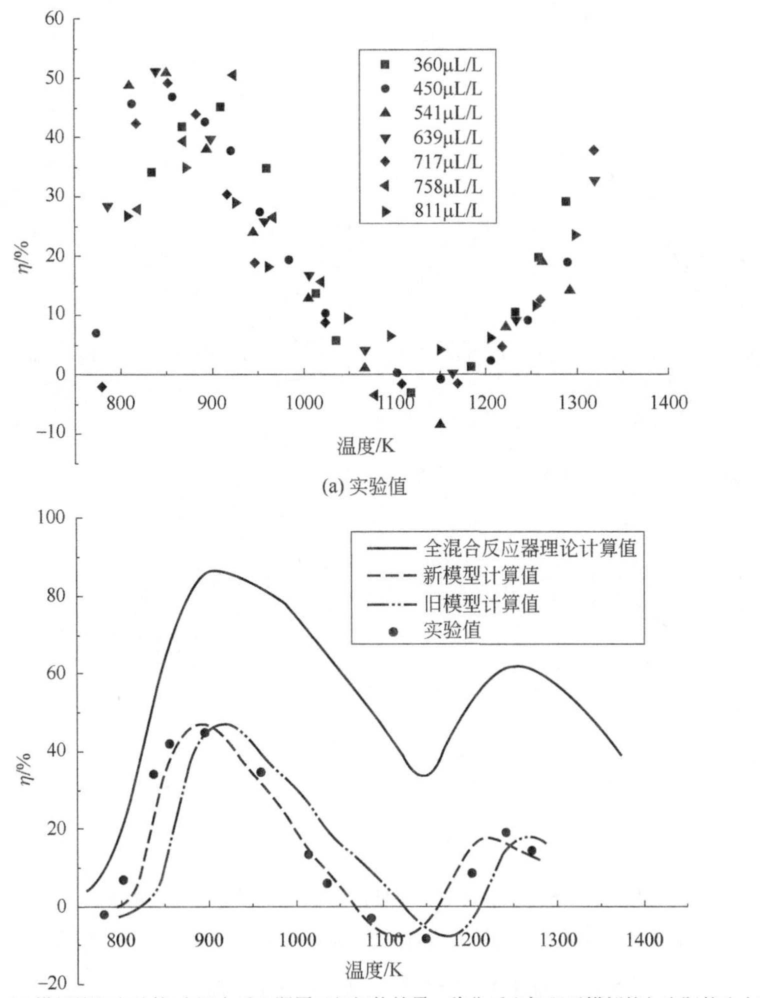

(b) 模拟值和实验值(全混合反应器展示很好的前景，优化反应机理后模拟值与实际值吻合)

图 5.7 基于水合肼脱硝效果图

［O_2 浓度 9.8%（高温区）～15.8%（低温区），NSR=4.0］

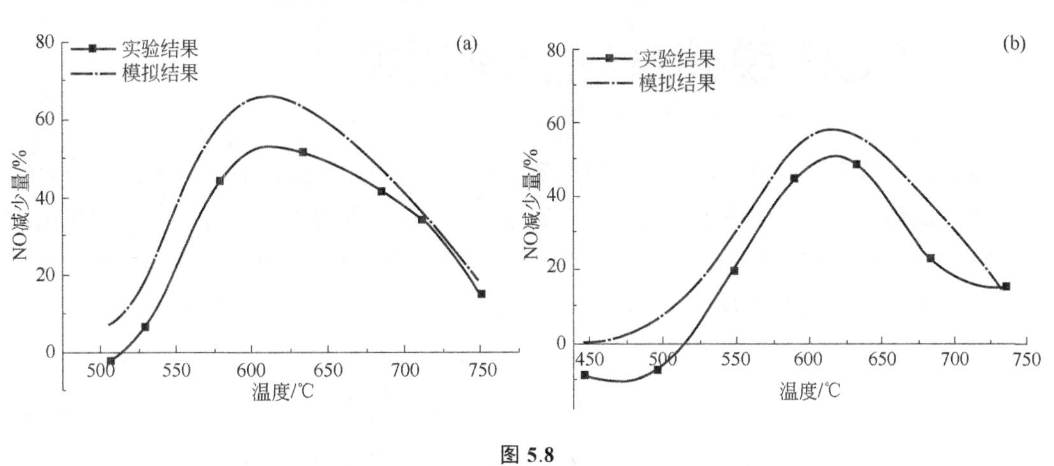

图 5.8

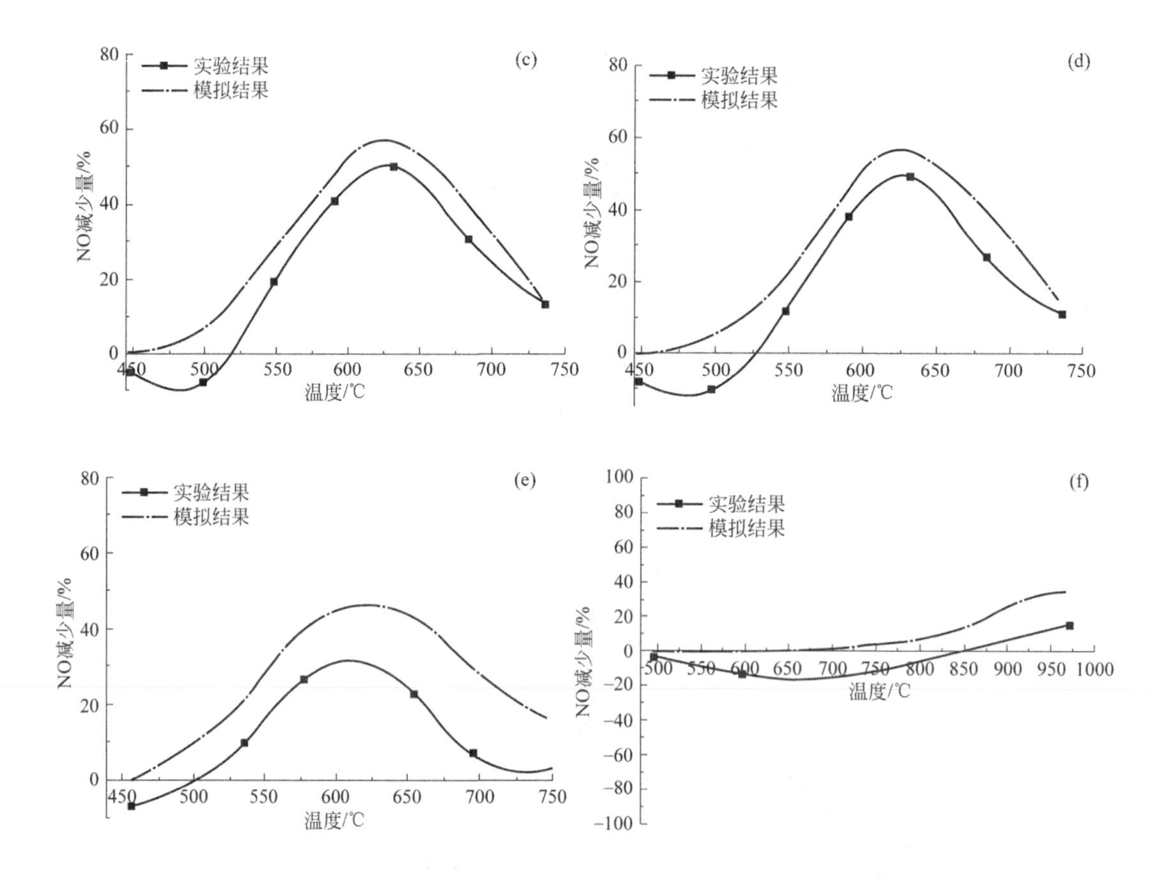

图 5.8　水合肼及水合肼衍生低温脱硝还原剂的脱硝效果图

（a）水合肼；（b）～（e）含有不同浓度水合肼的还原剂；（f）尿素溶液

［NO_{in}=300μL/L，NSR=2.0，O_2=12.6%（750℃）～16.37%（450℃），停留时间=0.60s］

5.5　SCR 脱硝系统及其效果

生活垃圾焚烧行业也广泛使用选择性催化还原法（selective catalytic reduction，SCR）进一步降低烟气中的 NO_x 含量，主要采用还原剂为 NH_3，在烟气温度 200～400℃范围内（取决于催化剂与烟气成分），在一定 O_2 含量条件下，烟气通过 TiO_2-V_2O_5 等催化剂层，与喷入的 NH_3 进行选择性反应，生成无害的氮气与水。化学反应式如下：

$$4NH_3+4NO+O_2 \longrightarrow 4N_2+6H_2O \quad (5.22)$$

$$4NH_3+2NO_2+O_2 \longrightarrow 3N_2+6H_2O \quad (5.23)$$

目前，SCR 系统催化剂通常分为低温、中温、高温催化剂，其反应温度区间分别为

160～200℃、230～320℃、340～500℃。火电厂目前通常选用高温催化剂，反应温度在350℃左右，而生活垃圾焚烧电厂通常选用中低温催化剂，反应温度在 180～230℃。催化剂一般由载体及活性组分组成，从载体上分类，有 TiO_2、Al_2O_3、碳基等，其中 TiO_2 具有很强的抗硫中毒能力，同时加入一些过渡元素可大大提升催化剂低温活性，目前为催化剂主流载体；Al_2O_3 具有比较高的热稳定性，并且表面的酸性位有利于含氮物质的吸附，因而该催化剂也具有较好的应用前景；碳基材料具有大比表面积和良好的化学稳定性，近年来不少研究者尝试用碳基材料作为载体负载金属氧化物，制备的催化剂具有较理想的催化反应活性，碳基催化剂在 100～250℃低温下，在实验室条件下脱硝效率可达 80%。

实践证明 SCR 法是一种很有效的脱氮方法，在氨氮摩尔比等于 0.9 时，效率可达80%～90%。虽然 SCR 的投资和运行费用都很高，但由于其很高的 NO_x 脱除率，所以是目前在大型燃煤电站应用最广泛的一种烟气脱硝工艺，就当前的技术水平而言，它是唯一能够满足最严格排放要求的脱硝技术。自 20 世纪 80 年代以来，这一技术已经成功应用于燃气、燃油、燃煤的电站锅炉，工业锅炉、垃圾焚烧炉、石油精炼厂、炼钢厂、硝酸厂和玻璃制造厂的燃用各种燃料的锅炉烟气治理。

脱氮反应器是 SCR 工艺的关键设备，它的安装位置有多种可能，可以安放在省煤器之后，称为高含尘烟气段布置。这种布置方式的优点是烟气不必加热就能满足反应温度，但缺点是这里的烟气尚未经过除尘，飞灰颗粒对催化剂的冲蚀比较厉害，造成催化剂寿命缩短；另外，未反应完的 NH_3 和烟气中的 SO_3 生成的硫酸铵、硫酸氢铵可能对下游的空气预热器和烟气脱硫等设备产生损害。若是对已建成的机组进行加装 SCR 系统的改造时，可能会因可利用场地的限制而带来建造费用高、停机时间长等问题。在垃圾焚烧炉上反应器都安装在袋式除尘器和湿法洗涤塔之后，称之为尾部烟气段布置。这种布置方式需要采用烟气升温用的烟气-烟气换热器（GGH）和蒸汽-烟气换热器（SGH），投资费用和运行要求要相应提高，优点是经过除尘和脱酸之后的烟气可以使催化剂既不受高浓度烟尘的影响也不受 SO_3 等气态毒物的影响。

为了节省加热的能量，也可以布置于袋式除尘器之后，称为低尘烟气段布置。以宁波市某区生活垃圾焚烧发电工程项目为例，该项目设计规模焚烧处理生活垃圾 2250t/d。焚烧线采用 3 台 750t/d 机械炉排炉。烟气净化采用 SNCR+半干法+干法+活性炭喷射+袋式除尘器+SCR+湿法的净化工艺，如图 5.9 所示。针对脱硝系统，设计 NO_x 原始浓度为 $400mg/m^3$，本项目脱硝系统由 SNCR 系统及 SCR 系统构成，SNCR 系统以氨水为脱硝药剂，设计脱硝效率为 50%，将锅炉出口烟气 NO_x 含量降低至 $200mg/m^3$，氨水设计耗量为 73.69kg/h。SCR 系统同样以氨水为脱硝药剂，采用 TiO_2/V_2O_5 蜂窝状催化剂，采用蒸汽-烟气加热（SGH）将烟气温度提升至 180℃，设计 SCR 系统入口 NO_x 浓度为 $200mg/m^3$ 的条件下出口 NO_x 浓度为 $75mg/m^3$，SCR 系统氨水设计耗量为 43.64kg/h，全厂 NO_x 设计排放值远优于国标及欧盟标准。

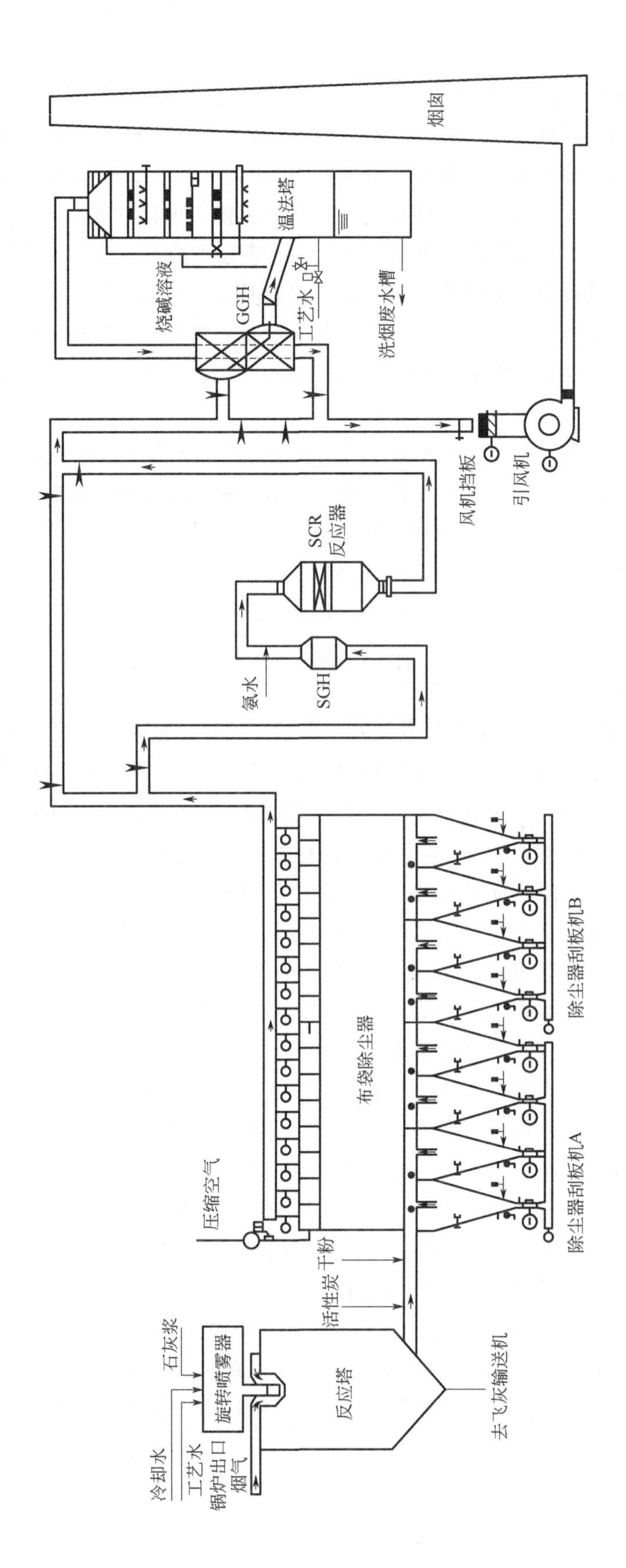

图 5.9　宁波市某区生活垃圾焚烧发电工程烟气净化系统工艺流程

5.6 新型烟气脱硝技术

通过分析，可以发现传统常用的锅炉脱硝技术都存在一定的局限性。因此，近几年各国也在加紧研发高效、低污染以及低投资的新型脱硝技术，其中低温等离子体以其强氧化性和快速反应能够同时去除烟气中的 SO_2、NO_x、Hg、细颗粒物等特点成为气相氧化脱硫脱硝的高效手段。

等离子体应用于烟气处理的基本原理是利用放电过程生成的高能粒子和氧化活性粒子（如·OH、O、O_3等），可以将 SO_2 和 NO 氧化为高价态的氧化物。等离子体放电大致分为以下几个阶段：

第一为放电阶段，主要通过高能电子轰击气体分子，导致分子共价键断裂为自由基，并把一些分解的原子激发到不稳定的激发态。该阶段主要发生以下反应：

$$e+N_2 \longrightarrow e+N(^4S)+N(^4S) \tag{5.24}$$

$$e+N_2 \longrightarrow e+N(^2D)+N(^2D) \tag{5.25}$$

$$e+O_2 \longrightarrow e+O(^3P)+O(^3P) \tag{5.26}$$

$$e+O_2 \longrightarrow e+O(^3P)+O(^1D) \tag{5.27}$$

$$e+H_2O \longrightarrow e+\cdot H+\cdot OH \tag{5.28}$$

第二为后放电阶段，放电阶段产生的激发态原子与气体分子碰撞，产生二次自由基；自由基之间发生碰撞而猝灭或者生成新的自由基。该阶段主要发生以下反应：

$$O(^1D)+O_2 \longrightarrow O(^3P)+O_2 \tag{5.29}$$

$$O(^1D)+N_2 \longrightarrow O(^3P)+N_2 \tag{5.30}$$

$$O(^3P)+O_2 \longrightarrow O_3 \tag{5.31}$$

$$O(^1D)+H_2O \longrightarrow \cdot OH+\cdot OH \tag{5.32}$$

$$\cdot OH+\cdot OH+M \longrightarrow H_2O_2+M \tag{5.33}$$

$$O(^3P)+\cdot OH \longrightarrow O_2+\cdot H \tag{5.34}$$

$$O_2+\cdot H \longrightarrow \cdot HO_2 \tag{5.35}$$

在等离子体反应器中，NO_x 的脱除主要存在氧化和还原两种途径。O_2 的含量直接影响反应进行的方向，在烟气氧含量较多时自由基氧化性较强，NO_x 被氧化最终生成硝酸盐。而在氧含量较少时，等离子体 NO_x 还原反应生成 N_2。

根据产生等离子体方法不同，等离子体脱硝技术主要分为三种，即电子束法、脉冲电晕法、阻挡介质放电法，三种技术对比如表 5.1 所示。电子束法等离子体技术的核心设备是高压电子枪，通过高压电子枪产生高能量电子，从而将气体分子电离，产生的活性物质与气体分子发生剧烈反应，实现脱硝的目的。该技术工作电压高，设备复杂，并且能耗较高。电晕放电等离子技术是利用尖端放电原理，将电压通到曲率半径很小的电极上，通过控制电压使电极附近的空气发生电离，从而产生局部放电现象。脉冲电晕放电由于在极短时间内放电从而引发化学反应，能量利用率较高，对其研究较多。阻挡介质放电是在电极之间加入绝缘介质的一种放电方式，当在电极两端施加足够电压时，气体就会被击穿而形成放电。绝缘介质在放电过程中起到储能作用，使放电表现为持续时间短的微放电并且放电很均匀，放电非常稳定并且抑制火花放电产生。绝缘介质可以放在两个电极之间，也可以覆盖在电极表面。介质材料通常为石英、玻璃、陶瓷等。根据电极和绝缘介质布置的不同，阻挡介质等离子反应器可以是极板式或者圆柱式。另外，根据介质数量不同还可以分为单介质阻挡介质放电或者双介质阻挡放电。

表 5.1　等离子体脱硝技术对比

技术类型	优缺点
电子束法	不产生废水，回收副产品 NH_4NO_3，能同时脱硫脱硝，具有较高脱除率，能量利用率低，设备结构复杂
脉冲电晕法	添加剂被分解，NH_3 排放可减少到 0.038mg/L 以下且不会激活烟气中的其他气体，可提高能量利用率
介质阻挡放电法	可以在常压下实现强电离放电，将放电能量直接作用于有害气体，具有很好的发展前景

低温等离子体在脱硝过程中和 SO_2 有竞争和协同的双重关系，见图 5.10。

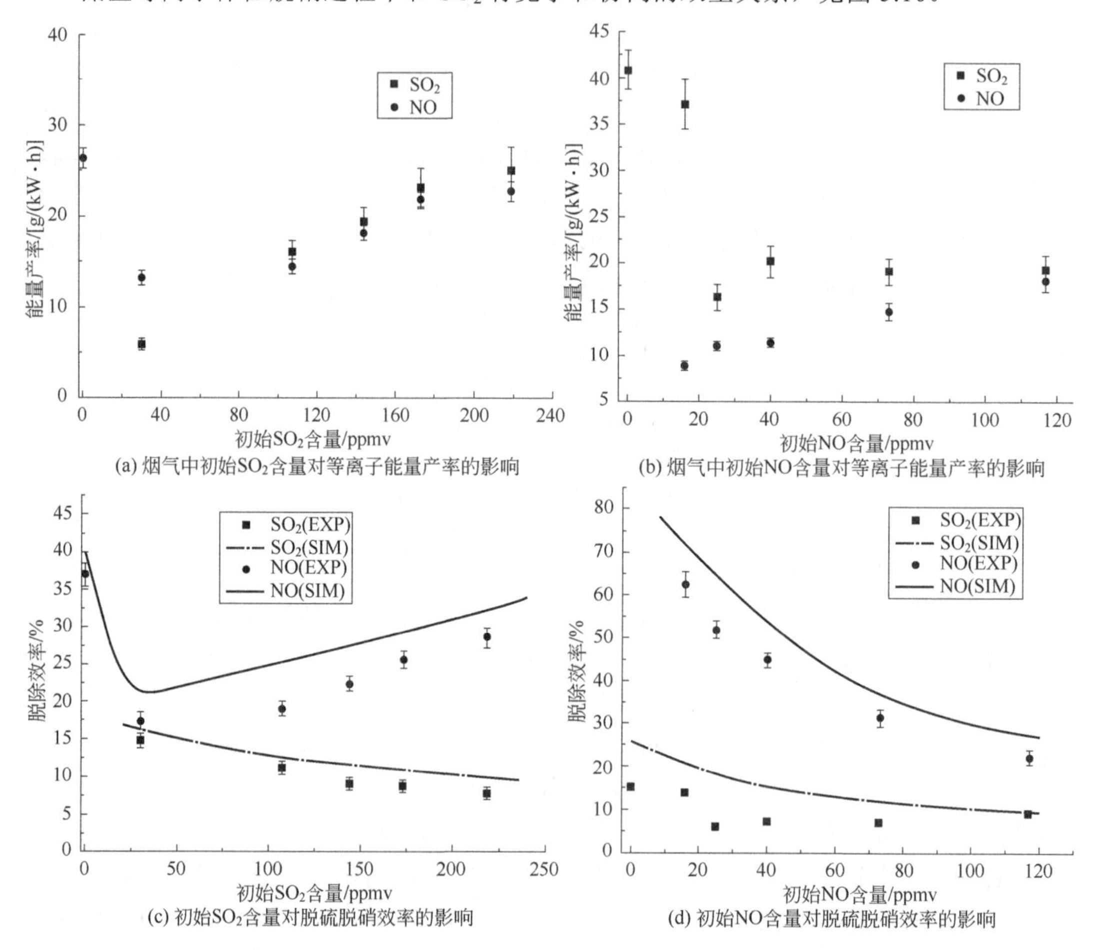

图 5.10　低温等离子体在脱硝过程中和 SO_2 的竞争与协同关系

（ppmv 为体积浓度的百万分之一）

可见，SO_2的存在是有利于脱硝的，但是NO的存在对脱硫有干扰，同时，NO初始浓度越高，脱硝效率越低。

除低温等离子体技术外，还有活性分子氧化脱硝技术。

以臭氧（O_3）作为一种高效、生存周期较长的强氧化剂，将烟气中的NO氧化成易溶于水的高价态氮。具体过程是除尘后的净化烟气与臭氧（O_3）按照一定的比例混合，在低于150℃温度条件下，通过氧化反应形成高价态氮氧化合物，然后送入脱硫塔或洗涤吸收塔，在塔内使其溶于水，形成硝酸盐，最终脱除NO_x。该技术方法脱硝效率可以达到90%以上，不需要使用催化剂，且安装方便。但缺点是制备臭氧耗电量大，运行费用高，产生硝酸盐废水需进行二次处理。

5.7 各种脱硝技术的经济性分析

每一项NO_x控制技术都有不同的机理、发展历史以及相对应的商业地位。任何一种技术的选择，都必须在经过经济和技术可行性的工程研究之后确定。表5.2为不同NO_x控制技术优缺点对比。

表5.2 不同NO_x控制技术优缺点对比

技术	优点	缺点
空气分级技术（OFA）	技术成熟，有较多运行经验	并不适用于所有炉膛，有可能引起炉内腐蚀和结渣，降低燃烧效率
烟气再循环	改善混合和燃烧过程	可能引起燃烧的不稳定和CO生成量的增加
燃料分级燃烧（再燃）	适用于新的锅炉和改造现有锅炉，可减少已形成的NO_x	使在较低温度下的燃烧停留时间变长
选择性催化还原（SCR）	NO_x减排量效果显著	过高的初投资，较高的运行成本，压力损失增大等
选择性非催化还原（SNCR）	适中的NO_x脱除量，投资及操作维护成本较低且无废水处理的问题	依赖温度，NO_x减少量在低负荷时较低，存在一定氨泄漏量，选择合适的还原剂可扩大温度窗口并抑制氨逃逸
等离子体气相脱硝	不产生废水，回收副产物NH_4NO_3可作氮肥加以利用，能同时脱除SO和NO_x，且具有较高的脱除率	能耗高，运行维护成本高 会产生X射线对人身体有害

参考文献

[1] 高林，李辉，单历元，等. 燃烧烟气脱硝技术的研究进展［J］. 化学工程，2017，45（3）：15-19.

[2] 孔丝纺，彭丹，程学勤. 垃圾焚烧中NO_x的生成及控制技术进展［J］. 资源节约与环保，2020（2）：8-10.

[3] 张琳琳，杜海亮，刘焕联，等. 垃圾焚烧炉NO_x生成特性和SNCR脱硝性能分析［J］. 环境卫生工程，2019，27（2）：51-54.

[4] 周思达．生活垃圾焚烧烟气污染物净化工艺分析和选择［J］．环境与发展，2017，29（3）：57-59.
[5] 刘楷，唐盛伟，薛朝辉，等．水泥窑协同处置生活垃圾高效分级燃烧技术的工程应用［J］．中国水泥，2017（8）：99-102.
[6] 刘露，孙中涛．烟气再循环脱硝技术在生活垃圾焚烧发电厂的应用［J］．环境卫生工程，2018，26（6）：83-86.
[7] 杨彦，孔昭健．垃圾焚烧电厂 SNCR 系统氨逃逸影响因素分析［J］．有色设备，2019（4）：1-3，37.
[8] 林欢．烟气高效脱硝一体化技术的研究及应用［J］．中国环保产业，2019（6）：24-26.
[9] 谭运雄，胡宏兴．活性分子脱硝工艺在生物质锅炉上的应用［J］．工程技术研究，2019，4（6）：102-103.
[10] 李涛．新形势下福建省生活垃圾焚烧烟气氮氧化物污染防治技术对比分析［J］．化学工程与装备，2019（12）：262-265.
[11] Hong L，Yin L J，Chen D Z，et al．Proposal and verification of a kinetic mechanism model for NO_x removal with hydrazine hydrate［J］．AIChE Journal，2015，61（3）：904-912.
[12] Chen H，Chen D Z，Fan S，et al．SNCR De-NO_x within a moderate temperature range using urea-spiked hydrazine hydrate as reductant［J］．Chemosphere，2016，161：208-218.
[13] Chen H，Chen D Z，Hu Y Y，et al．Preparation of activated sewage sludge char for low temperature De-NO_x and its CO emission inhibition［J］．Chemosphere，2020，251：126330.
[14] 龚燊，赵联淼．SCR 脱硝技术在中国生活垃圾焚烧厂的运用及发展分析［C］．《环境工程》2019 年全国学术年会，2019.
[15] Hong L，Chen D Z，Yang M，et al．Interaction between NO and SO_2 removal processes in a pulsed corona discharge plasma （PCDP）reactor and the mechanism［J］．Chemical Engineering Journal，2019，359：1130-1138.
[16] 杜火星，黄汉廷，李子明，等．等离子体烟气脱硫脱硝的关键技术［J］．广东化工，2019，46（7）：153-156.
[17] 姚超坤，何剑．低温等离子体在大气污染控制中的应用［C］．第十七届中国电除尘学术会议，2017.
[18] 马强，朱燕群，何勇，等．活性分子 O_3 深度氧化结合湿法喷淋脱硝机理试验研究［J］．环境科学学报，2016，36（4）：1428-1433.

第 6 章

生活垃圾焚烧过程中酸性气体的产生与脱除技术

6.1 HCl、HF、SO_2的产生与排放特性

6.1.1 酸性气体的排放现状

生活垃圾焚烧烟气中的酸性气体主要由氯化氢（HCl）、硫氧化物（SO_x）、氟化物（如HF）、氮氧化物（$NO_{x,\ x>1}$）等组成，来源于生活垃圾中特定成分的燃烧过程。其中，HCl主要来源于生活垃圾中含氯有机物和塑料的分解；此外，生活垃圾中的无机氯化物（如NaCl等）、纸张、布等成分也能在焚烧过程中生HCl气体。SO_x主要是含硫垃圾在高温氧化过程中产生的，包括SO_2和SO_3，一部分SO_2可能来自生活垃圾无机硫化物的解离还原。SO_2可进一步在炉体或从烟囱排出后被氧化成SO_3，当废气的温度下降时，部分SO_3还可与水蒸气反应而形成硫酸（H_2SO_4）雾滴。HF主要来自生活垃圾中氟碳化物的

燃烧，如特氟龙、聚氟薄膜及其他氟化物。焚烧烟气中的NO_2来源于NO的氧化，通常NO_2仅占很少的一部分。

生活垃圾焚烧烟气中的酸性气体污染物会对周围环境和人体健康造成严重危害。在生活垃圾焚烧过程产生的各类酸性气体中，以HCl的生成量最多，危害也最大，主要表现为：对于人类，HCl可能腐蚀人体皮肤及黏膜，导致声音嘶哑、鼻黏膜溃疡、眼角膜浑浊、咳嗽直至咯血，严重者会出现肺水肿以至死亡；对于植物，HCl会导致叶子褪色进而坏死；此外，HCl还会危害垃圾焚烧设备，会造成炉膛受热面的高温腐蚀损毁和尾部受热面的低温腐蚀。另一主要酸性气体污染物为SO_2。SO_2会影响人体的呼吸系统，严重时可引起肺水肿，甚至死亡。

6.1.2 酸性气体的产生机理

生活垃圾从元素组成上来分析，主要含有C、H、O、S、N、Cl元素和灰分等无机质；灰分等成分中含有重金属。当生活垃圾在焚烧炉中进行焚烧时，烟气中就会产生大量的HCl和SO_2等酸性气体、有机类污染物、颗粒物及重金属等。酸性气体产生机理分析如下。

（1）HCl生成机理

生活垃圾中氯元素主要以有机氯和无机氯存在，有机氯燃烧生成HCl的总反应可表示为：

$$C_xH_yCl_z+O_2 \longrightarrow CO_2+H_2O+HCl+\text{不完全燃烧物} \tag{6.1}$$

无机氯燃烧生成HCl的反应式可写为：

$$2NaCl+4SiO_2+Al_2O_3+H_2O \longrightarrow 2HCl+Na_2(SiO_2)_4Al_2O_3 \tag{6.2}$$

$$2NaCl+nSiO_2+H_2O \longrightarrow 2HCl+Na_2(SiO_2)_n \tag{6.3}$$

其中n=4或2。

当生活垃圾中的NaCl、N、S水分含量较高时，HCl的生成机理为：

$$2NaCl+SO_2+0.5O_2+H_2O \longrightarrow Na_2SO_4+2HCl \tag{6.4}$$

（2）SO_2生成机理

SO_2通常是生活垃圾中的含硫化合物焚烧氧化产生。SO_2对环境的危害比较大，是形成酸雨的主要来源之一。在还原气氛条件中，生活垃圾中的硫化氢一般经由如下的动力学氧化生成SO_2：$H_2S \rightarrow HS \rightarrow SO \rightarrow SO_2$

反应式为：

$$2H_2S+3O_2 \longrightarrow 2SO_2+2H_2O \tag{6.5}$$

$$S+O_2 \longrightarrow SO_2 \tag{6.6}$$

$$C_xH_yO_zS_p+O_2 \longrightarrow CO_2+H_2O+SO_2 \tag{6.7}$$

6.2 干法脱酸

干法脱酸工艺被世界各地广泛采用，常见的中和试剂为石灰［$Ca(OH)_2$］和碳酸氢钠（$NaHCO_3$），它们被注入烟气中以中和酸性气体成分。在干法工艺中，试剂以干粉的形式注入，有时可能与水一起注入。最终的反应产物是固体颗粒，需要在随后的阶段（通常是袋式过滤器）从烟气中作为尘埃沉积下来。

HCl 和 SO_2 与中和试剂的主要反应见表 6.1。在气相中，酸性气体组分在进一步反应之前首先被吸附在中和剂的表面，这意味着高比表面积有利于反应的发生。由于钙或钠基试剂对汞几乎没有去除能力，而且对于像 PCDD/Fs 这样的有机化合物，活性炭或褐煤焦炭等形式的碳常被用作有效吸附这些污染物的辅助添加剂。这种助剂可以单独注入，也可以在注射前直接与中和剂混合，或使用中和剂和吸附剂的预制混合物。

表 6.1　HCl 和 SO_2 与中和试剂的主要反应

与 HCl 的反应	与 SO_2 的反应
$HCl+Ca(OH)_2 \longrightarrow CaOHCl+H_2O$	$SO_2+Ca(OH)_2 \longrightarrow CaSO_3+H_2O$
$HCl+CaOHCl \longrightarrow CaCl_2+H_2O$	$CaSO_3+1/2O_2 \longrightarrow CaSO_4$
$2HCl+Ca(OH)_2 \longrightarrow CaCl_2+2H_2O$	$SO_2+Ca(OH)_2+1/2O_2 \longrightarrow CaSO_4+H_2O$
$HCl+NaHCO_3 \longrightarrow NaCl+CO_2+H_2O$	$SO_2+2NaHCO_3+1/2O_2 \longrightarrow Na_2SO_4+2CO_2+H_2O$

钙基体系的中和反应相当缓慢。为提高反应活性，中和试剂在高湿度条件下应具有较大的比表面积从而利于反应发生。钙基体系的优点是工艺简单、操作方便、无毒安全。该技术的基本工艺如图 6.1 所示。中和试剂通过管道注入烟气中，在烟气的下游安装了一个布袋过滤装置，将反应产物从烟气中分离出来。为减少试剂的消耗，现在也会将部分反应产物返回到试剂注入位置上游的气流，其工艺见图 6.2。

干法的操作温度通常保持在 150℃左右，在此温度范围内，产生的中和产物为 $CaCl_2 \cdot H_2O$ 和无水石膏（$CaSO_4$），为了达到排放限值，$Ca(OH)_2$ 必须过量添加。

钠基干法脱酸技术的基础是注入干燥的 $NaHCO_3$，在注入前需要粉碎，使其比表面积增大，反应产物在布袋过滤器中分离。推荐的操作温度是 140～250℃，但是为了有效地去除汞，应该选择较低的温度。其工艺如图 6.3 所示。这种方法的优点是药剂反应的化学计量比更接近 1，药剂浪费较少，缺点是 $NaHCO_3$ 比 $Ca(OH)_2$ 价格更高，而且所有的残渣都是水溶性的危险废物。

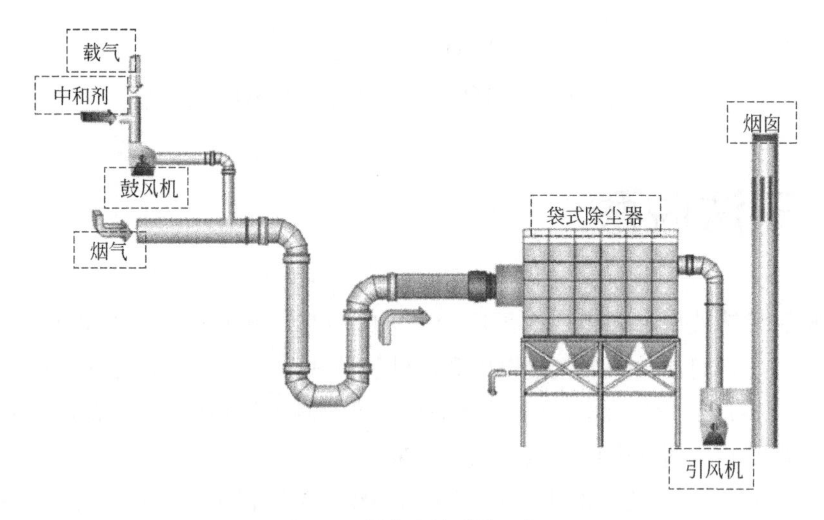

图 6.1 钙基干法脱酸工艺

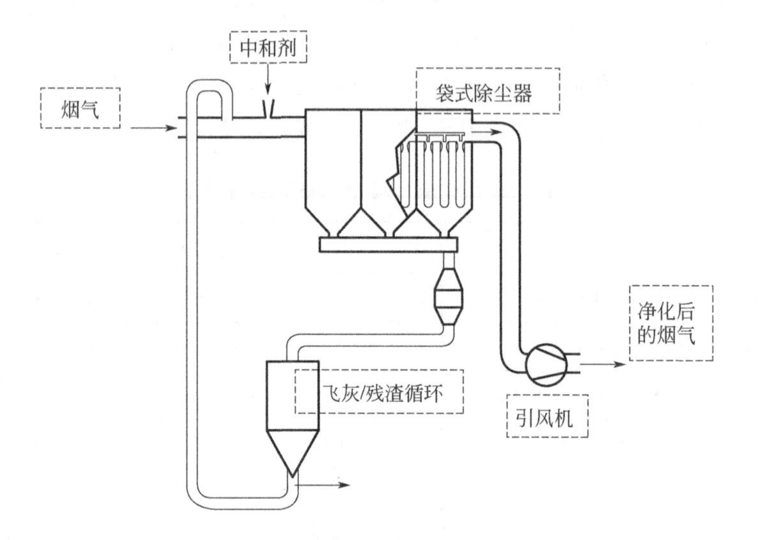

图 6.2 部分反应物回收利用的钙基干法脱酸工艺

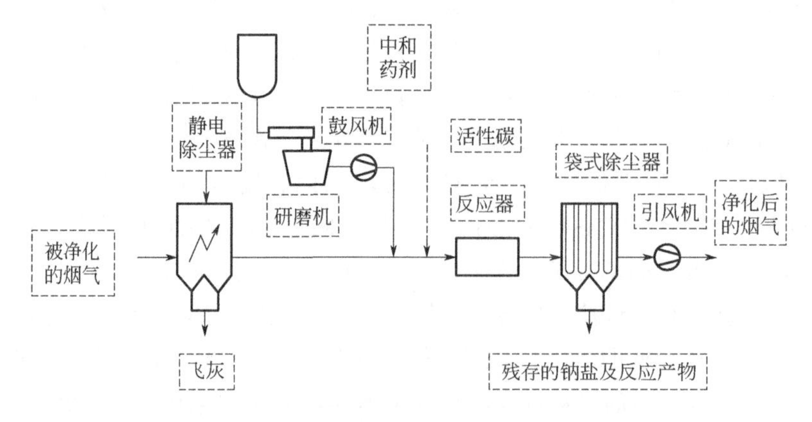

图 6.3 钠基干法脱酸工艺

6.3 湿法脱酸

湿法脱酸的原理是将酸性气体成分吸收到液体中，与液体中的相应成分反应。这种吸收过程的效率首先取决于液体和气体之间的有效接触面积，它控制着从气相到液相的传质。湿法脱酸工艺通常是在飞灰被除去后进行的。

目前工程中主要使用两种技术来获得较大的液体表面积：①喷淋式洗涤器通过特殊的喷淋喷嘴将液体喷入气体流中，使洗涤溶液形成较大的表面；②填料塔洗涤器充满填料，它提供了一个大的表面，洗涤溶液从顶部滴落下来，烟气的流动方向是从底部向上反向流。填料塔洗涤器脱酸工艺见图6.4。

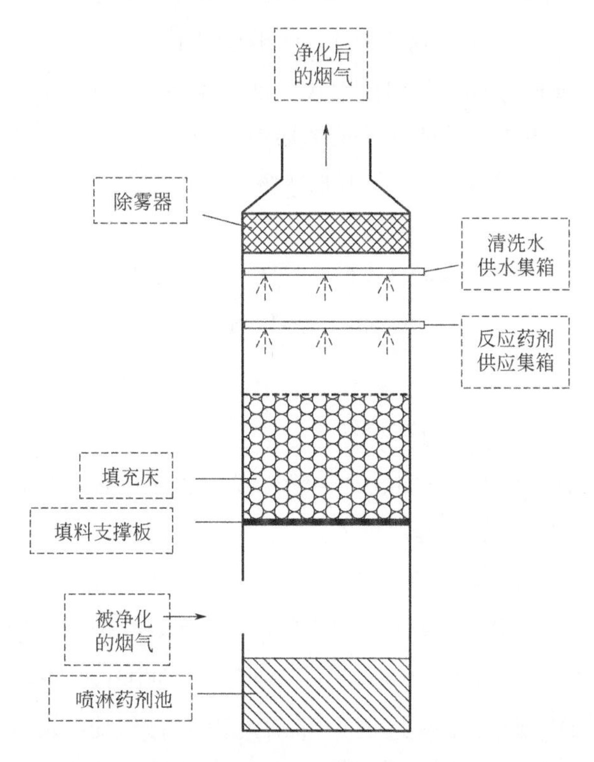

图6.4 填料塔洗涤器脱酸工艺

湿法脱酸工艺是垃圾焚烧中去除酸性气体的一种常用技术。在大多数情况下，湿法脱酸是分两步进行的，先用酸性洗涤器去除HCl、HF和Hg，然后用微酸性或中性的“碱性”洗涤液去除SO_2。洗涤器通常是喷雾式的，在第二阶段，填充塔也被使用。

在湿法脱酸的第一阶段，通过喷射水对烟气进行降温。最终的温度通常是60℃左右。有时，会安装急冷器，使得进入洗涤器的烟气温度达到要求。安装一个单独的急冷器的优点是：从酸性洗涤器出来的水可以用来代替纯水，用于烟气降温。这种洗涤系统对HCl、

HF 和 Hg 都有很高的去除效率。对于这些成分，浓度很容易降低到排放标准。但是 SO_2 在此阶段中，只有很少一部分会被吸收。

在第二阶段通过加入碱性化学物质，使得 SO_2 的脱除效率大大提高。如果“碱性”洗涤器后的烟气需要再加热，会采用烟气-烟气换热器（GGH）进行换热，在这种热交换器中，用作加热介质的通常是进行脱酸之前的热烟气。

在第一洗涤器中，HCl、HF 和 HBr 被水吸收，形成各自的酸。以 HCl 为例，其反应是：

$$HCl_{(g)} \longrightarrow HCl_{(aq)} \longrightarrow H^+ + Cl^- \quad (6.8)$$

因此，除去的盐酸被转化为稀释的盐酸溶液，导致洗涤溶液的 pH 值较低。在这一步骤中，汞也能有效地从烟气中去除。几乎所有的汞，无论其在废物中的形态如何，都转化为 $HgCl_2$。$HgCl_2$ 被盐酸溶液吸收，形成四氯汞络合物。

$$Hg^{2+} + 4Cl^- \longrightarrow [HgCl_4]^{2-} \quad (6.9)$$

通过测量酸碱度或电导率，并用淡水代替部分洗涤液，使洗涤液的 pH 值保持在预先选定的水平。这样，吸收的盐酸就从洗涤器中除去了。

第二洗涤器主要用于去除 SO_2。SO_2 被液体吸收，但与 HCl 不同，SO_2 的解离反应分两步进行：

$$SO_2 + H_2O \longrightarrow H^+ + HSO_3^- \quad (6.10)$$

$$HSO_3^- \longrightarrow H^+ + SO_3^{2-} \quad (6.11)$$

总反应为：

$$H_2O + SO_2 \longrightarrow SO_3^{2-} + 2H^+ \quad (6.12)$$

通过添加 NaOH、$CaCO_3$ 或 $Ca(OH)_2$，第二洗涤器中的环境保持在 pH 值为 5～6。然后 SO_2 进行氧化和中和反应，其反应为：

$$SO_2 + 1/2O_2 + 2NaOH \longrightarrow Na_2SO_4 + H_2O \quad (6.13)$$

$$SO_2 + 1/2O_2 + CaCO_3 + 2H_2O \longrightarrow CaSO_4 \cdot 2H_2O + CO_2 \quad (6.14)$$

$$SO_2 + 1/2O_2 + Ca(OH)_2 + H_2O \longrightarrow CaSO_4 \cdot 2H_2O \quad (6.15)$$

$CaCO_3$ 和 $Ca(OH)_2$ 通常是首选的中和剂，因为它们比 NaOH 便宜，而且石膏（$CaSO_4 \cdot 2H_2O$）易于处理和利用。如果使用 NaOH，在污水处理装置中可以通过添加 Ca^{2+} 来生产石膏。

湿法脱酸系统的典型结构如图 6.5 所示。

湿式洗涤器的操作通常需要排放液体废水 100～300L/t，这些废水需要中和至中性，有效去除几乎所有重金属或其他有毒污染物。中和可以分别对酸性步骤和碱性步骤进行，也可以对混合溶液进行。湿式洗涤器的一个优点是，从中和的角度看，其反应物的投入接近化学计量比。考虑到废液中的汞和镉，要想直接排入下水道，步骤繁多，代价较大。

根据上述方程，中和形成大量的盐，排出废水中将包含高浓度的 Cl^-、SO_4^{2-}、Na^+和 Ca^{2+}。废水中重金属的去除是通过 pH 值为 9～9.5 的不溶性氢氧化物的沉淀来完成的。而零价 Hg 的捕集，则需要先加入氧化剂将其氧化为 Hg^{2+}，才能完成溶解与捕集。

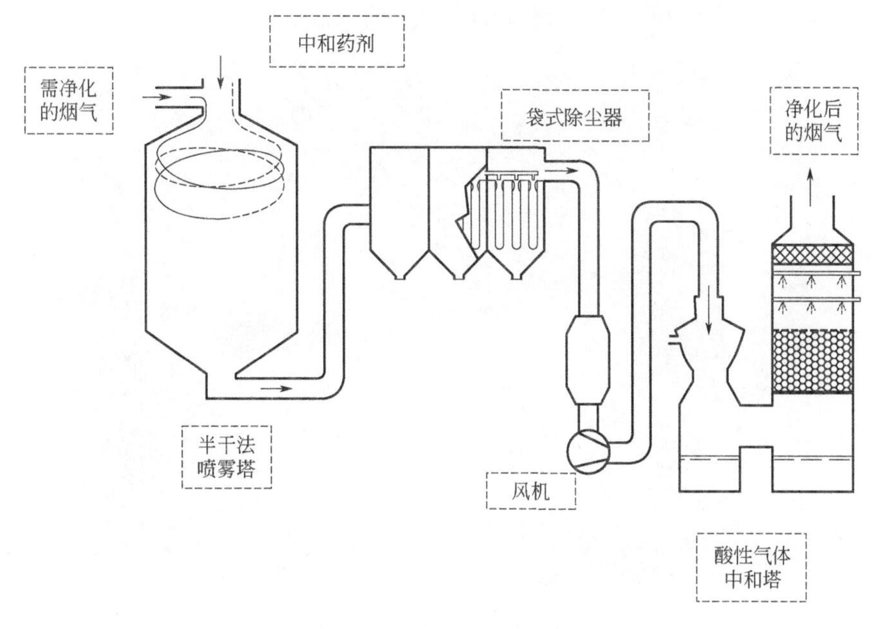

图 6.5 湿法脱酸工艺流程

为了改善重金属的析出，特别是汞和镉，经常加入无机硫化物（如 Na_2S）或有机硫化合物（如 TMT）。这导致了不溶性重金属硫化物的形成，如 HgS 或 CdS。

20 世纪 80 年代后期，人们努力回收垃圾焚烧过程中的氯，方法是用酸性洗涤溶液生产氯化钠、盐酸。由于产品的市场有限，或由于回收过程的经济效益不佳，这些过程很少能得到全面实现。水溶性中和产物，首先是钙、氯化钠和硫酸钠，可以通过公共下水道系统等排放到海洋或大河中。然而，通常下水道系统或河流不能承受盐的负荷。

6.4 烟气再加热系统及换热器的设计

烟气-烟气换热器（gas-gas heater，GGH）是湿法脱硫系统中的主要设备之一。其主要作用是利用高温原烟气加热脱硫后的净烟气，使排烟温度高于露点，以此减轻对烟囱的腐蚀，同时也降低了进入吸收塔的烟气温度。烟气再加热系统及换热器如图 6.6 所示。

湿法脱硫工艺系统中，从袋式除尘器出来的烟气进入吸收塔内脱硫，这时的烟气温度大约在 140～160℃。为了防止吸收塔内的元件及防腐层被腐蚀，同时减少吸收塔中的水分急剧蒸发带来的冲击，并降低水耗，在吸收塔进口处的烟道上设置了预冷段或者

GGH，将温度降至95℃左右再进入洗涤塔。烟气通过吸收塔脱酸后，温度被冷却到50～70℃，为了能使烟气充分扩散，防止冷烟气下沉，同时避免低温造成烟道的腐蚀，通过GGH 需要将烟气加热到80℃以上。这样一来，不仅可以避免下游设备的腐蚀，同时还能促进烟囱排烟中污染物的扩散，避免烟囱附近的液滴沉降。

图 6.6 烟气再加热系统及换热器

GGH 种类很多，一般分为非蓄热式和蓄热式两大类。非蓄热式实质是借助蒸汽等热源，将冷烟气重新加热，其投资小，但运行费用大、能耗较大。蓄热式换热器按烟气的流程可分为降温侧和升温侧。在降温侧，烟气未经过脱硫塔脱硫，而在升温侧，烟气是经过脱硫后的烟气。蓄热式主要种类有回转式、分体热管式、整体热管式、分体水媒式以及PTFE 材质的管壳式。回转式 GGH 工作示意图见图 6.7。

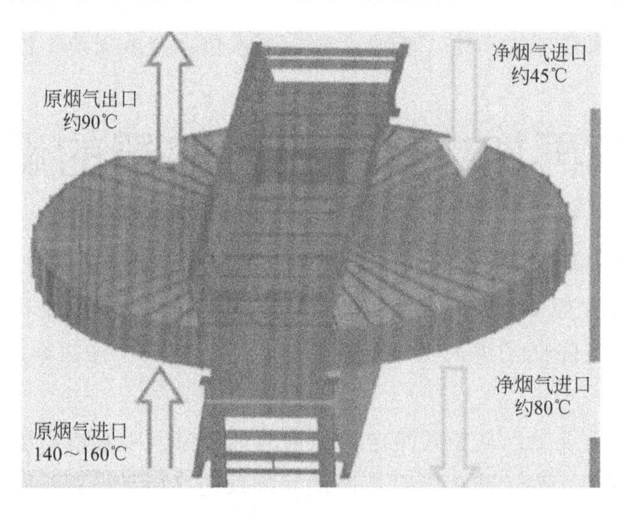

图 6.7 回转式 GGH 工作示意图

烟气净化系统安装 GGH 装置的主要优点有以下几方面：

① 加强污染物的扩散。加装 GGH 后，提高了出口烟气温度，可增大烟羽的浮力，能提高烟气离开烟囱后的抬升高度，使烟羽能更好地扩散，防止发生烟羽近距离下降，降低污染物的落地浓度，推迟或减少了水雾的形成，在一定程度上可提高烟羽的透明度。

② 降低烟羽的能见度。若取消 GGH，在冬天当地气温下降到一定程度时，烟囱出口将呈现出大量的白色蒸汽，蒸汽离开烟囱很短的距离就会被冷凝，飘落到烟囱附近地面上，土壤的酸碱度由此改变，造成极大的危害。烟气脱硫装置加装 GGH 后，此现象可得到有效缓解。

③ 防止液滴降落，消除“烟囱雨”。湿法脱酸系统的饱和烟气总会含有一定量的液滴，加热烟气可以减少甚至消除烟气在烟囱壁面上形成的冷凝液，烟道壁面冷凝液的减少会降低烟气中形成的大液滴的概率。同时也避免采用湿烟囱排放，减少烟气对烟囱的腐蚀作用，可降低烟囱的工程造价。

④ 提高排烟温度，抬高排烟高度，降低脱酸系统的耗水量。湿法烟气脱酸系统在加装 GGH 后，脱酸系统出口烟气温度比未加装 GGH 提高了 25℃，从而烟气排放时的抬升高度得到了提高。并且通过 GGH 换热后，进入吸收塔原烟气的温度下降，热的原烟气从吸收塔穿行所蒸发和带走的水分减少，吸收塔内水的消耗减少。

⑤ 提高烟气温度便于脱硝。一般烟气脱硝设置在脱酸塔的后面，为了抬升烟气的温度，通常需要 GGH，甚至 SGH。

加装 GGH 固然优点突出，其弊端也不容忽视，在 GGH 运行过程中，结垢就是最容易产生的问题。据统计，国内许多脱硫 GGH 系统均出现不同程度的结垢问题，而结垢会对机组正常运行带来非常大的影响，主要表现在：

① 脱硫系统安全性影响。将 GGH 压差控制在合理范围内是保证脱硫系统正常安全运行的必要条件。一旦脱硫 GGH 发生堵塞，烟气通流面积减小而使通过 GGH 的烟气量减少，脱硫系统烟气阻力增大，增压风机出口压力升高。当烟气通流量与风机出口压力处于风机失速区，容易造成风机喘振，造成脱酸系统退出，如果旁路挡板不能及时打开，造成锅炉憋压，甚至会影响锅炉的安全运行，对电厂的稳定运行造成危害。

② 烟气净化系统经济性影响。GGH 表面结垢会造成净烟气达不到设计要求的排放温度，从而对出口烟道及烟囱内筒造成低温腐蚀。GGH 严重结垢后，导致脱硫系统运行阻力增加，增压风机运行脱离风机最高效率点，造成风机运行电耗增加。为降低由于结垢引起的除雾器及 GGH 压差上升，需要加大在线和离线冲洗的频率，也会提高冲洗成本。GGH 结垢严重，冲洗时需停运脱酸系统，增加了烟气净化系统的维护率。

③ 环保方面影响。如果堵塞严重，GGH 压差过大而造成增压风机负荷变大，为保证脱硫系统安全运行，旁路烟气挡板门不得不打开，从而让部分烟气通过脱硫系统减小通过的烟气量而降低的差压。由于一部分烟气直接通过旁路排至烟囱，必然导致烟囱出

口浓度超出生态环境部规定限值。由于生活垃圾焚烧炉不允许有烟气旁路，因此 GGH 的可靠性尤为重要。

6.5 半干法脱酸

半干法烟气脱酸工艺由于其运行操作简单、占地面积小、投资成本低等特点而在烟气脱酸行业中得到一定的应用。更由于该工艺产物为干态，系统不需设置废水处理装置，使得其在垃圾焚烧发电厂烟气净化系统中得到广泛应用。

半干法工艺原理与干法类似，中和剂为 CaO 或 $Ca(OH)_2$，不过要先将中和剂制备成石灰浆，之后再喷入烟气之中，使得中和剂与烟气中的酸性物质进行反应以达到脱酸目的。与烟气中的 SO_2 相比，其他酸性气体如 HCl、HF 等更易于与 $Ca(OH)_2$ 反应，反应时间只要保持 1s 左右就能被有效去除。此外，因垃圾中含有大量的含氯有机物，受垃圾焚烧炉型和混合不均匀等问题的限制，在焚烧过程中会产生微量但毒性极大的物质，如二噁英和呋喃。为减少二噁英和呋喃的生成，除在锅炉系统应保证燃烧温度和停留时间外，还在炉后采取以下措施：因二噁英、呋喃在低温（200℃以下）都是以固态的方式吸附在粉尘的表面，故喷水降温能大大减少其在气态中的含量；向系统喷加具有高活性表面的木质活性炭，可以吸附上述有毒物质。烟气中的酸性物质与吸收剂反应生成固态颗粒，后与烟气一起进入除尘器，袋式除尘器可以对未反应的吸收剂进行再利用，有二次脱酸的效果，且袋式除尘器对微小颗粒有较好的捕集作用，而烟气中的重金属、二噁英、呋喃等一般都凝结在小于 1μm 的微小颗粒表面上，所以控制微小颗粒物的排放对减少重金属等物质的排放有很大的作用。

目前常用的烟气半干法脱酸工艺是旋转喷雾半干法和循环悬浮式半干法。

6.5.1 旋转喷雾半干法

由于生活垃圾焚烧烟气中 SO_2 少，HCl 多，因此旋转喷雾干燥法（SDA）非常适用于垃圾焚烧烟气的净化。它不仅可以满足烟气 SO_2 浓度排放要求，同时可以保证较高的脱氯效率。

在旋转喷雾半干法脱酸工艺中，先对生石灰进行处理并加水配制成含固率 15%～30%的浆液，后经振动筛筛分后自流入浆液罐，配制得到所需石灰［$Ca(OH)_2$］浆液，浆液量根据入口烟气 SO_2 浓度由浆液泵控制并输送至脱酸塔顶部雾化器。旋转雾化器是该工艺的核心部件，其转速达到上万转每分或更高，浆液被高速喷出形成 20～50μm 粒径的液滴，液滴初始速度很大，且其表面积极大，使之具有较强的吸附能力，能与烟气充分接触，热交换能力强，液滴在碰到吸收塔壁前就被干燥，在此过程中液滴与烟气进行脱酸反应，脱除效率较高。图 6.8 为工艺流程，具体的脱酸反应如下：

雾滴吸收 SO_2：

$$SO_2+Ca(OH)_2 \longrightarrow CaSO_3+H_2O \tag{6.16}$$

部分 SO_2 进行如下反应：

$$SO_2+1/2O_2+Ca(OH)_2 \longrightarrow CaSO_4+H_2O \tag{6.17}$$

其他酸性物质（如 SO_3、HF、HCl）的反应：

$$2HCl+ Ca(OH)_2 \longrightarrow CaCl_2+2H_2O \tag{6.18}$$

$$2HF+ Ca(OH)_2 \longrightarrow CaF_2+2H_2O \tag{6.19}$$

$$SO_3+ Ca(OH)_2 \longrightarrow CaSO_4+H_2O \tag{6.20}$$

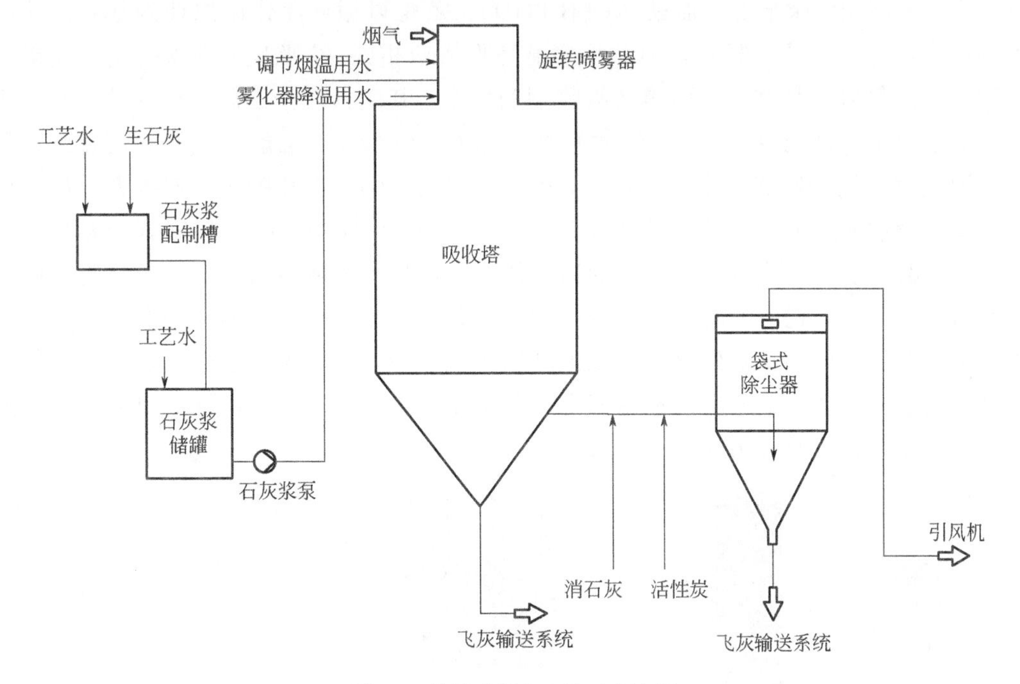

图 6.8　旋转喷雾半干法工艺流程

旋转雾化器的优势就是当烟气的流量、温度和组分发生较大改变时，能够保证雾滴的粒径分布不发生明显变化，从而能够保证脱酸效率相对稳定。一般情况下，该工艺脱酸效率可达到 95%。另外，该工艺主要适用于排烟温度较高的机械炉排式焚烧系统，吸收塔出口烟气温度保持在 150℃左右，使得设备不受酸性物质的腐蚀，无需防腐措施。

总体来说，该工艺产物为干态，处理方便，无废水产生，设备无需防腐，投资运行成本低，工艺简单，能耗低，具有广阔的应用前景。但该方法也存在一些不足，比如塔内固体会出现粘壁现象，管道易于堵塞，喷雾器易磨损破裂，吸收剂用量不易控制等问题。例如在此工艺中，为保证有效的雾化效果，避免塔内固体出现粘壁现象，保证脱酸效率，旋转雾化器的转速高达 15000r/min，在此情况下，就必须选用高品质的吸收剂，其纯度一般大于 90% [以 $Ca(OH)_2$ 计]，细度大于 200 目，以避免雾化器的磨损。在制浆工艺中采用振动筛去除杂质，以进一步保证进入雾化器的石灰浆液品质。针对雾化器易磨损的现象，开发商们还开发出耐磨材料如碳化钨来制作雾化轮。针对旋转喷雾半干法脱酸存在的问题，更有开发商开发出拥有 3 个旋转轮的雾化器，使得吸收剂利用率更高，能耗更低。另外，为使得吸收剂利用率更高，塔内干燥特性更佳，可循环利用脱硫灰渣，将其制备成浆液送入喷雾反应塔。

6.5.2 循环悬浮式半干法

烟气循环流化床半干法脱酸（CFB-FGD），就是以循环流化床原理为基础，使吸收剂以悬浮方式悬浮在吸收塔内并反复循环形成密相区，经吸收剂多次再循环使得其与烟气的接触时间增加，从而提高吸收剂利用率。其既具有干法脱酸的一些特点，比如无废水排放，可减少二次污染，占地面积相对湿法较小，也能在较低的钙硫比条件下接近或达到湿法脱酸效率，适合大、中、小型锅炉烟气净化处理。该技术的最大优势表现在经喷水方式可将吸收塔内温度保持在最佳的反应温度，使气固紊流充分混合至最佳状态，暴露出消石灰未反应的新表面，同时多次循环的固体物料使脱硫剂停留时间增长，有效提高了脱硫剂的利用率和脱硫效率。循环悬浮式半干法烟气脱硫技术占地小、造价较低、脱硫效率及吸收剂利用率相对较高、设备可靠性高、对酸性气体浓度变化适应性强、所产生的最终固态产物易于处理等优点，其相对适用范围也较为广泛。其工艺流程见图 6.9。

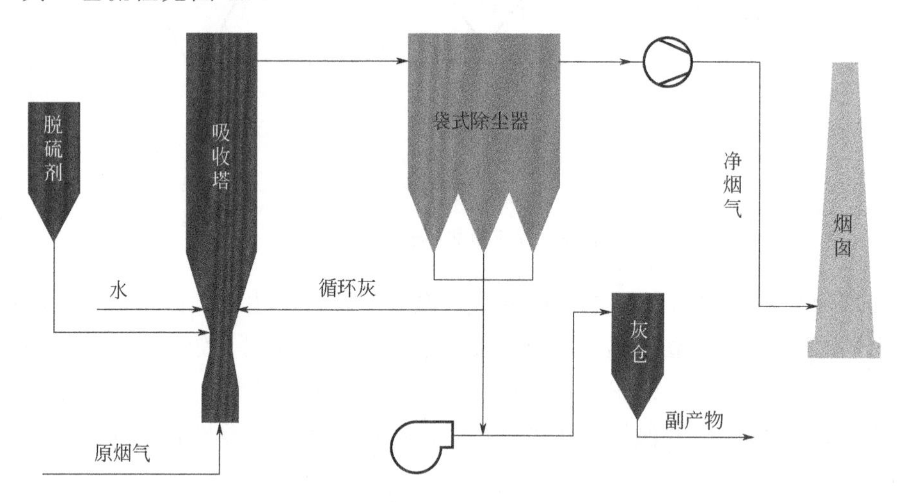

图 6.9 循环悬浮式半干法工艺流程

该工艺的基本原理就是 $Ca(OH)_2$ 与烟气中的 SO_2、HCl、HF 等酸性物质在反应器中发生反应生成固态颗粒，并以悬浮状态与气流接触，该状态利于非均相反应，颗粒大量循环以提高系统钙硫比，进而提高脱酸效率。后利用活性炭吸附烟气中的重金属和二噁英等有害气体，再利用高效袋式除尘器除去烟气中的固态颗粒及未被活性炭吸附的部分二噁英及重金属。

在整个烟气净化系统中，烟气经预除尘后从脱酸塔底部进入文丘里反应塔。烟气经文丘里管加速后进入循环流化床床体；在气流的作用下，气固两相处于湍流状态，二者充分接触，反应产物由于重力作用向下运动，又由于气流作用被抬升，这使得气固两相间的滑落速度达数十倍的单颗粒滑落速度；另外，反应塔顶部结构使得反应物向下速度加快，塔内颗粒的床层密度增大，Ca/S 比高达 50 以上，使得脱酸反应较为充分。这种流化床内的气固两相流循环机制，强化了气固两相间的传热与传质过程，保证了较高的脱酸率。文丘里的出口扩压管段上还设有喷水装置，以控制烟温，使之高于露点 20℃左右，HCl 及 SO_2 与 $Ca(OH)_2$ 在此条件下为离子型反应，反应时间较短。由于流化床中气固两相间具有良好的传热、传质效果，酸性气体得以去除干净。该方法具有占地面积少，副产物干态易处理，具有良好的负荷适应性等优点。另外，针对垃圾焚烧烟气特点，为防止粉尘在反应器和后续除尘工艺中的黏结，吸收塔排烟温度始终控制在 110℃左右，这使得整个系统无需防腐处理。但该吸收反应的最佳温度为 70℃，这使得该方法的脱酸效率一般只有 85%左右。

6.6 干法、湿法及半干法脱酸的耦合及其经济性分析

6.6.1 干法、湿法及半干法脱酸工艺的比较

半干法工艺由石灰浆制备系统、石灰浆输送系统、石灰浆雾化系统和脱酸反应塔组成。石灰先在石灰制备罐中制成石灰浆，通过石灰浆泵打入旋转雾化器，旋转雾化器通过高速旋转将石灰浆雾化，高温烟气与雾化石灰浆采用顺流或逆流设计，使高温烟气和石灰浆微粒维持充分反应接触时间，高温烟气使石灰浆中水分蒸发，降低烟气温度的同时，提高了烟气的湿度，为未完成与酸性气体反应的氢氧化钙［$Ca(OH)_2$］继续反应创造了条件，反应生成的盐粒经烟气干化后，掉落至底部飞灰收集斗。在半干式脱酸塔内未反应完全的石灰浆雾滴，在高温烟气的作用下，被干化成 $Ca(OH)_2$ 固体微小颗粒，$Ca(OH)_2$ 固体微小颗粒随烟气进入袋式除尘器，附着在除尘器的布袋上，与烟气中的酸性气体进行深度反应，继续脱除烟气中的酸性气体，提高烟气中酸性气体的脱除效率。半干法脱酸工艺的特点是酸性气体去除率较高，在有布袋配合情况下，对氯化氢可达 90%以上的去除率；工艺简单，没有工业废水产生；投资较高，正常维护要求较高；石灰浆制备系统设备复杂、故障率高。

湿法脱酸采用洗涤塔形式，洗涤塔一般布置在袋式除尘器的后面，烟气在经过布袋除去烟尘后进入洗涤塔，在洗涤塔内酸性气体经与碱吸收液充分反应，因是在液体状态下反应，可获得较高的净化效率。洗涤塔内产生的废水经浓缩后送入干燥塔内进行干燥，污泥经干燥后以固态排出。洗涤塔布置在袋式除尘器的下游，还可防止烟气中的污染物堵塞洗涤塔喷嘴，同时也避免了高湿度、低温烟气对布袋造成的糊袋，影响烟气流通。湿式脱酸系统的特点是：对酸性气体去除效率最高，同时还可洗出烟气中的其他有害物质，如烟尘、二噁英等，使烟气达到最高排放标准；处理后的烟气因温度降低至露点以下，为防止出现白烟，需对烟气进行再加热；湿式脱酸系统工艺复杂、设备较多、占地面积大、建设投资成本高、设备腐蚀严重、设备维护量大、耗电量高、运行费用也较高；产生大量高浓度废水，加大了运营成本和难度。

干法脱酸有两种方式，一种是直接将脱酸药剂［$Ca(OH)_2$］喷入烟道，在烟道中脱酸药剂随烟气边运动边混合，同时进行反应，最后进入除尘器内进行深度反应；另一种方式设有干式反应塔，脱酸药剂［$Ca(OH)_2$］从塔顶喷入，在反应塔内与烟气进行充分混合，同时与烟气中的酸性气体进行充分化学反应，少量未反应的酸性气体在除尘器的布袋表面继续进行反应，从而脱除烟气中的酸性气体。生成的盐和未参加反应的吸收剂被收集到干式反应塔灰斗和除尘器灰斗里。因消石灰［$Ca(OH)_2$］要和烟气中酸性气体发生中和反应，烟气温度需在 140℃左右，所以需要在干法脱酸设备前加装一套喷淋减温装置，以控制从余热锅炉出来的烟气温度。干法脱酸的特点：系统简单，没有复杂的制浆系统，占地面积小，投资最省，设备可靠性高，维护工作量小；脱酸效率相对湿式和半干式最低，石灰用量大，运行费用略高。目前除 $Ca(OH)_2$ 外，$NaHCO_3$ 是应用越来越多的另一种药剂，效率更高，但是要配置研磨设施。

由以上比较可得：湿法脱酸工艺是烟气污染物最彻底的脱除方式，可实现烟气最高排放标准，但其工艺复杂，设备较多，占地面积大，建设投资成本高，设备腐蚀严重，设备维护量大，耗电量高，运行费用也较高，并有高浓度的污水产生。半干法脱酸工艺在和布袋配合下，可实现较好的净化效率，工艺简单，运营费用较低，不产生废水，是目前在生活垃圾焚烧中应用较广的烟气脱酸方式。干法脱酸工艺比较简单，投资较低，耗电量小，运行费用低，运行维护简单，但烟气中酸性气体净化效率相对较低，石灰耗量较大。

目前工业上对于 HCl 的去除效率通常很高，脱硫效率则相对较低，表 6.2 总结了目前主要的脱酸工艺。

表 6.2　不同脱酸工艺的比较

工艺		碱原料	副产物	脱硫率/%
湿法	石灰-石膏法	$CaCO_3$、$Ca(OH)_2$、CaO	石膏	85～95
	亚硫酸钠-石膏法	NaOH、$Ca(OH)_2$	石膏	90～95
	镁排放法	$Mg(OH)_2$	$MgSO_4$溶液	90～95
	钠排放法	NaOH	Na_2SO_4溶液	90～95

续表

工艺		碱原料	副产物	脱硫率/%
	亚硫酸钠回收法	NaOH	Na_2SO_3溶液	90～95
	氨吸收法	NH_3	$(NH_4)_2SO_4$溶液	90～95
干法	活性炭法	活性炭	硫酸	80～90
	电子辐照法	NH_3	$(NH_4)_2SO_4$溶液	80～90
半干法	喷雾干燥法	$Ca(OH)_2$、CaO	水泥原料等	70～85
	石灰炉内脱硫+水喷射法	$CaCO_3$	水泥原料等	75～85

在实际应用中，为满足排放标准同时兼顾经济性因素，很多时候干法、湿法及半干法脱酸工艺会进行一定的耦合，以达到更好的效果。常见的耦合系统如图 6.10 和图 6.11 所示。

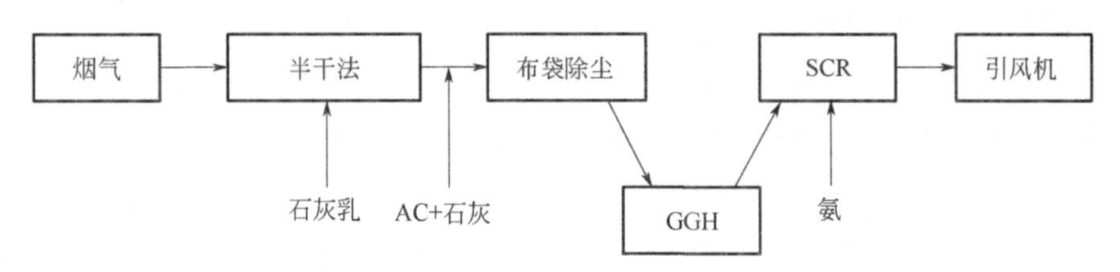

图 6.10 烟气净化耦合系统 1（半干法+干法）

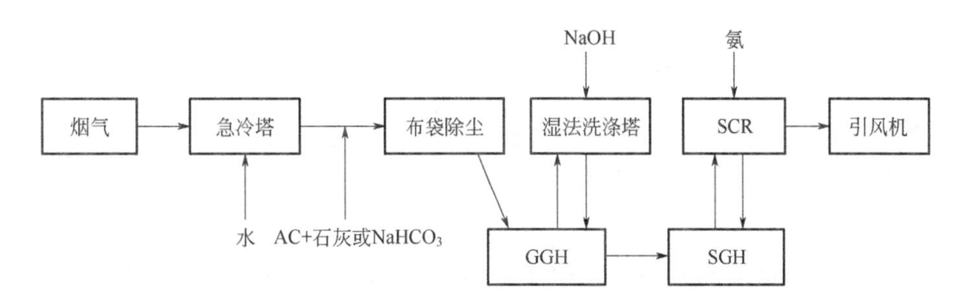

图 6.11 烟气净化耦合系统 2（干法+湿法）

图 6.11 中急冷塔也可以改成半干法，形成半干法+干法+湿法的耦合。在第 10 章中将讨论它们耦合应用的效果。

6.6.2 经济性分析

在满足总排口 HCl 和 SO_2 的浓度≤$10mg/m^3$ 的前提下，对 3 个厂不同脱酸工艺的运行成本进行了统计和分析，如表 6.3 所示。

表 6.3 不同脱酸工艺运行经济性分析

项目	消石灰		氢氧化钠（30%）		设备折旧	电		合计
	消耗量/（kg/t）	吨垃圾费用/元	消耗量/（kg/t）	吨垃圾费用/元	吨垃圾费用/元	功率/kW	吨垃圾费用/元	
半干法+干法	12.00	8.40	—	—	4.50	496.80	11.74	24.64
干法+湿法	15.00	10.4	4.22	3.80	8.40	824.40	17.14	39.74
半干法+湿法	8.00	5.60	3.00	2.70	10.0	952.00	19.80	38.10

由表 6.3 可知采用半干法+干法脱酸工艺，主要脱酸反应为半干法，消石灰的耗量为12.00kg/t。而采用干法+湿法工艺，为了减少湿法负荷，干法的消石灰耗量最大（15.00kg/t），湿法的 NaOH 消耗也最大（4.22kg/t）。半干法+湿法工艺，运行中发现，当半干法投全力时，HCl 和 SO_2 排放浓度基本可保证＜$10mg/m^3$，而再投运湿法，污染物排放浓度会降低，但经济性变差，总结运行经验，在消石灰和 NaOH 耗量约 8kg/t、3kg/t 时，整套系统的经济性最佳。

采用湿法工艺，由于增加了烟气换热器（GGH）和湿法塔，设备阻力增加，引风机及设备电耗都相应增加，因此总运行费用干法+湿法＞半干法+湿法＞半干法+干法。采用了湿法工艺后，HCl 和 SO_2 的排放浓度通常可达到 $5mg/m^3$。因此，新建垃圾焚烧发电厂，烟气排放执行欧盟 2010/75/EC 标准时，大都采用半干法+干法工艺，若排放更为严格，可采用半干法+湿法工艺，并且二级脱酸工艺均可保证污染物短时间内达标排放。

参考文献

[1] 张蕴．生活垃圾焚烧烟气净化工艺探讨［J］．制冷空调与电力机械，2005，1：73-75.

[2] 董珂，赵昕哲，闫志海，等．垃圾焚烧发电烟气中的酸性气体净化工艺［J］．制冷与空调，2008，22（3）：73-75.

[3] 赵由才，宋玉．生活垃圾处理与资源化技术手册［M］．北京：冶金工业出版社，2007：357-363.

[4] 衣静，刘阳生．垃圾焚烧烟气中氯化氢产生机理及其脱除技术研究进展［J］．环境工程，2012，30（5）：50-55.

[5] 张金成，姚强，吕子安．垃圾焚烧二次污染物的形成与控制技术［J］．环境保护，2001，28（5）：17-18.

[6] Christensen T H，Fruergaard T．Solid waste technology & management［M］．England：Blackwell Publishing Ltd，2010.

[7] 平艳斌．珠江电厂石灰石湿法烟气脱硫系统 GGH 改造及优化运行研究［D］．广州：华南理工大学，2011.

[8] 钟毅，高翔，霍旺，等．湿法烟气脱硫系统气-气换热器的结垢分析［J］．动力工程，2008（2）：275-278.

[9] 安康．电站湿法脱硫系统 GGH 结垢问题的研究［D］．北京：华北电力大学，2011.

[10] 谷俊杰．烟气湿法脱硫亚硫酸钙结垢及 GGH 堵塞研究分析［D］．北京：北京化工大学，2012.

［11］鲁钢．半干法袋式除尘器净化垃圾焚烧烟气技术［J］．环境科学动态，2005（3）：38-40．
［12］沈琴，孙立，张培良，等．垃圾焚烧烟气净化处理半干法脱酸工艺浅析［J］．能源与环境，2015（6）：84-85．
［13］宋七棣，徐天平，陈安琪．半干法烟气脱硫及袋式除尘器的应用［C］．第二十届 SO_2、NO_x、$PM_{2.5}$、Hg 污染控制技术研讨会，2016．
［14］孙中涛，刘露．垃圾焚烧烟气脱酸工艺选择及应用［J］．环境卫生工程，2018，26（6）：93-96．

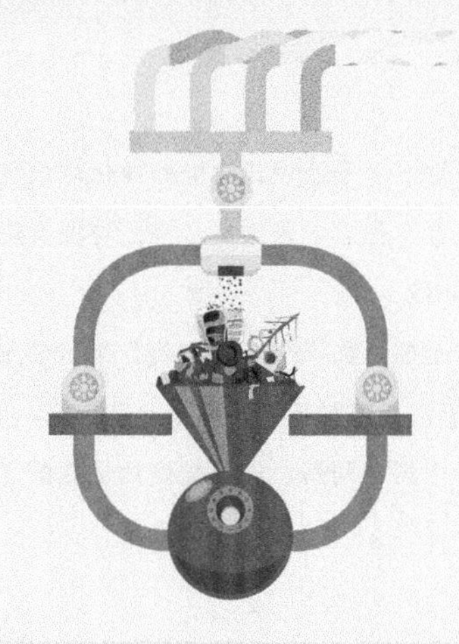

第7章 生活垃圾焚烧过程中重金属的排放和控制

生活垃圾的组分如塑料、纸张、布类、电池以及灰土中携带有大量的重金属，在生活垃圾焚烧的高温条件下易挥发性重金属挥发成气态，从而转移到飞灰和烟气中，尤其以亚微米颗粒物形式存在的重金属更容易穿过烟气净化设备而排放到大气中，对环境的污染更大，破坏力更强。重金属也可能富集在飞灰表面上，填埋仍是目前对飞灰处置的主要方式，飞灰填埋后，在地下水的浸渍下，重金属浸出转移到土壤及水源中。大气、土壤和水源中的重金属无法被微生物分解，只会发生迁移和转化，不仅对生态环境造成影响，并逐渐在人体中积累，对人体健康产生极大的危害。因此有必要对垃圾焚烧中重金属的分布以及迁移转化情况进行研究，并针对其行为采取有效的排放控制措施。

本章将从生活垃圾焚烧中重金属污染物的来源、挥发迁移特性，在烟气净化系统中对重金属的脱除效果，重金属在飞灰中的含量和浸出特性，以及飞灰进行稳定化处理对固定重金属起到的作用这几方面来介绍。

7.1 焚烧过程中重金属的来源

生活垃圾组分复杂，典型垃圾组分中重金属的含量如表 7.1 所示，含有较多的以厨余垃圾为代表的有机物、橡塑垃圾以及纸类垃圾。随着对垃圾进行分拣，剩下的主要为纸类、橡塑类等可燃垃圾，纸类垃圾含有较大含量的 Zn、Pb、Cu、Cr，其主要来源于报纸和包装表面印刷用到的油墨；橡胶和塑料类含有较多的 Ni、Zn 和 Pb，来源于橡塑类产品制作过程中添加防止分解老化的稳定剂等助剂。且目前垃圾分类制度未全面到位实施，进入焚烧炉中的生活垃圾（如电子产品、电池等）仍含有较多重金属物质，焚烧过程中产生的重金属类污染物主要源于生活垃圾本身所含重金属及其化合物的蒸发，重金属元素主要有 As、Cr、Hg、Pb 及 Zn 等。

表 7.1 典型垃圾组分中重金属含量

垃圾种类		重金属含量（干基）/（mg/kg）						
		Hg	Cr	Ni	Cd	Zn	Pb	Cu
纸类	报纸	0.007	4.021	2.011	0.084	22.488	3.635	19.998
	食品包装	—	16.187	4.439	—	31.576	11.269	15.621
	硬纸板	0.020	6.534	1.647	—	58.593	26.151	10.900
	其他	0.012	4.471	1.297	—	22.735	6.812	—
塑料	彩色	0.039	104.58	26.337	0.22	67.398	240.125	96.664
	白色	0.061	4.801	1.199	—	20.026	6.629	3.985
	透明	0.056	5.573	0.467	—	20.827	—	—
橡胶		0.013	36.559	16.080	2.551	25948.1	28.766	0.954
厨余		0.0008	0.352	0.934	—	57.420	—	—
庭院垃圾	树叶	0.0006	8.556	3.251	0.312	32.326	93247	1.462
	杂草	0.005	19.022	7.887	0.316	46.994	5.857	3.428
	木屑	0.007	19.361	9.486	0.351	32.967	1.239	1.155
	灰尘	0.038	12.106	4.862	0.453	56.746	20.873	2.314
织物		0.061	32.011	3.656	0.125	122.128	13.532	0.476
碱性电池		0.876	0.010	—	0.256	—	0.02	—
玻璃		0.0012	0.489	—	0.081	—	1.032	—

垃圾焚烧后，重金属元素根据挥发性的不同而主要分布于飞灰及烟气中。在高温条件下，较难挥发的重金属（如 Fe、Cu 等）残留在底渣中；较易挥发的重金属元素及其化合物蒸发进入烟气中，随着烟气在烟道中冷却，一部分蒸气压高、沸点低的易挥发重金属元素（如 Hg、Cd 等）浓缩出来，吸附在飞灰颗粒表面上，并且由于飞灰的高孔隙率和大比表面积的特性，重金属易在飞灰中富集；其余重金属元素则以气态或存在于颗粒上的吸附态继续留在烟气中。

7.2 重金属及其盐类的挥发特性

7.2.1 重金属及其盐类的挥发迁移机理

残留在较大底渣中的难挥发性重金属可通过一系列措施进行脱除，而飞灰和烟气中的重金属主要是由于一些易挥发的重金属在垃圾焚烧过程中挥发迁移，易于富集在直径小于 1μm 的细颗粒物上，而这类细颗粒物不易被除尘设备捕集，排入大气后对土壤、水体、植被、人体危害较大，且潜伏期久，所以研究主要重金属及其盐类的挥发特性十分必要。

重金属的挥发迁移规律非常复杂，根据相关研究表明，重金属在飞灰表面多以化合物形态存在，主要为垃圾中的 Cl、S、碱金属等组分与重金属发生化学反应所产生，促进了重金属的挥发，并提出了重金属的挥发迁移机理，如图 7.1 所示。

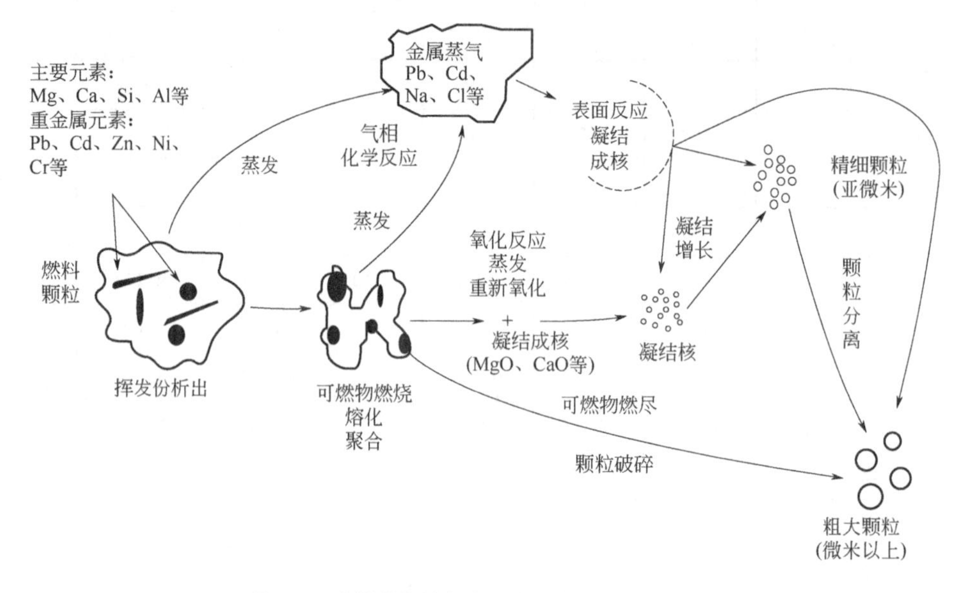

图 7.1 垃圾焚烧过程中重金属的挥发迁移机理

生活垃圾焚烧过程中重金属主要经历蒸发或化学反应、气相反应、凝聚成核和飞灰携带等过程，可总结为以下过程。

（1）蒸发或化学反应

随着燃烧的进行，高温下垃圾中的部分易挥发性重金属直接蒸发为气态单质，部分易于与炉内的 O_2、HCl、SO_2 等发生化学反应，生成重金属的氧化物、氯化物、硫酸盐等。

（2）挥发过程

当达到一定温度后重金属及其化合物会经历挥发过程，主要与其露点有关。化学反应与挥发两过程一般来说都是共同发生的。

（3）冷凝过程

随着烟气温度降低，重金属及其化合物蒸气离开炉膛后将会经历冷凝过程，当温度低于重金属化合物的露点温度时，将会发生同类成核（形成亚微米重金属颗粒）或者异相凝结（富集在细小飞灰颗粒上），部分微小颗粒的重金属蒸气又通过凝聚和吸附作用富集在具有高比表面积的亚微米颗粒上，生成较为粗大的颗粒。经过挥发-冷凝过程后，烟气中的大部分重金属将会迁移到亚微米颗粒物中。

（4）颗粒物的捕集

工业上常用的有效除尘设备主要是静电除尘器和袋式除尘器，除尘设备对烟气中的粗颗粒物具有非常好的捕集效果，但却难以有效地捕集烟气中的亚微米颗粒物，而亚微米颗粒物中的重金属含量更高，危害更大。

焚烧过程中，重金属在烟气中的形态分布较为复杂，一般有单质、氧化物、氯化物、硫化物、硫酸盐、氢氧化物等形式，其中氯化物的毒性较大，且我国生活垃圾焚烧飞灰中氯含量可高达30%，使得重金属盐类主要以氯化盐形式存在，氯化物的熔沸点比一般氧化物低，氯元素与重金属元素结合后促进了重金属元素的挥发，即氯盐及硫酸盐等可溶性大、含量多的物质也是飞灰处置的难点之一。

重金属元素本身具有多变性的存在特点，即重金属本身无论以任何形式存在其毒性不会减弱，迁移转化的途径也会变得更加复杂。重金属元素以及其重金属化合物由于其自身稳定的化学性质，不易发生生化反应转化成无毒物质，所以即使在非常低的浓度下其危害性也需重视。

7.2.2 重金属元素挥发迁移的影响因素

影响重金属挥发的关键因素为其自身熔沸点，决定了其形态和分布规律，也与垃圾的组分（氯、硫、水分）有关。

（1）重金属自身特性影响

重金属根据其挥发性可分为以下三类：

① 易挥发性重金属，如Hg等，在焚烧中极易挥发，主要以气态的形式存在。

② 半挥发性重金属，如Pb、Cd等，焚烧达到一定温度后，会有部分挥发到烟气中，

随后在烟气的冷凝过程中发生同类成核与异相凝结，形成细小颗粒物或者富集在细小颗粒物内，不易被除尘装置捕集。

③ 不易挥发性重金属，如 Mn、Ni、Cu、Cr、Co、Sb 等，不易挥发的重金属主要分布在焚烧底渣中，烟气中含量较低。其中挥发性、半挥发性的重金属更易以细小颗粒物的形态进入大气中，进而迁移到水源、土壤中，对人体造成很大危害。

（2）垃圾组分影响

由于我国生活垃圾中含有大量厨余垃圾或其残渣、PVC 塑料等含氯量高的物质，因此燃烧产生的氯化作用影响较大，特别是 HCl，可以与金属结合生成氯化物，改变其挥发性，金属氯化物的沸点比对应的单质元素和氧化物更低，见表 7.2。Cl 对不同元素的影响程度不同，研究表明，Cl 对 Fe、Ni 等不易挥发金属的影响更强，例如，Ni 在焚烧炉中几乎不挥发，但与 Cl 结合生成氯化物时却会部分挥发。

表 7.2　几种重金属及其化合物的熔点和沸点

重金属	元素/℃	氯化物/℃	氧化物/℃	硫酸盐/℃
Pb	328（1740）	1950	886	1170
Cd	321（769）	568（960）	1500	1000
Cr	1857（2672）	1150（1300）	1550（2266）	100
Cu	1083（2595）	620	1326	200℃下分解
Zn	420（907）	283（600）	—	1020
As	817（613）	300（707）	312（457.2）	57（193）
Ni	1455（2732）	1001	1984	848

注：在 100 个大气压下，括号内的数据为金属的沸点，括号外的数据为熔点。

生活垃圾中含有一定量的硫，且一些生活垃圾焚烧炉需要燃煤进行助燃稳燃，造成硫含量提高。研究证明，S、Na_2S、Na_2SO_4 均能促进 Cd 在灰渣中的富集，指出硫化物易与 Cd 形成金属硫化物和硫酸盐，残留在灰渣当中，同时加入 S、Na_2S、Na_2SO_4 能促进 Pb 向飞灰的转化，这是因为硫的加入改变 Pb 的转化特性，生成 PbS、PbS_2、$PbSO_4$ 等易迁移物质。

生活垃圾中的一定水分含量，不仅降低垃圾焚烧的热值，改变燃烧环境，而且对重金属迁移产生影响。有研究得出，在无氯条件下，水分添加促进了 Ni 的挥发；在含氯条件下，水分能促进易挥发的重金属氯化物转化成固体氧化物，抑制 Pb、Zn、Cu、Cd 的挥发。

（3）气氛的影响

在不同反应气氛下，重金属的转化途径不同，在还原性气氛下，重金属主要以元素态或硫化物形式存在，在氧化性气氛下，重金属主要以氧化物和氯化物形式存在，而氧浓度的增加能抑制 Cd、Pb、Zn 向气相迁移。

7.3 重金属在脱酸和除尘系统中的拦截

烟气在净化过程中，对其进行脱酸和除尘处理，同时烟气中的重金属在脱酸和除尘系统中也可通过喷射吸附剂形成较大颗粒后进入除尘设备进行捕集拦截脱除，烟气喷射吸附剂吸附重金属的机理主要是：吸附剂一般具有高孔隙率和比表面积大等特性，气体分子向吸附剂表面扩散，由于分子间的范德华力作用，扩散来的分子保留在其表面。除尘设备对于具有一定大小的颗粒物有捕集过滤作用，目前控制焚烧炉重金属和颗粒物排放的主流技术为喷射活性炭并搭配袋式除尘器收集。

国内烟气脱酸一般采用半干法工艺，系统通常安装在除尘装置前，如图 7.2 所示。烟气进入半干法脱酸系统中，喷入碱性吸收剂进行中和反应，后干喷活性炭粉末等重金属吸附剂，将烟气中的重金属固定在大颗粒活性炭的孔隙中。且随着净化过程中烟气的降温，气化温度较高的重金属自然凝聚成核或冷凝成粒状物，并在烟气的携带作用下生成的大颗粒进入除尘器中被捕集；烟气脱硝过程中加入催化剂，烟气所携带的飞灰表面发生催化转化反应，改变重金属种类，使饱和温度低的重金属元素形成饱和温度高且较易凝结的氧化物或络合物，也起到一定的去除重金属的作用。

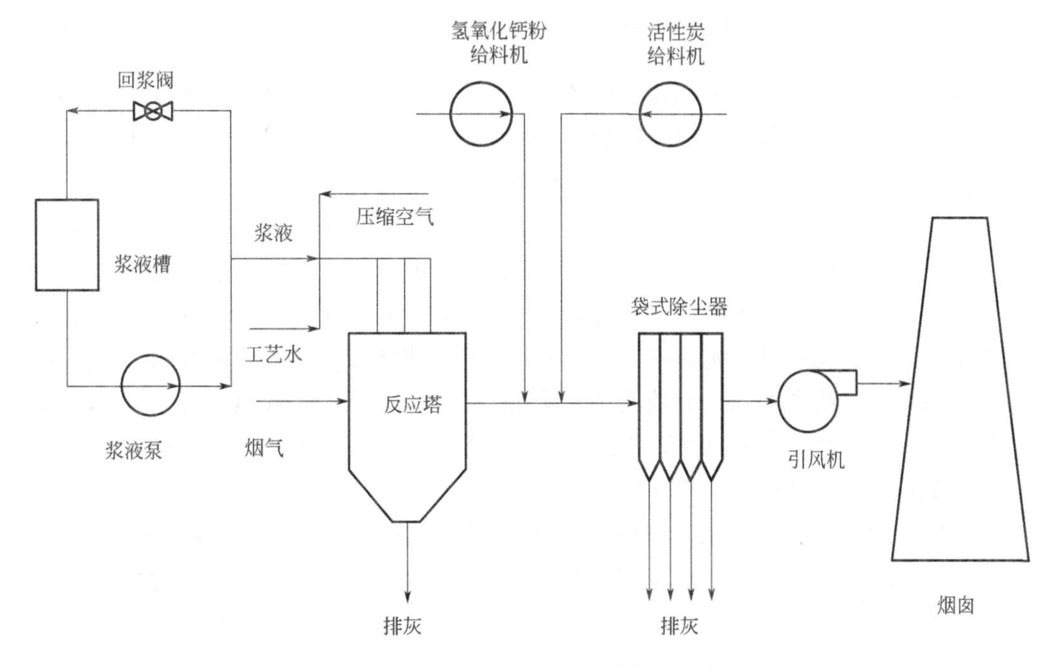

图 7.2　烟气半干法脱酸除尘净化系统

7.4 重金属在飞灰和底渣中的含量和浸出

焚烧残留的底渣约占垃圾处理量的25%，主要含Si、Al、Ca、Na、Fe等化学元素，由于燃烧温度较高，大部分重金属及其化合物以蒸气形式进入烟气中，因此底渣中重金属含量相对较少，可作为一般固体废物进行处理处置。

飞灰约占垃圾处理量的2%～5%，飞灰含水率低，具有粒径不均、孔隙率高及比表面积大的特点，富集了如Pb、Cd、As、Zn等有毒重金属，据相关统计（如表7.3所示），垃圾焚烧飞灰中Pb、Zn的含量通常最高，Pb、Zn、Cu、Cr、Cd等含量高的重金属占比达垃圾焚烧飞灰总量的1%～2%。

表7.3 不同地区飞灰中重金属平均质量浓度 单位：mg/kg

不同国家（地区）		Zn	Cu	Pb	Cd	Cr	Ni
中国	大陆	7079	1385	5253	189	364	228
	台湾	8309	1334	3430	370	491	284
日本		6856	1138	1878	67	264	148
荷兰		39000	1900	15000	250	620	160
葡萄牙		13000	1150	4300	126	150	61
丹麦		30000	1130	13200	350	335	168

不同焚烧炉型，因不同的燃烧温度条件，也会影响飞灰中重金属的含量，由于我国垃圾热值较低，循环流化床垃圾焚烧炉工作时，需要添加辅助燃料助燃，循环流化床炉排放的灰渣量较炉排炉多，因此灰渣中的重金属含量相对较低。

飞灰经固定化或稳定化后，需要进行浸出特性分析，满足浸出毒性标准后，才可填埋处置。浸出分析是指通过浸提剂的作用，固体废物中有害物质被溶解进入液相的过程。飞灰的浸出毒性指的是，飞灰对水具有渗透性，当水通过飞灰时，其所含有的有害成分如重金属及其化合物等以一定速率溶出，被浸出的有毒物质将对土壤和水体造成污染的程度。飞灰最终的处置方式一般是填埋或堆放，所以必须保证飞灰填埋前浸出毒性在一定年限内不会超过规定的标准值，重金属的浸出浓度则是评价飞灰特征的重要指标。

一般测试飞灰重金属浸出毒性的方法有两种。

① 按照《固体废物 浸出毒性浸出方法 硫酸硝酸法》（HJ/T 299—2007），称取150～200g稳定化生活垃圾焚烧飞灰样品，置于2L提取瓶中。根据样品的含水率，按液固比10∶1（L/kg）计算出所需浸提剂的体积，加入浸提剂，盖紧瓶盖后固定在翻转式振荡装置上，调节转速为(30±2)r/min，于23℃下振荡18h。浸出完毕后，采用0.45μm滤膜过滤并收集浸出液，采用ICP-AES检测。

② 按照《固体废物　浸出毒性浸出方法　醋酸缓冲溶液法》(HJ/T 300—2007)，称取75～100g稳定化生活垃圾焚烧飞灰样品，置于2L提取瓶中，根据样品的含水率，按液固比20∶1加入所需的醋酸浸提剂，盖紧瓶盖固定在翻转式振荡装置上，调节转速为(30±2)r/min，于（23±2)℃下振荡（18±2)h。浸出完毕后，采用0.45μm滤膜过滤并收集浸出过滤并收集浸出液，采用ICP-AES检测。

以上两种方法，最大区别在于模拟飞灰在不同堆放环境下浸出条件不同时的浸出毒性。醋酸是卫生填埋场填埋渗滤液最为普遍的酸性物质，因此模拟飞灰在进入填埋场后的浸出特性，选择醋酸缓冲溶液法（HJ/T 300—2007）较为合理；而飞灰在仍未填埋的堆放过程中，易受到降雨的冲淋，大气中的SO_2和NO_x使得雨水变为酸性，增加废物中金属组分的浸出率，因此可以选用硫酸硝酸法（HJ/T 299—2007)，模拟废物在不规范填埋处置、堆存或经无害化处置后废物的土地利用时，酸沉降对废物中的有害组分浸出的影响。

生活垃圾焚烧飞灰中含有重金属，属于危险废物，国内外都对其浸出毒性鉴别标准做了相关规定。根据《危险废物鉴别标准　浸出毒性鉴别》(GB 5085.3—2007)、美国EPA毒性浸出程序TCLP重金属的溶出标准、欧盟垃圾填埋接受标准2003/33/EC、日本有害物质判断标准，重金属的浸出浓度限值如表7.4所示。

表7.4　重金属浸出毒性鉴别标准值　　单位：mg/L

标准名称	Zn	Cu	Pb	Cd	Cr	Ni	Hg
GB 5085.3—2007	100	100	5	1	5	5	0.1
美国 TCLP	—	15	5	1	2.5	—	0.2
欧盟指令 2003/33/EC	60	60	15	1.7	—	12	0.3
日本	—	—	0.3	0.3	1.5	—	0.005

7.5　湿法洗涤塔中重金属的脱除

为保证酸性气体脱除彻底，目前应用较为广泛的烟气脱酸工艺为“半干法+湿法”组合，湿法工艺一般使用湿式洗涤塔，湿式洗涤塔在去除酸性气体的同时能够有效降低二噁英和重金属的浓度，因此湿法工艺具有高效全面脱除污染物的优点。湿法工艺中的湿式洗涤塔一般安装在袋式除尘器的后面，以避免高湿度饱和烟气中的颗粒物堵塞滤布。

湿式脱酸工艺中，在洗涤塔内向烟气喷入溶液吸收剂（如水、氢氧化钠溶液等)，对烟气进行淋洗，可洗去烟气中的一些重金属，烟气中含有的部分低沸点、可溶性重金属盐类化合物（如氯盐等）将溶于溶液中，从烟气中脱离。

以某垃圾焚烧厂为例，采用如图7.3所示的干法+湿法组合烟气净化系统，重金属的捕集去除途径是：①部分高沸点重金属在降温塔中凝附于飞灰颗粒上；②被活性炭吸附在袋式除尘器中收集；③在湿法洗涤塔中被 TMT 等重金属吸收液所吸收沉淀。因此烟囱排放的烟气中重金属达标。

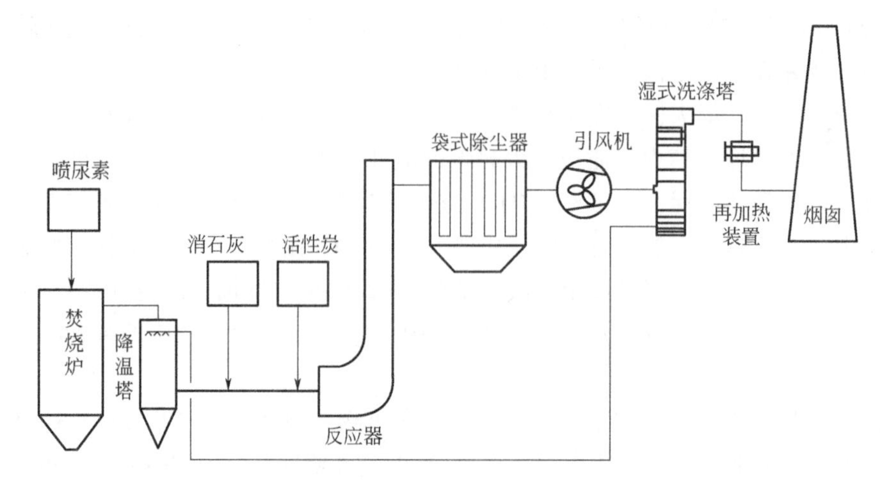

图 7.3 江桥垃圾焚烧厂采用的干法+湿法组合烟气净化系统

瑞典一家公司开发的 ADIOX 塑料-碳的复合球体材料，可以作为湿法塔的填料及除沫器，具有吸附二噁英、重金属、NO_x 的功能，在溶液中还可以加入双氧水，促进 Hg 的氧化和吸收。失效的 ADIOX 塑料-碳的复合球体材料（寿命约 1 年）可以送入焚烧炉处理。

对于重金属浓缩于飞灰中而后飞灰中重金属的稳定化处理，将在第 9 章介绍。

参考文献

[1] 余权恒. O_2/CO_2 燃烧下城市生活垃圾中重金属迁移特性研究［D］. 广州：华南理工大学，2017.

[2] 王文刚，付晓慧，王学珍. 生活垃圾焚烧烟气污染物控制工艺选择［J］. 中国人口资源与环境，2014，24（增刊 1）：87-91.

[3] 张金露. 垃圾焚烧飞灰中重金属和有机污染物的亚临界水热控制技术研究［D］. 重庆：重庆大学，2018.

[4] 王军，蒋建国，隋继超，等. 垃圾焚烧飞灰基本性质的研究［J］. 环境科学，2006（11）：2283-2287.

[5] Vogger H，Braun H，Metzger M，et al. The specific role of cadmium and mercury in municipal solid waste incineration［J］. Waste Management & Research，1986，4：65-74.

[6] Cahill C A，Newland L W. Comparative efficiencies of trace meatal extraction from municipal incineration ashes［J］. International Journal of Environmental Analytical Chemistry，1982，11（3-4）：227-239.

[7] 夏文青. 非碳基吸附剂对重金属氯化物高温吸附规律及机理研究［D］. 南京：东南大学，2018.

[8] 陈洋. 改性氮化硼对焚烧烟气中典型重金属的吸附特性研究［D］. 沈阳：沈阳航空航天大学，2019.

[9] 严玉朋. 垃圾焚烧过程中半挥发性重金属排放特性及控制研究［D］. 南京：东南大学，2015.

[10] 李建新，严建华，余其，等．生活垃圾焚烧飞灰重金属特性分析［J］．浙江大学学报，2004，38（4）：490-494．
[11] 陈勇，张衍国，李清海，等．垃圾焚烧中氯化物对重金属Cd迁移转化特性的影响［J］．环境科学，2008，29（5）：1446-1451．
[12] 孙进．重金属铜、镍、锌在生活垃圾焚烧过程中的迁移和转化特性研究［D］．北京：北京交通大学，2015．
[13] 董隽，池涌，汤元君，等．生活垃圾流化床热处置中重金属迁移分布研究［J］．燃料化学学报，2016，44（1）：120-128．
[14] 刘霄．城市生活垃圾焚烧烟气污染物减排技术分析研究［J］．环境科学与管理，2018，43（6）：97-100．
[15] 毛凯，丁海霞，崔小爱．生活垃圾焚烧发电烟气处理技术综述及其优化控制建议［J］．污染防治技术，2018，31（5）：10-13，39．
[16] 邵春江，阚成军．垃圾焚烧炉烟气净化系统控制策略的研究［J］．自动化技术与应用，2013，32（3）：21-23．
[17] 杨凤玲，李鹏飞，叶泽甫，等．城市生活垃圾焚烧飞灰组成特性及重金属熔融固化处理技术研究进展［J］．洁净煤技术，2021，27（1）：169-180．

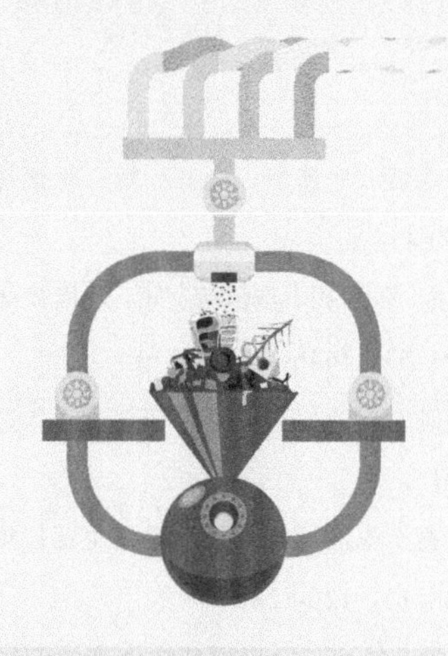

第 8 章

生活垃圾焚烧烟气中二噁英的产生与防治

生活垃圾的焚烧会产生一类微量但剧毒的持久性有机污染物——二噁英。二噁英在生物体内很难被降解排出而长期在生物体内停留，人类处于食物链的顶端，这样就很容易通过食物链中的逐步集聚作用最终影响到人类的健康，并有可能产生致畸、致癌和致突变的“三致”效应。

二噁英之所以具有很强的毒性，是由其结构决定的。二噁英是由多种苯环衍生物组成的混合物，是多氯二苯并二噁英（简称“PCDDs”）和多氯二苯并呋喃（简称“PCDFs”）的统称，分子结构式如图 8.1 所示。苯环结构使其具有极强的化学稳定性和热稳定性，由于苯环上氯原子取代氢原子的位置和数量的不同，使得 PCDD/Fs 有 210 种异构体。PCDD/Fs 熔沸点较高，常温下是无色晶体，分子结构有较强的对称性，决定了 PCDD/Fs 具有较高的化学稳定性，在酸性、碱性以及氧化还原条件下都比较稳定，研究显示 PCDD/Fs 在土壤中降解的半衰期为 10a。其具有极强的毒性，以 2,3,7,8-TeCDD 毒性为代表，其毒性是砒霜的 900 倍。近年，由于我国对生活垃圾处理的重视，随着垃圾焚烧技术的不断发展完善，其“三化”的特点逐渐突显，因此生活垃圾焚烧发电技术在国内外得到广泛关注，但因其焚烧处理流程中有难以控制的 PCDD/Fs 等高毒性有机物质生成而受到质疑。因此，研究 PCDD/Fs 的生成途径及不同因素对其产量的影响，以采取有效措施抑制 PCDD/Fs 的生成，是减少 PCDD/Fs 污染、保护环境所必需的，也是推广垃圾焚烧处理技术必须回答的问题。

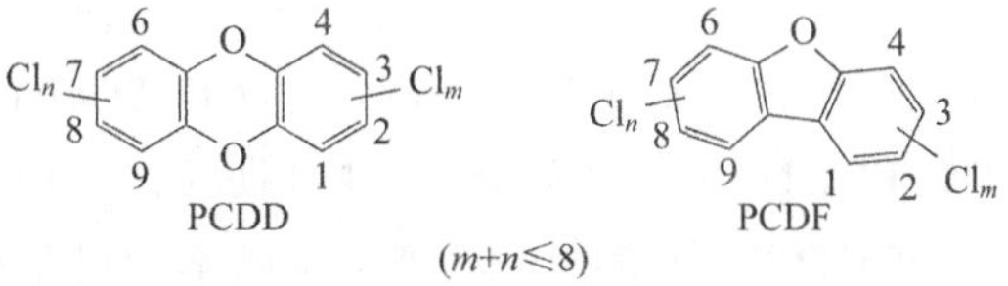

PCDD　PCDF

$(m+n\leqslant 8)$

图 8.1　PCDDs 和 PCDFs 的分子结构式

本章节将从垃圾焚烧过程中二噁英来源及平衡，焚烧过程中二噁英的防治，烟气降温过程中二噁英的再合成机理，烟气急冷及二噁英的生成抑制，除尘、脱酸和脱硝过程对二噁英的去除效果，活性炭对二噁英的吸附，六个方面对生活垃圾焚烧过程中二噁英的产生与防治进行了系统的阐述。

8.1　二噁英的来源及平衡

PCDD/Fs 的产生主要包含以下 3 个方面：

（1）生活垃圾自身中的 PCDD/Fs

在进入焚烧炉之前，生活垃圾中含有一定量的 PCDD/Fs 类物质，在焚烧后仍有部分的 PCDD/Fs 未被完全分解，继续存在于烟道气和飞灰中。

（2）生活垃圾焚烧过程通过高温均相反应产生 PCDD/Fs

当生活垃圾进入焚烧炉时，燃烧炉内的不完全燃烧产物在高温下会与氯分子或氯离子通过催化媒介的缩合反应生成 PCDD/Fs。此外，部分未完全燃烧的产物还可以先生成多种有机前驱体，如氯苯、多氯二苯醚、氯酚以及部分多环芳烃（PAH）、多溴二苯醚（PBDE）和多氯联苯（PCB）等，然后在 500～800℃的温度下再次转化为 PCDD/Fs。

（3）生活垃圾焚烧过程通过非均相反应产生 PCDD/Fs

这是 PCDD/Fs 的最主要来源。在燃烧后区，烟气通过与外部环境进行热交换而逐渐冷却。在冷却过程中，烟道气中的前驱体、未燃尽的碳和过渡金属化合物通过分子重组发生催化反应，称为低温非均相反应。它包括从头合成和前驱体催化合成两种反应。

① 从头合成。从头合成反应是在金属化合物催化剂的作用下，飞灰中未燃尽的碳与小分子氧、氢和氯等元素在燃烧后区通过化学键的结合、环化、氧化和氯化产生 PCDD/Fs 的过程。在此过程中，飞灰中的氯化物，包括无机氯源（如 HCl 和 Cl）、有机

氯源（氯化的脂肪族和芳香族的化合物片段）、未充分燃烧的碳、氧气和一些金属氯化物（$CuCl_2$ 和 $FeCl_3$），都会影响 PCDD/Fs 的生成，其中氯化物是生成 PCDD/Fs 的关键因素，可以直接或间接促进 PCDD/Fs 生成。

② 前驱体合成。在燃烧后区域，飞灰表面的异相催化反应可形成多种有机前驱体，然后经过催化媒介的缩合反应可转化生成 PCDD/Fs。所以 PCDD/Fs 的生成量与其前驱体的生成密切相关。焚烧过程中 PCDD/Fs 主要来源于非均相反应，占 PCDD/Fs 总量的 88.85%，其次是均相反应过程，占 PCDD/Fs 总量的 9.925%，垃圾本身自带的 PCDD/Fs 占比最少，为 1.23%。这说明控制焚烧过程中非均相反应的发生，可以有效减少焚烧过程中 PCDD/Fs 的释放。

8.1.1 原生垃圾中固有的二噁英

最初认为生活垃圾在焚烧时产生的二噁英是由于垃圾本身含有的二噁英未完全破坏而被排放到了烟气或残渣中。Tosine 等首次测定了加拿大一垃圾焚烧炉垃圾中二噁英的含量，其中 HpCDD 和 OCDD 的含量分别为 1～100μg/kg 及 0.4～0.600μg/kg。Wilken 等对德国的城市生活垃圾进行分类测定了其中各种垃圾中二噁英的含量，分别为：纸和硬纸板中含 3.1～45.5pg/g，塑料、木材、皮革和织物混合物含 9.5～109.2pg/g，蔬菜类含 0.9～16.9pg/g，粒径小于 8mm 的小碎片含 0.8～83.8pg/g。美国环保署（EPA）报道了一个大型垃圾焚烧厂所用的垃圾衍生燃料（RDF）中的二噁英含量，在所取的 13 个样品中，PCDDs 的浓度为 1～13pg/g，PCDFs 则为 0～0.6pg/g。二噁英中 OCDD 的含量最高，未能检测到低氯代二噁英。据估计，1kg 生活垃圾中二噁英的含量为 6～50ng I-TEQ。对实际垃圾焚烧厂二噁英的质量平衡试验证实，焚烧炉内燃后区域烟气中的二噁英的含量远高于垃圾本身中的二噁英的含量，即二噁英是在垃圾焚烧以后重新生成。且同系物分布也明显不同。一般垃圾中含有的二噁英同系物以高氯代的为主，而烟气中则包括四至八氯代同系物。根据燃烧效率以及炉型的不同，垃圾在燃烧时，其本身含有的二噁英有 90%～99.9999%得到降解。现代的垃圾焚烧炉设计时为控制二噁英的排放，都采用“3T”原则，即燃烧温度（temperature）保持在 850℃以上；在高温区送入二次空气，充分搅拌混合增强湍流度（turbulence）；延长气体在高温区的停留时间（time）（＞2s）。故在实际垃圾焚烧炉运行时，由第一种生成机理产生 PCDD/Fs 的可能性最小，这一点已经得到了证实。

8.1.2 高温气相生成

生活垃圾焚烧过程中由于焚烧条件的原因，焚烧生活垃圾会出现局部缺氧等情况，从而生成不完全燃烧产物——未燃尽碳（PIC）。生活垃圾中的氯大部分以 HCl 的形式释放到烟气中，少量会转化 Cl_2，氯源同样还能氯化 PIC。在燃烧时，PIC 的氧化和氯化反应是竞争反应，当氯化反应较氧化反应容易发生时，PIC 生成氯代的 PIC，PIC 中的脂肪族烯烃或炔烃能够通过氯化反应生成氯苯，氯苯与含羟基的化合物发生烃基氯代反应生成氯联苯，而氯联苯在温度 870～980℃时，即在燃烧区域会反应生成 PCDD/Fs，PIC 高温气相反应生成 PCDD/Fs 的反应过程如图 8.2 所示。Bashushok 和 Tsang 对 S-T 模型进行了修正，当温度超过 1200 K，在理想焚烧条件下，该反应很难发生，PCDD/Fs 产量很低，在非理想条件下，该反应更容易发生，PCDD/Fs 生成量较高。由此可见，焚烧炉的正规操作能减少二噁英的高温气相生成量。通过研究实际生活垃圾焚烧厂发现，在一定的条件下高温气相反应是 PCDD/Fs 形成的重要途径。研究表明，在生活垃圾焚烧中发生高温气相反应生成 PCDD/Fs 的温度在 500～800℃范围内。

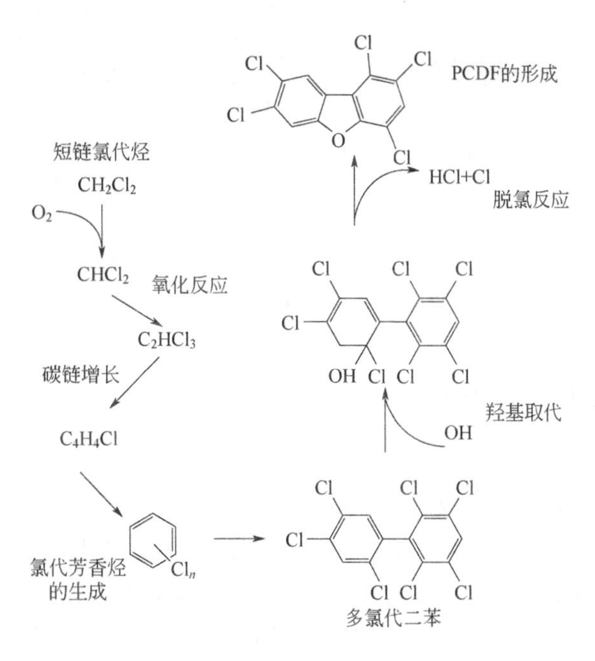

图 8.2 PIC 高温气相反应生成 PCDD/Fs 的反应过程

8.1.3 异相催化反应

生活垃圾焚烧产生的高温烟气不仅携带乙烯、乙炔等小分子有机物，还携带氯苯等大分子有机物，还可能夹带高温段气相反应生成的 PCDD/Fs，除此之外，还含有由于局部缺氧引起的未燃尽碳和部分过渡金属（Cu、Fe 等），在烟气经过高温段后，烟气温度降至 850℃以下，此时这些物质将在低温段发生聚合反应。未燃尽碳和 Cu、Fe 等金属，在一系列催化剂条件下，通过一系列的分子重组生成中间产物联芳基，最后在 250～650℃条件下，通过发生缩合反应生成 PCDD/Fs，以上便是低温异相催化反应，包括前驱体合成和从头合成，如图 8.3 所示。

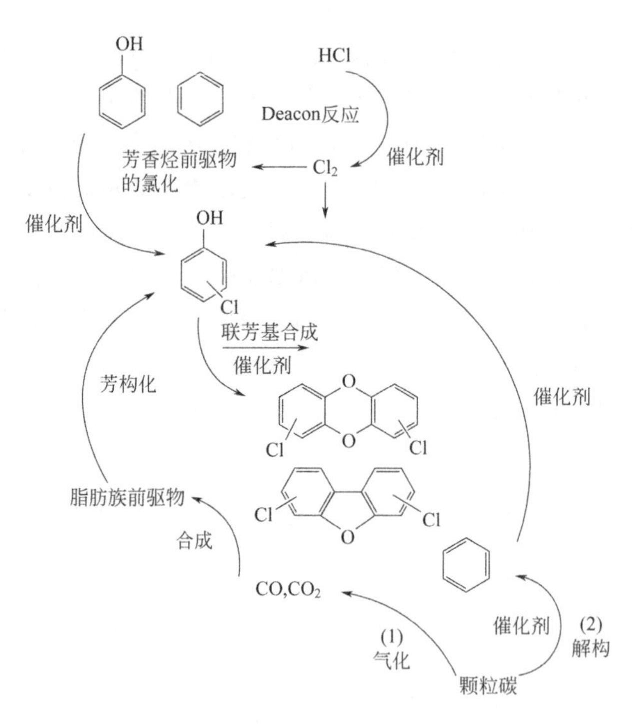

图 8.3　低温异相催化反应过程

（1）二噁英前驱体合成机理

在 300～600℃范围内，一些 PCDD/Fs 前驱体氯酚等小分子芳香类化合物吸附于飞灰表面，这些前驱体在 Cu、Fe 等过渡金属及 Cu^{2+}、Fe^{2+}/Fe^{3+}的催化作用下通过缩合反应生成 PCDD/Fs。基于已有的热力学和动力学的数据以及确定的反应机理，学者们对 PCDD/Fs 和前驱体形成的反应速度和反应条件进行了大量研究。首先，Altwicker 等在前人对前驱体生成途径研究的基础上，根据大量实验结果，大胆设想了前驱体生成过程的四步反应机理，包括了由前驱体同相起始反应、异相吸附及催化合成反应形成 PCDD/Fs，还包括了 PCDD/Fs 的分解，并对比了前驱体合成和从头合成 PCDD/Fs 的反应速率，发现两种合成反应中前驱体不仅反应速度较快，而且温度范围更广。同时，Stanmore 等为了研究不同前驱体对 PCDD/Fs 生成速度的影响，由氯酚以及氯酚和氯苯按照 1∶1 混合分别作为前驱体，通过建立生成 PCDD/Fs 的反应机理模型，通过实验研究表明，氯酚作为前驱体时生成 PCDD/Fs 的速度远高于氯苯作为前驱体时生成 PCDD/Fs 的速度。此外，Altwicker 等通过对比三氯酚、四氯酚和五氯酚生成二噁英的速度，得出 2,3,4,6-四氯酚生成 PCDD/Fs 的速度最快的结论。Dickson 等提出控制焚烧条件将有效影响前驱体的形成，进而影响 PCDD/Fs 的合成。Hou 等以 4,4'-二氯联苯为前驱体，利用 Gaussian09 程序对燃烧过程进行高精度分子轨道理论计算，证实了前驱体生成 PCDD/Fs 机理。

（2）二噁英从头合成机理

从头合成是指在低温（200～400℃）条件下，飞灰中的大分子碳与氢、氧等元素在一定作用下，发生氯化、氧化等一系列基元反应生成 PCDD/Fs 的过程，如图 8.4 所示。从头反应包含前期氧化和后期缩合反应两个步骤，主要发生在低温蒸发器区域或省煤器区域。研究表明，从头合成是尾部低温区形成 PCDD/Fs 的重要方式之一。

氧化反应：在碳的气化、氯气的生成反应中氧气均起到了重要作用，金属盐（$CuCl_2$、$FeCl_2$）是合成 PCDD/Fs 的基本要素，为反应提供氯源，垃圾燃烧中，形成的 HCl 和 O_2 在 $CuCl_2$ 的催化下发生氯化反应，反应生成的 Cl_2 与酚类物质在一定条件下发生取代反应，生成 PCDD/Fs。

$$HCl+O_2 \longrightarrow Cl_2+H_2O \qquad (8.1)$$

缩合反应：苯环上的羟基是生成 PCDD/Fs 必不可少的基团，在金属离子或类似活性炭物质存在的条件下，能够发生缩合反应为 PCDD/Fs 的形成供应所需的 2 个羟基。然后在不含氯的大分子碳（活性炭、焦炭等）的氯化反应中生成 PCDD/Fs。

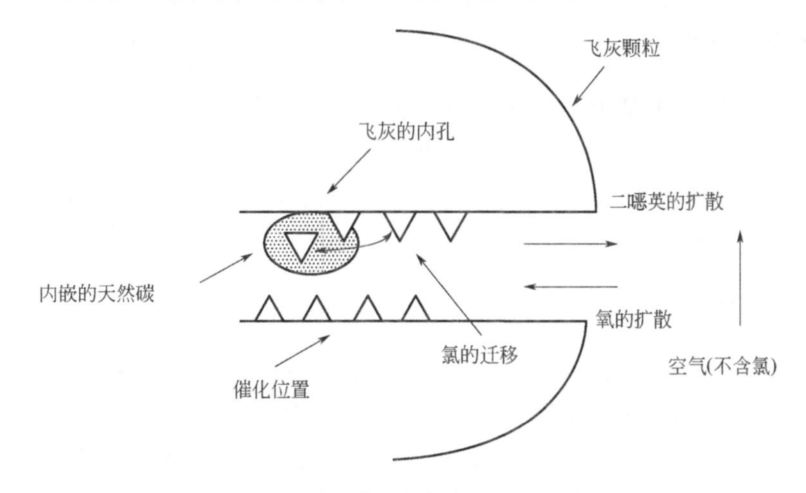

图 8.4　从头合成反应生成 PCDD/Fs 途径

从头合成反应的必要条件为：①有机或者无机氯的存在；②氧的存在；③过渡金属的氯化物作为催化剂，如 $CuCl_2$。研究表明，异相反应中从头反应形成的 PCDD/Fs 占垃圾焚烧形成 PCDD/Fs 总量的一半以上。PCDD/Fs 的生成过程非常复杂，国内外相关研究尽管已开展了 40 多年，可 PCDD/Fs 形成过程至今尚未完全清楚，需要进一步深入研究和探讨。然而，前驱体异相催化反应和从头合成这两种 PCDD/Fs 的生成机理已被国内外学者广泛认可。

8.2　焚烧过程中二噁英的防治

从二噁英生成过程可以看出，从头合成反应是垃圾焚烧中 PCDD/Fs 排放的主要反应，影响因素很多，反应物质（如氯源、碳源等）、反应条件（如温度、氧气、催化剂等）对

PCDD/Fs 的形成均有不同程度的影响。在控制二噁英的同时，必须综合考虑这几个因素的影响，在工艺过程中将二噁英去除。

生活垃圾中固有的二噁英在前文中已有叙述，它只占焚烧过程中产生的二噁英的很少一部分。因此主要针对燃烧区和燃后区去除二噁英。

8.2.1 燃烧区二噁英生成的影响因素

在燃烧区控制二噁英达标排放的首要条件是保证焚烧炉有足够高的焚烧温度，生活垃圾在焚烧炉中能充分完全燃烧，其他条件如焚烧物质种类、垃圾组成、焚烧炉类别、生活垃圾处理量大小等会对垃圾焚烧过程产生影响，进而影响二噁英在焚烧过程中再次生成。

（1）焚烧炉炉型

我国主要焚烧炉炉型为炉排炉和循环流化床，不管何种焚烧炉，在设计应遵从“3T+E”原则，这有助于实现良好的燃烧状态，抑制二噁英在焚烧炉炉膛内生成，降低后续烟气净化系统的处理压力，达到减排目的，不同种类焚烧炉焚烧状态也不一样，其不同工作原理导致对不同生活垃圾适用性也不一致。

（2）焚烧处理量

有科研人员通过对国内各种不同大小的焚烧炉进行二噁英排放浓度水平监测，发现大型焚烧炉二噁英达标排放远优于中小炉型，大型焚烧炉焚烧工况稳定，技术水平比较高，管理人员更加规范，各种可变因素引起的影响相对较小，从而保证废气二噁英排放浓度较低。

（3）生活垃圾成分

有学者针对生活垃圾成分和氯含量对生活垃圾焚烧过程中二噁英排放浓度影响进行研究，结果表明：不含氯元素和催化剂的生活垃圾焚烧过程中不产生二噁英，当有氯元素和催化剂条件下，焚烧过程中产生大量二噁英。过渡金属在热过程中二噁英的生成方面起到催化剂作用，尤其是二价铜被认为是最有效的金属催化剂。在实际燃烧过程中，焚烧物料的组成及其变化更多是通过影响焚烧状况对二噁英生成产生影响。

（4）烟气二次燃烧

在二燃室高温条件下，出口烟气再次燃烧，可以将出口烟气中未充分燃烧的含碳物质充分燃尽，同时在高温下（850℃以上）将二噁英分解，这样燃后区二噁英浓度大大降低。控制好二噁英前驱体浓度，二噁英在燃后区再次生成的概率较小，同时要避免焚烧炉的连续启炉和停炉现象。

8.2.2 燃后区二噁英再次生成的影响因素

燃后区二噁英再次生成的影响因素主要包括烟气的冷却效果和烟气的净化效果。

（1）烟气的冷却效果

在燃后区良好的烟气冷却效果可以有效控制二噁英的再次生成。燃后区含有很多含氯有机化合物，同时还有一些能催化二噁英生成的催化剂，这样通过非均相反应可能导致大量二噁英再次生成。因此要控制好二噁英生成温度区间（300℃左右）的停留时间，需要快速冷却到200℃以下。

（2）烟气的净化效果

烟气中的颗粒物、气溶胶和气态污染物可以通过烟气净化系统有效去除，一般采用袋式除尘器、半干法、活性炭吸附等不同工艺或烟气净化设施来有效降低烟气中二噁英的排放浓度。

8.2.3 具体措施

基于二噁英的生成机理、抑制原理，现有的具体控制措施主要如下：

（1）源头控制

由于生活垃圾的成分组成较为复杂，在焚烧过程中实现PCDD/Fs的零生成是非常困难的。根据PCDD/Fs的生成机理可知，垃圾中的氯化物和金属化合物是生成PCDD/Fs的重要组成部分，因此可通过对垃圾分类，减少高氯含量物质和含铜、铁等重金属进入焚烧炉，从源头上减少PCDD/Fs的生成。Zhang等发现在焚烧医疗废弃物时，氯含量对PCDD/Fs生成的影响最大。当医疗垃圾中氯含量从1%增加到2%时，飞灰中PCDD/Fs的浓度从86.42ng/g增加到423.45ng/g。在无添加剂时未检测到PCDD/Fs的生成，但是当添加$FeCl_3$、$CuCl_2$和$ZnCl_2$时，发现PCDD/Fs的生成量与添加剂量呈正相关关系。

此外，生活垃圾的不完全燃烧也是产生PCDD/Fs的原因之一。PCDD/Fs的合成量主要取决于低温下未充分燃烧的碳。因此，焚烧时增加生活垃圾与空气的接触面积，使垃圾充分燃烧，也可以有效地减少PCDD/Fs的生成。

因此可以减少进料的氯含量和金属催化剂，原料中的氯和金属元素结合，在生活垃圾焚烧过程中能促进二噁英的生成。从源头上控制，进行生活垃圾分类，避免有机氯含量高和部分金属废物进入焚烧炉。同时在焚烧过程中保证完全燃烧。优化工艺参数上，采用“3T+E”工艺，即焚烧温度大于850℃，停留时间大于2s，保持充分的气固湍动程度以及过量的空气量。

（2）避免低温合成

① 注入抑制剂。在烟道气中添加胺类、石灰和含硫物质等抑制剂。抑制剂能作用于部分生成二噁英的金属催化剂，也可与 Cl_2 反应而减少生成二噁英所需的氯源。

② 设置急冷装置。设置余热回收锅炉，回收大部分能量后烟气温度降至 500～600℃，在此之后若无急冷设备，烟气温度缓慢降至 250℃，此温度范围正是二噁英生成的高峰区。所以应采用急冷装置使得烟气温度在 1s 内由 500～600℃降至 200℃以下，减少烟气在 200～500℃温度区间的停留时间。但是对于垃圾生活垃圾焚烧炉来说，烟气温度在 1s 内由 500～600℃降至 200℃以下显然难以做到，因为烟气量大，仍有大量的余热利用价值，只有在小型危险废物焚烧炉上才采用。

③ 控制除尘器温度。除尘设备收集的大量飞灰，提供了二噁英从头合成反应所需的碳源、金属催化剂，因此应控制温度在 200℃以下，可以避免二噁英的大量生成。

④ 其他。采用飞灰高温分离技术，在关键温度范围之前减少烟气的飞灰含量；设计新型烟气净化装置，缩短飞灰在相关温度范围内的停留时间；喷入无机附加物如含硫化合物减少 Cl_2 的生成，喷入碱性吸附剂降低烟气中 HCl 水平；烟气中加入某些抑制 PCDD/Fs 形成的化学物质，以破坏飞灰表面的催化部位。

（3）末端二噁英的去除

除尘塔和带有活性炭吸附剂的袋式除尘器组合是去除烟气中 PCDD/Fs 最有效的技术，当运行参数优化时二噁英的脱除效果达 97%～98%，可使烟气中二噁英浓度降至 0.1ng TEQ/m^3，达到严格的排放要求。

烟气净化技术主要有：①活性炭吸附工艺。此工艺是目前垃圾焚烧电厂最常用的烟气 PCDD/Fs 处理技术。主要利用活性炭比表面积大、孔隙多等特性达到较高的烟气净化、飞灰捕集和 PCDD/Fs 减排效果。Atkinson 等利用改性的活性炭实现对 PCDD/Fs 的毒性去除率达 99%以上。②选择性催化还原技术。催化剂主要是通过将 PCDD/Fs 氧化成 H_2O、CO_2 和 HCl 等，达到实现减少 PCDD/Fs 排放的目的。高效率催化剂具备的优先特征如下：①具有介孔和微孔，比表面积大；②载体表面尽量均匀负载高含量的钒；③存在纳米锐钛矿型 TiO_2；④无明显团聚的平滑催化剂表面；⑤表面有高浓度的中等和强酸性部位；⑥较高的氧化还原电位。通常烟气中的二噁英催化降解是和 NO_x 的催化还原是一体的，但是也有分开进行 SCR 脱硝和除二噁英的。

（4）飞灰二噁英的处理

生活垃圾焚烧炉飞灰属于危险废弃物，须作进一步处理。飞灰热处理方法如化学热解和加氢热解等得到了广泛的研究和应用，将在第 9 章介绍。

总之，垃圾焚烧炉的二噁英排放是不完全燃烧造成的。通过加强管理，严格控制焚烧炉的燃烧条件和采用先进的烟气净化装置，有可能将二噁英的排放降低到可以忽略的水平。同时，仍应该加强对垃圾焚烧过程中二噁英生成机理等的研究，以设计和开发出理想的二噁英控制技术。

8.3 烟气降温过程中二噁英的再合成机理

8.3.1 二噁英从头合成机理

二噁英的从头合成反应系指在低温条件下（200～400℃），碳、氢、氧和氯等元素通过基元反应生成二噁英的反应，是垃圾焚烧炉尾部低温区生成 PCDD/Fs 的重要途径之一。在此过程中，飞灰中的氯化物，包括无机氯源（如 HCl 和 Cl）、有机氯源（氯化的脂肪族和芳香族化合物片段）、未充分燃烧的碳、氧气和一些金属氯化物（$CuCl_2$ 和 $FeCl_3$），都会影响 PCDD/Fs 的生成。其中氯化物是生成 PCDD/Fs 的关键因素，可以直接或间接促进 PCDD/Fs 生成。直接促进指芳香化合物和 Cl_2 反应生成 PCDD/Fs；间接促进指在气态金属氯化物的催化作用下，HCl 与 O_2 或氧化自由基反应形成氯离子，再间接促进 PCDD/Fs 的形成。从头合成反应的机理简图如图 8.5 所示。

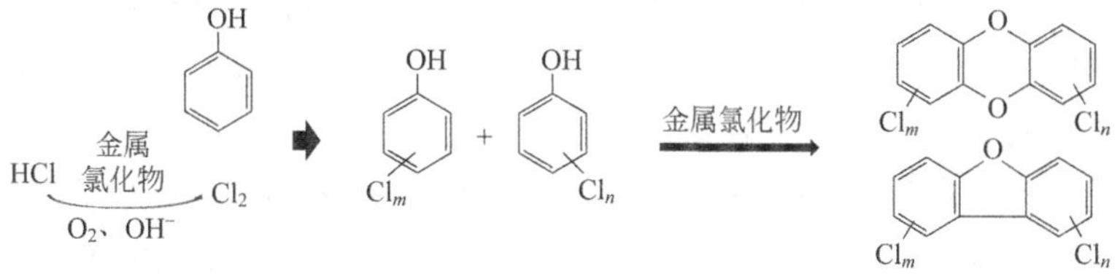

图 8.5 从头合成反应机理

Wikstrom 等将飞灰置于夹带流反应器中，在 250～600℃的温度范围内，研究了 H_2O、O_2 以及 Cl_2 对从头合成的影响，发现随着 H_2O 含量的增加，PCDFs 的同系物向低氯化转变，而 Cl_2 的作用刚好相反，使 PCDFs 向高氯化方向转变；O_2 含量的提高能够增加 PCDDs 同系物的氯化度，然而 Cl_2 含量的增加却降低了 PCDDs 的氯化度；在 300～400℃的温度范围内 PCDDs 的生成量最大，而在 400～500℃的温度范围内 PCDFs 的生成量最大。Luijk 等利用活性炭和 $CuCl_2$ 作为反应媒介，在含有体积分数 5% HCl 的潮湿气氛下，以 300℃作为反应温度进行反应，其中 $CuCl_2$ 的质量分数分别为 0%、0.1%、0.5%、1.0%、5.0%，所生成的 PCDDs 和 PCDFs 的含量比从 33 下降到 0.2，说明含有少量的 $CuCl_2$ 时，主要生成 PCDDs，当 $CuCl_2$ 的含量不断增加时，会向生成 PCDFs 的方向倾斜，当模拟飞灰的 $CuCl_2$ 含量增加到 5.0%（质量分数）时，此时生成的 PCDD/Fs 同系物的分布与飞灰中的 PCDD/Fs 同系物的分布相似。Wikstrom 等研究了飞灰中的碳含量、反应温度和时间、Cl_2、CO、CO_2 和 H_2O 对 PCDD/Fs 生成的影响，发现 CO 和 CO_2 对 PCDD/Fs 的生成几乎没有影响，H_2O 对 PCDD/Fs 的生成有轻微的抑制作用，但同时又使 PCDD/Fs 同系物朝着低氯化方向移动。Kuzuhara 等用不同的金属氯化物和石墨粉末混合来模拟飞灰中未燃烧的积炭颗粒，在反应温度为 300℃，2.5%（摩尔分数）的 O_2 时，发现生成了有机氯化物和 PCDD/Fs，其中，生成 PCDD/Fs 的活性对比是：$KCl < CaCl_2 < FeCl_3 < CuCl_2$。Altwicker 等通过使用天然的、不能萃取的碳与飞灰混合模拟从头合成和以 2,3,4,6-四氯苯酚（2,3,4,6-TeCP）模拟前驱体合成，这两种反应机制同时在反应器中以 300℃的温度和体积分数 10%的 O_2 进行，结果发现产物 PCDD/Fs 中大部分是 PCDDs，只有少量的 PCDFs，说明在飞灰表面的活性位的竞争上面前驱体合成更容易进行。

从以上可以看出，从头合成更倾向于生成 PCDFs，而且 $CuCl_2$ 作为垃圾焚烧厂飞灰中的主要成分，在催化合成 PCDD/Fs 中具有很高的反应活性，而且当 $CuCl_2$ 质量分数达到 5.0%时，其生成的 PCDD/Fs 同系物分布很接近垃圾焚烧厂飞灰中的 PCDD/Fs 同系物。

8.3.2 二噁英前驱体合成机理

在 600℃的温度范围内，一些 PCDD/Fs 前体如氯酚、氯苯及多氯联苯容易在含有过渡金属杂质的飞灰表面被催化生成 PCDD/Fs。Cains 等在反应温度为 312℃且通有 Cl_2 的条件下，以苯酚作为反应物，飞灰（含 Cu、Fe、Mg、Cr、Al 等过渡金属）作为催化剂，研究催化条件下 PCDD/Fs 的生成机理，提出苯酚分子首先通过缩合反应生成二苯并呋喃，二苯并呋喃进一步氯化生成 PCDFs。Addink 和 Tuppurainen 以含有 $CuCl_2$ 的飞灰作为催化剂，在 350℃的条件下以氯苯和氯酚为反应物进行燃烧实验，研究表明氯苯和氯酚均可在燃烧过程中产生 PCDDs 和 PCDFs，但 PCDDs 和 PCDFs 的生成途径不同：PCDDs 主要通过表面催化氯酚的偶联反应以及环的闭合等多步反应生成；PCDFs 主要是由氯苯和多氯联苯通过 Cu、Fe 等催化的 Pschorrtype 环的闭合反应生成。Fernández 等通过计算阐述了 2-CP 在 CuCl 催化条件下通过缩合反应生成 PCDDs 的机理：Cu^+破坏 2-CP 中的羟基，促使 HCl 消除；Cu 插入 C—Cl 键中促使氧桥形成，随后 CuCl 分子消除形成 PCDDs，反应机理如图 8.6。

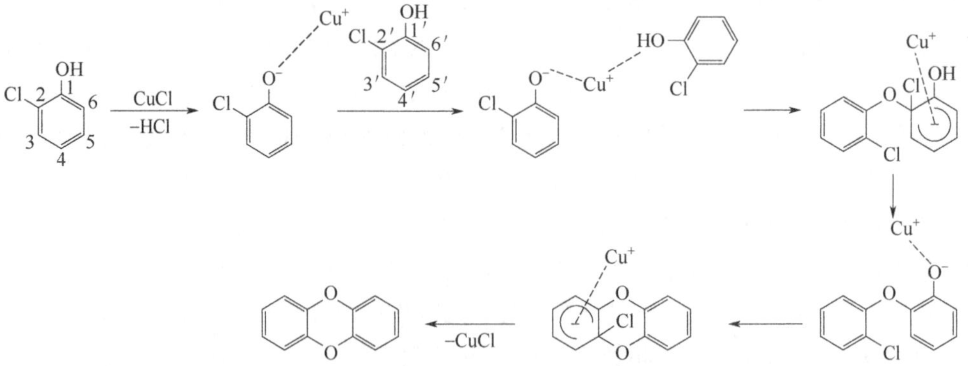

图 8.6 CuCl 催化条件下氯酚缩合生成 PCDDs 机理

8.4 烟气急冷及二噁英的生成抑制

8.4.1 温度对二噁英合成的影响

温度对 PCDD/Fs 形成的影响主要表现在以下几点：①高温促进芳香族化合物的分解，进而为 PCDD/Fs 的形成提供反应所需的碳源；②高温更容易分解飞灰中的过程态金属化合物，从而促进氯化氢和氯分子的形成；③高温促进 PCDD/Fs 的分解，提高 PCDD/Fs 的分解率。温度实验表明，在实验室内，在外部燃烧条件相同的情况下对样品加热 2h 后，PCDD/Fs 在 0～600℃的温升过程中的生成浓度变化如图 8.7 所示，在小于 200℃时合成速度几乎为 0。通过大量实验研究发现，在 320℃左右时 PCDD/Fs 的生成速率最快。

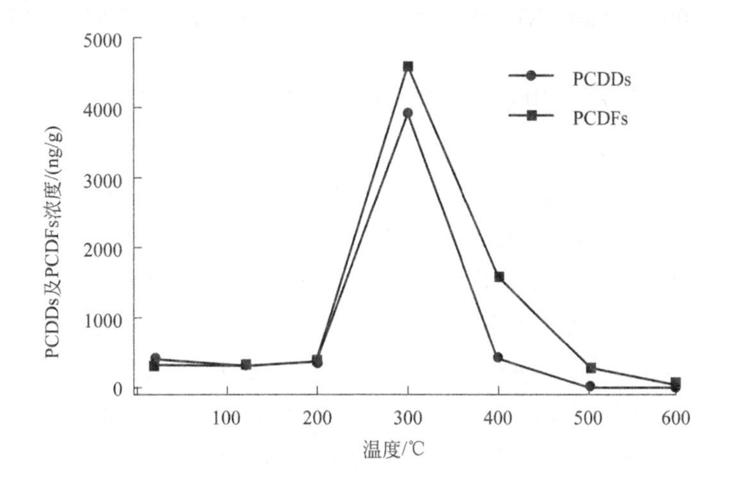

图 8.7　PCDDs 及 PCDFs 浓度随温度变化关系图

8.4.2 氧气对二噁英合成的影响

氧气浓度是从头反应生成 PCDD/Fs 的要素，经过大量的实验证明，在无氧环境下，几乎没有 PCDD/Fs 形成，但当烟气浓度较低时，垃圾焚烧炉生成大量不完全燃烧产物，在飞灰表面发生氯化、氧化等一系列的基元反应生成大量的 PCDD/Fs。Pekarek 等在炉排型焚烧炉运行过程中，发现当通入氧气后，O_2 体积浓度在 0%～10%时，PCDD/Fs 的浓度随 O_2 浓度的减小而减小，且氧浓度越低，对生成 PCDD/Fs 的反应抑制越大。陆胜勇通过研究进一步细化了 O_2 浓度对 PCDD/Fs 同系物在焚烧过程中生成浓度的影响，研究表明，当 O_2 体积分数在 0.1%时，反应生成的 OCDD、Hp-CDF 和 OCDF 占 PCDD/Fs

总量的 90%左右，而当 O_2 浓度达 10%时，该占比下降至 71%，由此可见，O_2 浓度对含氯量较低的 PCDD/Fs 同系物影响较大。有研究发现当 O_2 浓度范围在 0%～30%时，反应生成 PCDD/Fs 的浓度随 O_2 浓度的增加而增加，当 O_2 体积分数超过 30%时，则相反。由此可见，在一定条件下反应系统中 O_2 浓度的增加能够促进 PCDD/Fs 的生成，但 O_2 浓度超过一定范围时，系统反应效率增加导致 PCDD/Fs 前驱体的浓度降低，进而抑制 PCDD/Fs 的形成。

8.4.3 碳源对二噁英合成的影响

飞灰中的碳是从头合成 PCDD/Fs 的主要碳源。Wikstrom 等通过检测 PCDD/Fs 在不同垃圾焚烧的飞灰含量下的生成速度，研究发现 PCDD/Fs 生成速度随飞灰中碳含量呈线性关系，PCDD/Fs 的产量随碳含量的增加而增加。通过大量实验研究发现在 300℃条件下，当飞灰中的碳含量小于 4%时，PCDD/Fs 的生成浓度与碳含量呈线性关系；当飞灰中碳含量范围在 0%～4%时，随着碳含量的增加，PCDD/Fs 的产量增加的幅度逐渐减缓。

8.4.4 金属催化剂对二噁英合成的影响

飞灰中的金属作为催化剂，在 PCDD/Fs 的形成过程中起到非常重要的作用。金属 Cu 及其化合物因极强的催化活性常用于各种实验研究中以研究前驱体生成 PCDD/Fs。Vogg 等通过研究对比了多种金属化合物对 PCDD/Fs 生成的影响，对比发现 $CuCl_2$ 的催化作用最强。Stieglitz 等研究了不同金属催化剂与飞灰和模拟飞灰混合后的催化活性，发现只有 Cu 具有催化活性。Takaoka 等采用 XANES 研究了 PCDD/Fs 从头合成过程中铜形态的转变。实验过程中他们发现，当混合物中碳充足时，铜主要是一价，而混合物中的碳耗尽时，铜基本是二价。还发现 KCl 中的 Cl 被转移给了铜，根据研究结果提出了以下催化机理：

$$CuCl_2+C \longrightarrow Cu_2Cl_2+PCDD/Fs \tag{8.2}$$

$$Cu_2Cl_2+O_2 \longrightarrow CuCl_2 \cdot CuO \tag{8.3}$$

$$CuCl_2 \cdot CuO+Cl_2 \longrightarrow CuCl_2 \tag{8.4}$$

8.4.5 氯源对二噁英合成的影响

由于 PCDD/Fs 的形成需要含氯物质提供氯源，所以氯含量也是影响 PCDD/Fs 产生的重要参数。相关研究表明，当生活垃圾中氯浓度低于 0.8%～1.1%时，PCDD/Fs 的生成量与氯源无关；当垃圾中氯浓度高于这个值时，PCDD/Fs 生成量随氯浓度的上升而增加。陈彤等通过实验分析了在管式炉中游离态和化合态的氯及不同的物化性质对

PCDD/Fs 从头合成反应的影响，并通过利用不同分辨率的色谱仪检测焚烧后的气体和固体残留物中 PCDD/Fs 的含量，并且得出相似的结论。此外，生活垃圾中的含氯化合物也会与炉渣中重金属发生反应，生成促进重金属挥发的氯化物。研究表明，重金属会在一定条件下向飞灰颗粒迁移，这不仅会在一定程度上增加低温度段 PCDD/Fs 的生成，而且还增加了尾部净化设备逸出的重金属对环境造成二次污染。

在烟气的冷却过程中，如果烟气在这段停留时间过长的话，则 PCDD/Fs 将大量再生。PCDD/Fs 生成的最适温度在 200～400℃之间，而且 Hell 等发现在飞灰的从头合成反应中，250℃时 PCDD/Fs 的生成速率是 350℃时的 7%～15%，因此应用烟气快速冷却技术能减少 PCDD/Fs 的生成。烟气急冷方法有水冷和换热器冷却。Kim 等发现换热器冷却后烟气中二噁英浓度增加，PCDDs/PCDFs 比值从进口的 74∶26 增加到 82∶18；水冷后二噁英浓度减小，主要是由飞灰与水接触后去除引起的。实现烟气快速冷却技术的关键因素是平均烟气冷却速率，垃圾焚烧炉中的烟气冷却速率通常在 100～200℃/s 范围内，炉膛出口 PCDD/Fs 的浓度一般为 5ng I-TEQ/m^3，要达到低于 0.1ng I-TEQ/m^3 的标准，烟气冷却速率必须在 500～1000℃/s 之间。实际要达到如此高的冷却速率是很难做到的，通过喷水急冷则浪费余热。于是通过余热锅炉回收余热后，烟气中二噁英浓度难以自然达标。

8.5 除尘、脱酸和脱硝过程对二噁英的去除效果

8.5.1 除尘过程

在常温下，二噁英类物质绝大部分以固态形式存在，焚烧炉烟气中的二噁英类物质主要吸附在飞灰表面。可在袋式除尘器前端喷入活性炭粉等吸附材料，尽可能地吸附尚未分解和已再合成的二噁英、呋喃类有毒物质，将其转移到飞灰及活性炭中，再使用袋式除尘器去除，吸附后的活性炭做进一步无害化处理。

除尘过程对二噁英的去除本质上就是吸附过程去除二噁英。目前脱除烟气二噁英的方法多为吸附剂吸附法。现在国内外研究人员对碱性吸附剂与炭吸附剂的研究最为关注。Olie Aslander 等总结了 $Ca(OH)_2$、CaO、$CaCO_3$、$MgSO_4$、MgO 等吸附剂脱除烟气中二噁英的效果。他们发现某些实验中可以明显观察到上述吸附剂对二噁英的有效控制，而某些实验中却观察不到，因此认为不能明确肯定 $Ca(OH)_2$ 等无机吸附剂脱除烟气中的二噁英的作用。基于切实可行的吸附技术，它要求满足处理成本低、吸附量大、处理效果好和吸附剂能再生重复使用且再生使用过程吸附剂能够保持稳定、短期内不失效的特点。活性炭以其具有巨大的比表面积和孔隙率使它成为脱除二噁英的最佳吸附剂。在活性炭

的孔隙表面存在一定的吸附点，称作活性吸附位置，对外来的吸附质有强烈的范德华力作用，也包括吸附质与炭表面某些基团形成的氢键。

浙江大学对活性炭固定床进行二噁英吸附试验表明：活性炭对有毒二噁英脱除效果较好，其脱除率大于 97%。也有文献表明袋式除尘器加活性炭联用去除气相中二噁英的效率达到 90%，能使出口烟气达到 GB 18485—2014 规定的二噁英类排放标准。

杨国华等提出并试验研究了双层滤料颗粒床+活性炭+布袋过滤的一体化新工艺。这种双层滤料滤床的过滤效率超过了袋式除尘器和电除尘器，特别是这种双层滤料过滤床容尘量很大，可以利用这一特性实现有害气体与粉尘等多种污染物脱除一体化。此技术在高温下除尘脱酸，使 550～750℃的烟气无灰低氯，大大减少了 250～450℃温区二噁英的生成。从头生成有两个必要条件：氯和飞灰。氯是二噁英的本质成分，氯含量越低就越少生成二噁英；飞灰中铜等重金属盐是二噁英从头生成的催化剂，没有飞灰，也就不能通过从头反应生成二噁英。无灰低氯的烟气经过余热回收，温度降至 200℃左右，经过捕集于袋式除尘器滤料上的活性炭层，其中的气相二噁英被活性炭层高效吸附脱除，其净化效率、能量利用率及活性炭利用率远远高于传统净化工艺。

8.5.2 脱酸过程

许多焚烧研究已经表明 SO_2 的存在可以抑制二噁英的形成，抑制技术主要通过三种途径来实现：①城市生活垃圾焚烧过程中二噁英形成所需的主要是通过 Cu^{2+} 催化反应的 Deacon 反应得到，而 SO_2 的存在会消耗气氛中 Cl_2；②SO_2 的存在还可以使催化剂中毒生成催化活性小的 $CuSO_4$ 进而抑制 Deacon 反应生成 Cl_2；③SO_2 可以磺化酚类前驱体形成硫磺酸盐酚前驱物，从而抑制了二噁英的形成。Yan 等通过国内循环流化床焚烧试验表明垃圾与含高硫量煤的混烧可以减少二噁英的生成。Ryan 等通过小型实验反应器的研究证实 SO_2 能抑制二英生成。张刚研究了 SO_2 的含量与二噁英浓度之间的关系，得到了以下的拟合曲线图，可见了二噁英浓度与 SO_2 的含量之间呈负相关。

8.5.3 脱硝过程

选择性催化还原（SCR）技术是迄今为止脱除烟气中 NO_x 最有效的方法，该技术中用于氮氧化物脱除的催化剂对二噁英类的氧化分解有促进作用。一般采用 Ti、V 和 W 等的氧化物作为催化剂，该催化剂内部有无数个微小的细孔，当排气通过催化剂时，烟气渗入催化剂内部，此时，在催化剂的作用下，二噁英类物质与氧气、空气、臭氧等氧化剂发生氧化分解反应，产物是无害的 CO_2、H_2O 和 HCl。失效的催化剂不含二噁英，可直接处置或进行再生。2008 年 Chia 等分别采用 V_2O_5-WO_3 和 V_2O_5-TiO_2 催化剂在 SCR 装置中研究了 MSWI 烟气中 PCDD/Fs 和相关化合物的分解。结果表明，当温度 280℃，空速 $5000h^{-1}$，进口 PCDD/Fs 浓度 4.17ng TEQ/m^3 时，V_2O_5-WO_3 催化剂上 PCDD/Fs 的脱除率为 84%，而 V_2O_5-TiO_2 催化剂上脱除率达 91%。结合不同研究者的结论，催化剂对烟气中 PCDD/Fs 的催化脱除效果可能受到烟气成分及其他相关条件的影响。比如，Chang 的研究结果表明，催化分解效率不同程度地受烟气中颗粒物浓度、重金属、SO_2、HCl 等的影响。SO_2 含量与二噁英浓度关联图见图 8.8。

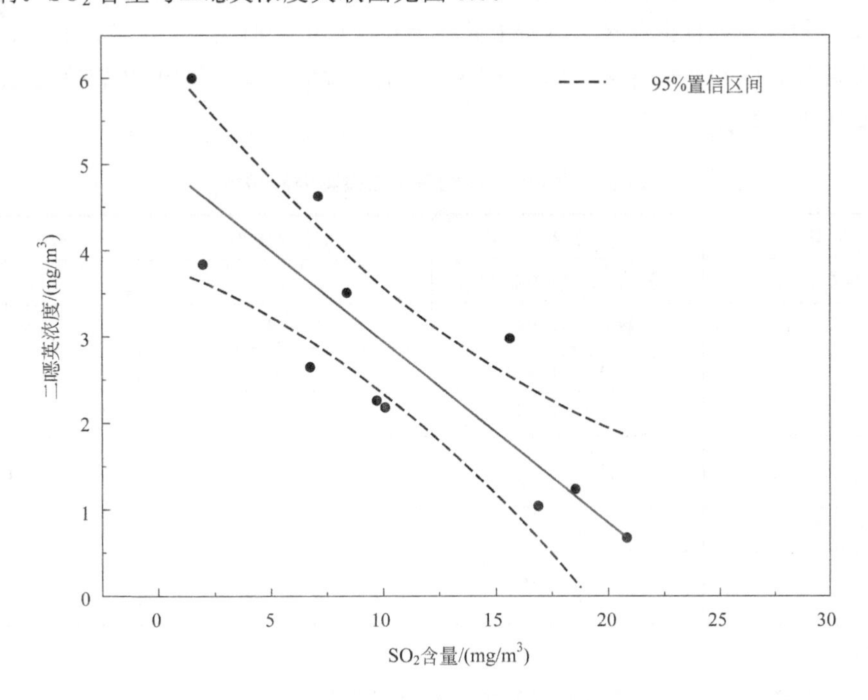

图 8.8　SO_2 含量与二噁英浓度关联图

考虑到该技术存在催化剂中毒问题，SCR 通常安装在尾部，一般在湿式洗涤塔和袋式除尘器之后，烟气在袋式除尘器出口温度一般为 150℃，在此温度下无法进行 PCDD/Fs 的催化还原，所以需要对烟气进行再热，从而增加了成本，只有开发高效低成本的催化剂，才能为这种技术增加竞争力。

综上所述，目前生活垃圾焚烧烟气二噁英的控制技术可分为 3 类：焚烧前控制、焚烧过程中控制和焚烧后末端控制。焚烧前可通过调节垃圾中氯元素及水分含量遏制二噁英的源头合成。焚烧过程中可通过控制燃烧条件，尽量保证垃圾充分燃烧，减少二噁英的炉内合成；也可通过向炉内投加无机抑制剂来抑制二噁英的产生。目前能对二噁英起抑制作用的无机抑制剂主要有硫及硫化合物、氮化合物和碱性化合物，研究表明硫及硫化合物对二噁英的抑制能力明显高于其他两类化合物。焚烧后烟气温度降到 200～500℃时，很容易在炉外再次合成二噁英，此阶段为主要产生阶段。

因此，除了在焚烧前控制，焚烧中调节温度以及元素含量，还可在焚烧后处理烟气时采用综合处理的方法。传统末端烟气控制技术主要包括：活性炭吸附工艺、新型袋式除尘工艺和催化还原工艺等。常见的活性炭吸附工艺有移动床反应器、固定床反应器及活性炭喷射技术 3 种类型，其中移动床和固定床一般安装在袋式除尘器之后，而活性炭喷射通常与袋式除尘配套使用。新型袋式除尘工艺主要包括双袋式活性炭吸附技术和催化滤布技术。双袋式活性炭吸附技术是在第一个袋式除尘器之后喷入活性炭吸附气相二噁英，随之被第二个袋式除尘器捕集，通过气力输送重新喷入管道中；催化滤布技术是一种将催化剂与袋式除尘相结合的技术，即把催化剂附着在过滤膜上，实现烟气中二噁英的捕集与分解。选择性催化还原（SCR）技术在脱硝的同时去除二噁英。此外，还有光催化氧化降解技术和低温等离子体技术。目前生活垃圾焚烧烟气中二噁英控制技术的基本情况如表 8.1 所示。

表 8.1 垃圾焚烧烟气中二噁英控制技术

类型	名称	去除效率/%	应用前景
无机抑制剂工艺	硫及硫化合物抑制技术	98	现行
活性炭吸附工艺	移动床反应器	90.4	较少
	固定床反应器	98	现行
	活性炭喷射	99	现行
新型袋式除尘工艺	双袋式活性炭吸附工艺催化滤布技术	98～99.5	现行
催化还原工艺	SCR 技术	＞80	尚未进入工业应用
其他	光催化氧化降解技术 低温等离子体技术	＞90～99.5	技术成熟度较低，处于实验研究阶段

8.6 活性炭对二噁英的吸附

活性炭吸附技术具有吸附剂来源广泛、成本低、吸附效果好等优点。早在 1991 年日本和欧洲等国家就已将活性炭吸附二噁英的方法应用在垃圾焚烧烟气处理过程中，此后活性炭吸附技术在该领域的应用迅速扩展。吸附过程中，二噁英的脱除效率会受到多方面因素的影响。

8.6.1 温度的影响

表 8.2 为不同吸附方式下烟气温度对活性炭吸附脱除二噁英的影响。可见，一般情况下高温对二噁英的吸附去除不利。特别是携带流喷射联合袋式除尘器工艺，当烟气温度上升到 220℃时，二噁英的脱除效率仅为 89.9%。温度对吸附的影响主要体现在两个方面：首先，吸附是放热过程，在条件允许的情况下，较低的烟气温度有利于二噁英吸附。其次，温度会影响烟气中二噁英的气固相分布，温度升高会使烟气中气相二噁英所占的比例增大，从而增加活性炭的吸附负担。活性炭吸附烟气二噁英的适宜温度为 120～160℃，烟气温度不宜超过 200℃。此外，从表中的数据还可看出，若要达到更低的排放限

值，需尽量降低二噁英的进口质量浓度，否则即便具有较高的二噁英脱除效率，二噁英出口质量浓度仍然无法满足 0.1ng TEQ/m^3 的排放限值要求。

表 8.2 不同吸附方式下烟气温度对活性炭吸附脱除二噁英的影响

吸附方式	温度 / ℃	进口质量浓度 /（ng TEQ/m^3）	出口质量浓度 /（ng TEQ/m^3）	脱除效率 / %
移动床	180	2.50	0.24	90.4
	150	3.30	0.06	98.2
固定床	150	9.20	0.11～0.19	97.9～98.8
	220	12.72	1.29	89.9
携带流喷射联合袋式除尘器	190	16.60	0.28	98.3
	160	7.15	0.19	97.3
	120	0.24	0.01	98.5

8.6.2 活性炭喷入量的影响

其他条件不变的情况下，适度增加活性炭的喷入量可以有效提高二噁英的脱除效率。Everaert 等的调查指出，当二噁英初始质量浓度在 0.2～15.8ng TEQ/m^3 的情况下，合适的活性炭喷入量为 50～80mg/m^3。当活性炭喷入量从 50mg/m^3 增加到 200mg/m^3 时，二噁英的脱除效率提升并不大。Chang 等以处理规模为 300t/d 的垃圾焚烧炉为研究对象，研究活性炭喷入量对二噁英脱除效率的影响，以期得到活性炭的最优喷入量。研究发现，活性炭喷入量与二噁英的脱除效率呈类似指数的关系，当活性炭喷入量小于 65mg/m^3 时，活性炭喷入量与二噁英脱除效率近似线性相关，脱除效率随活性炭喷入量的增加而增加。然而，当活性炭喷入量大于 150mg/m^3 时，二噁英的脱除效率基本不受活性炭喷入量的影响。这是因为活性炭对二噁英分子的吸附同时受外扩散和内扩散的影响。活性炭喷入量的增加可以提高活性炭颗粒与二噁英分子的接触频率，从而提高吸附效率。而当活性炭的喷入量达到一定值后，二噁英的吸附速率，即二噁英分子向活性炭内部孔径扩散的速率将成为限制因素。

此外，在计算活性炭喷入量时还需考虑“记忆效应”的问题。二噁英的“记忆效应”指附着在燃烧炉内壁及尾部烟道壁上的炭黑、飞灰等颗粒物会增加二噁英的来源，即使在没有垃圾投入的情况下也会产生二噁英。而且，即使燃烧炉清洁过后，停留在管壁上的附着物仍有足够的氯、二噁英前驱体和催化物导致二噁英产生。Kim 等曾指出，在燃烧炉运行初期“记忆效应”会对二噁英的排放产生较大影响，一些尾气净化装置的管道会成为潜在的二噁英排放源，使得活性炭对二噁英的脱除效率小于预期值。因此，在确定活性炭的最优喷入量时，垃圾焚烧企业需要综合考虑活性炭的成本、焚烧炉二噁英排放现状及排放要求、二噁英的“记忆效应”等问题。

8.6.3 二噁英同系物分布的影响

一般情况下，烟气中的二噁英一部分以气相形式存在，称为气相二噁英；另一部分则黏附在飞灰、活性炭粉末等细小颗粒物的表面以固相的形式存在，称为固相二噁英。温度、颗粒物浓度、压力、二噁英的饱和蒸气压等因素都会对二噁英同系物的气固相分布造成影响。现有研究表明，50%～90%（质量分数，下同）的二噁英存在于固相中，此部分二噁英会由除尘器捕集，大大降低了活性炭的吸附压力。Tejima 指出，由于烟气中大部分的二噁英以固相形式黏附在飞灰等细小颗粒物表面，所以在不喷活性炭的情况下袋式除尘器对二噁英的脱除效率也能达到 75%以上。一般地，气相二噁英由活性炭进行吸附，然后吸附在活性炭上和黏附在飞灰颗粒上的固相二噁英由袋式除尘器一并脱除。所以对烟气中的二噁英进行脱除时必须同时考虑以上两个方面。Chi 等分别在生活垃圾焚烧炉和工业垃圾焚烧炉上比较了活性炭固定床和携带流喷射联合袋式除尘器两种工艺对烟气中二噁英的脱除效果。结果表明，活性炭固定床只能有效减少烟气中的气相二噁英，而携带流喷射联合袋式除尘器工艺能同时减少烟气中的气相和固相二噁英，具有更好的减排效果。

此外，根据二噁英氯代水平的差异，活性炭对二噁英的吸附表现出一定的选择性。一般情况下，高氯代二噁英比低氯代二噁英更容易被活性炭吸附。其原因主要由于二噁英同系物的饱和蒸气压有所不同。二噁英的饱和蒸气压随其氯代水平的增加而减少，这使得烟气中二噁英具有不同的气固相分布特征，气相二噁英以低氯代为主，固相二噁英则以高氯代为主。因此，根据烟气中二噁英同系物浓度分布的不同，对活性炭的喷射和布袋特征的要求也就有一定的差异。Matzing 等指出，采用合适的方法降低烟气中气相二噁英/固相二噁英的比例，将有利于减少活性炭的喷入量并提高二噁英的脱除效率。

8.6.4 活性炭孔径特征的影响

活性炭的孔结构如比表面积、孔容和孔径分布等是决定活性炭吸附性能的关键参数，也是影响二噁英吸附的重要因素。二噁英在活性炭上的吸附实质上是一个孔隙填充的过程。二噁英分子通过外扩散与活性炭表面接触后，通过密布在活性炭表面的孔通道内扩散至孔隙中。所以在吸附过程中，活性炭的孔径与二噁英分子的大小需要匹配。曾有报道称，吸附剂利用率最高时孔直径和吸附质分子直径的比值为 1.7～3.0，对于需要重复再生的吸附剂这一比值宜为 3.0～6.0 或更高。目前有关二噁英脱除效率和活性炭孔径大小的相关性研究仍少有报道，难以对某一范围的孔径吸附优劣下定论。Zhou 等对比了几种不同活性炭对二噁英的吸附性能，其中富含中孔的活性炭具有更高的二噁英脱除效率。活性炭的孔结构参数对二噁英脱除效率的影响表现为：中孔容积＞总孔容积≈微孔容积≫BET 比表面积≈微孔表面积。因此，垃圾焚烧企业在选择活性炭时，不应仅关注活性炭的比表面积和碘值等常用特性，而应根据活性炭的孔隙与二噁英脱除效率的关联性做综合的考量。

参考文献

[1] 罗阿群，刘少光，林文松，等. 二噁英生成机理及减排方法研究进展 [J]. 化工进展，2016，35（3）：910-916.

[2] 崔静，李文杰，王翔，等. 垃圾焚烧过程中二噁英的生成机理与控制研究进展 [J]. 节能，2020，39（5）：136-140.

[3] Tosine H M，Clement R E，Osvacic V，et al. Levels of chlorinated organic in a municipal incinerator [J]. Abstracts of Papers of the American Chemical Society，1983，186：95.

[4] Wilken M，Coenelsen B，Zeschmarlahl B，et al. Distribution of PCDD/PCDF and other organochlorine compounds in different municipal solid-waste fractions [J]. Chemosphere，1992，25（7-10）：1517-1523.

[5] 陆胜勇. 垃圾和煤燃烧过程中二噁英的生成、排放和控制机理研究 [D]. 杭州：浙江大学，2004.

[6] Shaub W M，Tsang W. Dioxin formation in incinerators [J]. Environmental Science & Technology，1983，17（12）：721-730.

[7] 陈彤. 城市生活垃圾焚烧过程中二噁英的形成机理及控制技术研究 [D]. 杭州：浙江大学，2006.

[8] Milligan M S，Altwicker E. The relationship between de-novo synthesis of polychlorinated dibenzo-dioxins and dibenzofurans and low-temperature carbon gasification in fly-ash [J]. Environmental Science & Technology，1993，27（8）：1595-1601.

[9] 郁万妮. 以卤代苯酚为前体物的二噁英气相形成机理研究 [D]. 济南：山东大学，2013.

[10] 韩樑钧. 生活垃圾焚烧过程中二噁英的防治技术 [J]. 轻工科技，2018，34（11）：95-96.

[11] Liu H Q，Wei G X，Zhang R. Removal of carbon constituents from hospital solid waste incinerator fly ash by column flotation [J]. Waste Management，2013，33（1）：168-174.

[12] Kakuta Y，Matsuto T，Tojo Y，et al. Characterization of residual carbon influencing on de novo synthesis of PCDD/Fs in MSWI fly ash [J]. Chemosphere，2007，68（5）：880-886.

[13] Atkinson J D，Hung P C，Zhang Z，et al. Adsorption and destruction of PCDD/Fs using surface-functionalized activated carbons [J]. Chemosphere，2015，118：136-142.

[14] 潘雪君，杨国华，黄三，等. 焚烧烟气中二噁英类控制技术研究进展 [J]. 环境科学与技术，2012，35（7）：122-125.

[15] 徐爱杰. 生活垃圾焚烧二噁英生成机理及控制技术 [J]. 化学工程与装备，2019（9）：278-279.

[16] 李雁，郭昌胜，侯嵩，等. 固体废物焚烧过程中二噁英的排放和生成机理研究进展 [J]. 环境化学，2019，38（4）：746-759.

[17] Wikstrom E，Marklund S. Combustion of an artificial municipal solid waste in a laboratory fluidised bed reactor [J]. Waste ManagementT & Research，1998，16（4）：342-350.

[18] Luijk R，Govers H. The formation of polybromniated dibenzo-para-dioxins（$PBDD_S$）and dibenzofurans

（PBDFs） during pyrolysis of polymer blends containing brominated flame retardants [J]. Chemosphere, 1992, 25 (3): 361-374.
[19] 张智平，倪余文，杨志军，等. 垃圾焚烧过程二噁英生成的研究进展 [J]. 化工进展，2004，(11)：1161-1168.
[20] Ma J, Addink R, Yun S H, et al. Polybrominated dibenzo-*p*-dioxins/dibenzofurans and polybrominated diphenyl ethers in soil, vegetation, workshop-floor dust, and electronic shredder residue from an electronic waste recycling facility and in soils from a chemical industrial complex in eastern China [J]. Environmental Science & Technology, 2009, 43 (19): 7350-7356.
[21] Pulido Y F, Suárez e, López R, et al. The role of CuCl on the mechanism of dibenzo-*p*-dioxin formation from poly-chlorophenol precursors: a computational study [J]. Chemosphere, 2016, 145: 77-82.
[22] 曹玉春，严建华，李晓东，等. 垃圾焚烧炉中二噁英生成机理的研究进展 [J]. 热力发电，2005，34 (9)：7.
[23] Stach J, PEkárek V R, Grabic R, et al. Dechlorination of polychlorinated biphenyls, dibenzo-*p*-dioxins and dibenzofurans on fly ash [J]. Chemosphere, 2000, 41 (12): 1881-1887.
[24] 陈帅帅. 电子垃圾处理过程中二噁英检测与减排研究 [D]. 常州：江苏理工学院，2018.
[25] 陆胜勇，严建华，李晓东，等. 废弃物焚烧飞灰中从头合成二噁英的试验研究——氧、碳、催化剂的影响 [J]. 中国电机工程学报，2003 (11)：182-187.
[26] 孙敬龙. 城市生活垃圾焚烧过程二噁英合成机理及拟制方法实验研究 [D]. 天津：天津大学，2012.
[27] Vogg H, Stieglitz L. Thermal Behavior of PCDD/PCDF in fly ash from municiapl incinerators [J]. Chemosphere, 1986, 15 (9-12): 1373-1378.
[28] Takaoka M, Yamamoto T, Shiono A, et al. The effect of copper speciation on the formation of chlorinated aromatics on real municipal solid waste incinerator fly ash [J]. Chemosphere, 2005, 59 (10): 1497-1505.
[29] Hell K, Stieglitz L, Dinjus E. Mechanistic aspects of the de-novo synthesis of PCDD/PCDF on model mixtures and MSWI fly ashes using amorphous C-12-and C-13-labeled carbon [J]. Environmental Science & Technology, 2001, 35 (19): 3892-3898.
[30] 钱莲英，潘淑萍，徐哲明，等. 生活垃圾焚烧炉烟气中二噁英排放水平及控制措施 [J]. 环境监测管理与技术，2017，29 (3)：57-60.
[31] 姚艳. 垃圾焚烧过程中二噁英低温生成机理及控制研究 [D]；杭州：浙江大学，2003.
[32] 张刚. 城市固体废物焚烧过程二噁英与重金属排放特征及控制技术研究 [D]；广州：华南理工大学，2013.
[33] Chia T, Hsu C Y, Chen H L. Oxidative damage of workers in secondary metal recovery plants affected by smoking status and joining the smelting work [J]. Industrial Health, 2008, 46 (2): 174-182.
[34] 钱立新，丁龙，龙红明，等. 碱中毒对烧结烟气 SCR 催化剂脱硝脱二噁英的影响 [J]. 钢铁研究学报，2020，32 (7)：542-549.
[35] 赵思岚，奚鹏飞，郭凤艳，等. 垃圾焚烧烟气中二噁英控制技术的评估与筛选 [J]. 环境科学，2020：41 (9)：3385-3392.
[36] 周旭健，李晓东，徐帅玺，等. 多孔碳材料对二噁英吸附性能的研究评述及展望 [J]. 环境污染与防治，

2016，38（1）：76-81.

［37］Everaert k，Baeyens J，Creemers C. Adsorption of dioxins and furans from flue gases in an entrained flow or fixed/moving bed reactor［J］. Journal of Chemical Technology and Biotechnology，2003，78（2-3）：213-219.

［38］Kim Y J，Osako M，Sakai S I. Leaching characteristics of polybrominated diphenyl ethers（PBDEs）from flame-retardant plastics［J］. Chemosphere，2006，65（3）：506-513.

［39］Tejima H，Nishigaki M，Fujita Y，et al. Characteristics of dioxin emissions at startup and shutdown of MSW incinerators［J］. Chemosphere，2007，66（6）：1123-1130.

［40］Matzing H，Baumann W，Becker B，et al. Adsorption of PCDD/F on MWI fly ash［J］. Chemosphere，2001，42（5-7）：803-809.

［41］Zhou H，Meng A H，Long Y Q，et al. A review of dioxin-related substances during municipal solid waste incineration［J］. Waste Management，2015，36：106-118.

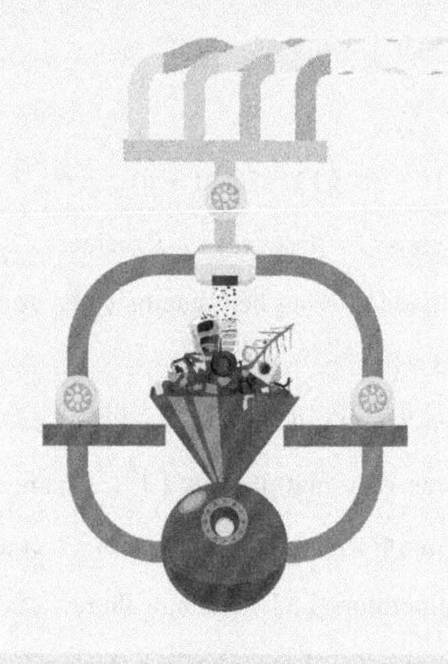

第9章

生活垃圾焚烧飞灰的无害化及资源化

9.1 飞灰的产生及污染特性

生活垃圾焚烧后产生的残渣包括底渣和飞灰，占所处理的垃圾固体质量的30%左右，其中炉排炉的飞灰占原生垃圾总量的 1.5%～3%。焚烧处置是我国生活垃圾处理的主要方式，按照《“十四五”城镇垃圾分类与处理设施发展规划》，我国生活垃圾焚烧处理能力将从“十三五”末的 58 万吨/日将增长至“十四五”末的 80 万吨/日，届时生活垃圾焚烧飞灰总量至少超过 1.2 万吨/日、438 万吨/年。如何实现其高效无害化处置已成为亟待解决的问题。将其按危险废弃物处置标准进行填埋，会导致处置成本过高（费用约为 2000 元/吨），并造成大量的填埋场地资源被占用。因此，寻求一条高效率、低成本的生活垃圾焚烧飞灰无害化处置和资源化路径，是当前的迫切需求，也是垃圾焚烧发电行业健康发展的重要保障。

飞灰主要产生于焚烧炉的烟气净化过程，集中在烟气管道、除尘装置和净化装置。

飞灰中成分十分复杂，包括重金属盐、硫化物、硝酸盐／亚硝酸盐、活性炭和二噁英等，其中对环境危害较严重的当属重金属和二噁英。飞灰中的重金属种类主要包括 Cd、Cr、Pb、Zn、Cu、Ni 和 Hg 等。根据《国家危险废物名录（2021 年版）》，飞灰仍然属于 HW18 类危险废弃物。

飞灰一般呈灰白色或深灰色，具有含水率低、粒径不均的特点，与粉煤灰的球状结构不同，垃圾焚烧飞灰通常呈现非规则结构，颗粒细小（粒径分布通常在 1～150μm 之间），一般小于 300μm，比表面积大（3～18m^2 g），具有吸湿性和飞扬性。

飞灰在扫描电镜下观察显示为球状或者多孔的不规则形貌，如图 9.1 所示。因为存在多孔结构，导致飞灰颗粒的比表面积较大，极易吸附焚烧过程中产生的挥发性重金属，同时其所含的重金属也容易渗透到环境中去。在空气中长久放置时会吸收 CO_2 碳酸化而改变形貌。

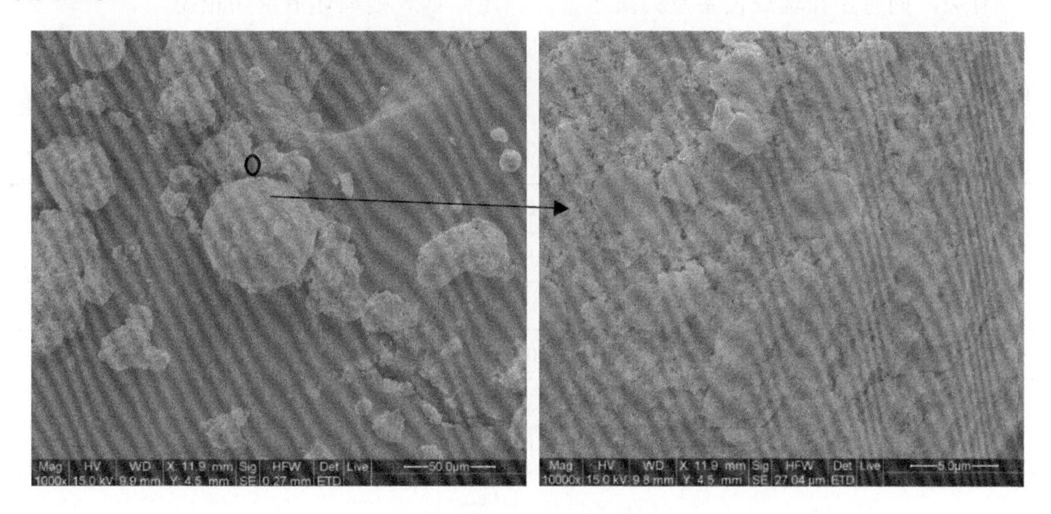

图 9.1　垃圾焚烧飞灰的 SEM 图

飞灰的组成成分主要有 CaO、SiO_2、Al_2O_3、Na_2O、K_2O 等氧化物，还有一些重金属的氯化物，表 9.1 列举了一些焚烧飞灰的化学成分。

表 9.1　垃圾焚烧飞灰主要化学成分　　单位：%（质量分数）

化学成分	来源							
	罗忠涛等	魏春梅	施惠生等	王彩萍等	多丽娜等	郭晓潞等	梁梅等	孙进等
CaO	20.2	23.8	33.8	19.6	33.6	39.1	21.5	48.05
SiO_2	22.4	15.2	13.9	28.2	26.0	15.9	19.3	11.57
Al_2O_3	9.7	5.7	3.7	14.0	3.9	4.4	7.7	6.08
Fe_2O_3	3.6	4.8	1.4	5.2	2.4	1.9	3.8	2.05
MgO	2.6	4.2	1.3	2.8	3.2	1.6	3.3	2.45
K_2O	2.5	3.9	3.2	2.2	6.0	3.7	4.7	3.15

续表

化学成分	来源							
	罗忠涛等	魏春梅	施惠生等	王彩萍等	多丽娜等	郭晓潞等	梁梅等	孙进等
Na_2O	2.2	7.3	2.8	2.6	4.0	3.4	6.5	4.32
SO_3	5.2	8.2	6.2	5.3	—	7.2	10.6	8.35
Cl^-	6.8	8.4	10.7	3.9	11.4	11.9	6.8	18.99

垃圾焚烧炉内所特有的强氧化环境，使得氧化物构成了焚烧飞灰的主要组成成分，表 9.1 显示，飞灰中含量较高的物质主要有 CaO、SiO_2、Al_2O_3 等，含量较低的物质主要有 Fe_2O_3、MgO、SO_3、K_2O、Na_2O、Cl^-等。焚烧飞灰的化学组成主要和入炉垃圾的原始成分有关，同时还和焚烧设备及其操作条件、尾部烟气处理环节密切相关。

表 9.1 还显示飞灰中 Cl^-含量较高，同时飞灰还含有较高浓度的重金属如 Pb、Cd、Zn 等，见表 9.2。

表 9.2　焚烧飞灰中的重金属含量　　单位：mg/g（干基）

重金属	Pb	Cu	As	Cd	Cr	Ni	Ba	Zn
Hu	0.7000	1.0000	—	0.1000	0.2000	0.1000	1.0000	4.5000
孙进等	0.9383	0.06387	0.0174	0.05145	0.31495	0.0056	—	1.7265
Dou	1.1772	0.3318	0.5330	0.0423	0.3827	0.0206	—	3.7270
Ma	1.8847	0.4969	—	0.3972	0.8833	0.0180	—	8.6678
Gu	1.8733	1.1690	0.0694	0.1357	0.2283	0.0623	0.9751	7.6288

如果飞灰不加处理直接进入垃圾填埋场，在自然环境作用下，飞灰中的有毒有害物质易进入土壤、大气、地下水等与人们生活密切相关的环境中，危害人类的健康。2020 年 9 月，《生活垃圾焚烧飞灰污染控制技术规范（试行）》（HJ 1134—2020）发布，其中规定了生活垃圾焚烧飞灰收集、贮存、运输、处理和处置过程的污染控制技术要求。飞灰的无害化处理可分为热处理和非热处理技术，热处理主要包括高温熔融及水热法处理技术；非热处理包括水泥稳定化、机械化学技术以及加酸提取和药剂稳定化等工艺，主要目的是实现重金属的固化和 PCDD/Fs 的降解。

为了避免飞灰对环境产生影响，应在进入填埋场之前对飞灰中的二噁英、重金属等浸出毒性进行有效控制，可见对垃圾焚烧飞灰固化稳定化处理是大势所趋。同时国家发展改革委、住房和城乡建设部在日前发布《“十四五”城镇生活垃圾分类和处理设施发展规划》，提出在飞灰处置技术试点示范中，鼓励有条件的地区开展飞灰熔融处理技术应用和飞灰深井贮存技术应用，推动工业窑炉协同处置飞灰技术开发，探索利用预处理后的飞灰烧结制陶粒、作为掺合料制作混凝土等技术的应用，鼓励飞灰中重金属离子分离回收技术开发应用，为焚烧飞灰资源化综合利用指明了方向。

目前，我国城市生活垃圾焚烧飞灰的主流处置方法是水泥固化后填埋和水泥窑协同处置，前者存在增容、长期稳定性差、无二噁英降解效果等问题，后者存在预热器和窑煅烧结焦、堵料、资源化利用程度低等问题。而热处置技术具有产物性质稳定、重金属溶出显著降低、二噁英降解效果突出等优点，且处置后的垃圾焚烧飞灰还具备吸附性能强、资源化潜力大等优势，是国家鼓励的技术路线。但是热处置过程还存在高能耗和高成本等问题，是实现该技术在我国大范围推广的主要限制因素。

9.2 飞灰中重金属的稳定化和固化

飞灰的重金属化学稳定化是指通过使用化学药剂（无机和有机药剂）与飞灰中的重金属发生化学反应，生成不溶于水甚至弱酸性液体的固相，将有毒物质变成低毒、低迁移性、低溶解度的物质，避免或者减轻了飞灰在自然环境中与水体接触时重金属向水体的转移和浸出。飞灰的固化是指利用黏合剂通过物理包裹将飞灰转变为不可流动的固相，并大幅减少了与水分接触的面积和机会，因而阻隔了重金属向水体的溶出。常用的黏合剂包括水泥、沥青等，其中水泥也会发生化学反应，同时起到稳定化和固化的效果。

飞灰固化、稳定化处理具有操作简单、处理成本低、效果明显等优点，但是也存在以下问题：①飞灰含有的高浓度盐易导致固化体破裂降低其结构强度使得有害物质浸出率增高，并且固化后体积增大，给其存储运和填埋造成很大的负担，且有研究表明垃圾焚烧飞灰的有毒元素对水泥水化有抑制作用，因此单独使用水泥不能有效地固定有毒元素，尤其是铅；②不同的化学药剂对不同的重金属具有选择性，且目前尚未有普遍适用于大部分重金属的化学药剂，有机药剂的协同稳定化效果好于无机药剂，但生产成本较高。传统的飞灰热处理技术对飞灰的处理效果最佳，残渣中几乎没有重金属再浸出，但是其操作复杂、能耗大、成本较高。

常用的化学药剂可分为无机和有机两类，无机药剂主要包括碳酸盐、石膏、硫氢化钠、石灰、磷酸盐、硫代硫酸钠、硫酸亚铁、氧化铁、硫化钠、氢氧化物、磷酸、硅酸盐、人造沸石、地质聚合物等；有机药剂包括羟基亚乙基二膦酸（HEDP 系列）、多聚磷酸（PPA）或多聚磷酸盐、硫脲、二硫代氨基甲酸盐（DTCR）、三巯基均三嗪三钠盐（TMT）等。有机药剂主要通过配位基团与重金属离子形成螯合物，使重金属稳定化，其相比无机药剂具有用量小和抗酸浸能力强的优势。综合使用有机和无机药剂，可以增强重金属的稳定化效果，并使得总的药剂使用量及费用降低。

飞灰固定稳定化中，需要采用不同的黏合剂和化学试剂，因此可持续、更经济的飞灰处理方法的研究是众多研究人员的努力方向，针对以上问题主要的研究方向有：继续研究新的更有效的无害化处理试剂、开发新型无害化处理方法和优化设计飞灰处理工艺。并且对垃圾焚烧飞灰的处理，不仅要无害化，更是应该朝资源化利用发展，由于飞灰中含有 CaO、SiO_2、Al_2O_3、Fe_2O_3 等成分，经过无害化处理后再进一步改性，具有一定的利用价值，可添加到制作水泥、混凝土的原料中或用来制作玻璃和陶瓷。以抑制重金属和二噁英为目的进行无害化处理同时能资源化利用是当前飞灰处理的发展方向。

9.3 飞灰中二噁英的去除

飞灰中二噁英的形成不仅与焚烧炉中废弃物组成、烟气在不同温度下停留时间有关，而且还受到烟气中氯含量、飞灰中重金属和残余碳含量的影响。二噁英的去除过程也会受到相应的影响。

9.3.1 高温熔融法

熔融处理是近年来兴起的飞灰无害化处理技术，它是利用高温环境对飞灰中的二噁英进行彻底分解破坏，从而达到消减二噁英的目的。据报道：利用以燃料为热源的飞灰熔融中试装置进行熔融研究，结果表明熔融过程 98.4%的二噁英的分解率高达 99.9%。Kim 等利用电弧炉对多种飞灰进行熔融处理，获得了 99.99% 以上的降解率。

高温熔融消灭二噁英的同时，生成的玻璃碴状的固体产物将重金属稳定化，还可以作建材利用，具有很好的无害化和资源化效果，是国内目前比较推崇的一个技术。生态环境部 2020 年 8 月发布《生活垃圾焚烧飞灰污染控制技术规范(试行)》(HJ 1134—2020)中也推荐了高温熔融技术。目前等离子熔融炉是最常用的高温熔炉，即热等离子体，通过热等离子体产生 1400℃的高温，将垃圾焚烧飞灰熔融。潘新潮研究了用双阳极新型高温等离子体反应器对飞灰中二噁英的降解效果，结果表明对飞灰二噁英平均降解率在99.9%以上。国内光大国际、天楹、康恒等多家焚烧公司都引进或者自主开发飞灰的熔融技术。

但是高温熔融技术代价大、成本高，还有二次烟气需要处理。同时由于飞灰的导热性能差，等离子体飞灰熔融在可靠性、稳定性及耐久性方面还有很多值得探索的课题。

9.3.2 低温热处理

低温热处理是指在处理温度在 300～600℃的相对低温区，在惰性气氛或氧化性气氛中保持一定处理时间，飞灰中二噁英通过加氢/脱氯和分解两种路径降解的方法。Hagenmaier 等最早发现在 300℃下贫氧气氛中处理 2h，不同种类飞灰所含二噁英均能够显著降解，发现飞灰的 Cu、Rh、Pt 等金属成分对二噁英的加氢/脱氯和分解反应具有极为重要的催化作用。故此后将这种飞灰在贫氧条件下的低温处理方式称为“Hagenmaier 工艺”。陈彤在管式炉上对垃圾焚烧厂飞灰进行了低温热处理，研究了气氛、温度、时间、飞灰种类对降解效果的影响，得到与其他研究人员一致的结论，发现在惰性气氛中气相中会产生二噁英，以高氯代二噁英为主；分别比较了流动氯气、流动空气、流动氧气/氯气混合气体（10∶90）、静态空气四种气氛中，发现静态空气氛下飞灰中二噁英降解率最高。该技术目前在日本的一些垃圾焚烧厂投入商业应用。Ishida 等研究了日本一家垃圾焚烧厂采用 Hagenmaier 工艺处理飞灰二噁英的运行结果，发现在 350℃，处理时间 1h，氨气氛条件下，飞灰中二噁英的去除率超过了 99%。

低温热处理相对高温熔融条件温和，容易实施。但是一方面重金属不能同时稳定化，另一方面，仍需要对产生的烟气进行处理。作为改进，Dou 等研究了飞灰和污泥共热解炭化，Hu 等在飞灰和污泥共热解炭化中加入 Fe 盐，均发现对二噁英去除和稳定重金属同时有效。

9.3.3 水热处理降解

水热降解技术包括超临界和亚临界 2 种不同情况。当以水为介质，满足温度>374℃，压力>22.1MPa 时即获得超临界水，在此状态由于不存在气液界面传质阻力从而提高反应效率实现完全氧化，然而，超临界状态时水对金属的反应速率也大幅提高，反应条件苛刻，对金属反应器的腐蚀严重，因而对反应器的要求特别高。而亚临界状态下，水的温度和压力均低于上述临界值，在此状态下有机物在水中的溶解度、H^+和 OH^-浓度与常温常压相比仍显著增加，能够发生常温下不能进行的反应。Yamaguchi 等究了水热反应对飞灰二噁英的降解情况，结果表明 300℃和 9.2MPa 条件下，飞灰在碱性溶液与甲醇的混合溶液中保持 20min；飞灰中二噁英总浓度和毒性当量浓度均降低 99%以上。为了进一步降低对反应器的要求，同济大学团队研发了亚临界水热催化降解技术，在水热的同时利用二价和三价复合 Fe 盐生成高效催化剂，在 290℃下反应 1h，使得飞灰中二噁英的浓度降低到底渣的水平，同时重金属被稳定化。而利用超临界水对 PCB 进行降解研究，研究发现反应温度必须高于 450℃时，才能使 PCB 得到有效降解。但是使用亚临界水热反应也必须解决反应器的腐蚀问题，例如反应器涂敷耐腐蚀内衬，对飞灰进行洗涤以后再处理。

9.3.4 碱化学分解法

碱化学分解法也称 BCD 法，是 1989 年美国环保署（EPA）利用化学分解原理，开发的难降解物脱氯技术，适用于受二噁英类化合物污染土壤的无害化治理。方法基于土壤和碱、碳酸氢钠的混合，在 340℃有机物一部分分解，气化的有机氯化合物冷凝成凝聚液，加入氢氧化钠、氢氧化钾作为碱催化剂，重油作为高沸点氢的供应体，在氮气气氛、300～350℃（最佳 326℃）条件下，转化为无害的脱氯化合物、无机盐、水，得到净化的土壤。本方法有三个优点：①二噁英类化合物分解率和脱氯率高；②处理条件比较温和；

③排气量、排水量少。

9.3.5 低温等离子体法

等离子体根据其性质分为热等离子体和非热等离子体，Zhou 等利用脉冲电晕放电低温等离子体降解飞灰二噁英，发现该方法对二噁英同系物具有不同的降解效率（20%～80%），低氯代同系物降解效率高于高氯代同系物。但是该方法效率明显不够高，而且还存在飞灰颗粒污染放电电极的问题。

9.3.6 光解法

利用二噁英在紫外光照射下，二噁英分子苯环能够脱氯的性质，来对其进行光降解处理，实验装置见图 9.2。Tysklind 等比较了直接将对飞灰进行紫外光解和将飞灰二噁英提取转移到有机溶剂中光解的处理效果，结果表明在有机溶剂中均相降解率明显高于飞灰非均相表面降解率。Muto 等比较了氧化（O_2/O_3）以及还原气氛（N_2/NH_3）对光解效果的影响，结果表明氧化气氛可促进 PCDD/Fs 的光解，PCDD/Fs 的最大光解率可达到 70%。

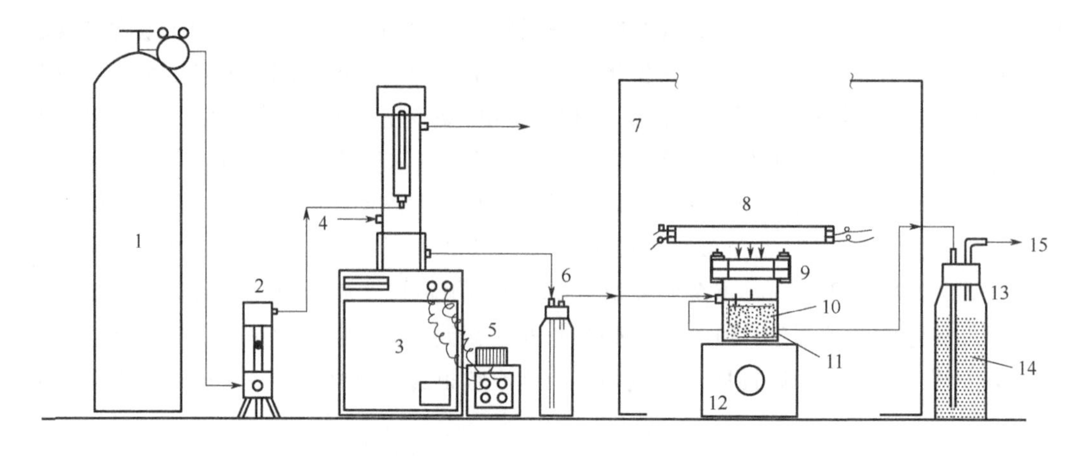

图 9.2　二噁英光解实验装置示意图

1—氧气瓶；2—流量计；3—臭氧发生器；4—冷却水；5—电压-滑动器；6—放气阀；7—反应室；8—低压汞灯(GL-15)；9—光反应器；10—飞灰；11—臭氧；12—磁力搅拌器；13—臭氧分解反应器；14—活性炭；15—废气

9.3.7 生物降解法

二噁英是高度抗微生物降解的物质，自然界仅有 5%的微生菌株能够分解二噁英。近年来二噁英生物降解研究有了新的进展：日本科研人员发现木材腐朽菌生物能够分解污染土壤中的二噁英；对真菌和细菌组成的混合菌种在加入了呋喃的环境中培养驯化，使得该菌种能够以呋喃作为食物源，然后经过增殖，将这种能够食用二噁英的菌种与飞灰混合，在 30℃下保持 21 天，飞灰中二噁英的总量和毒性去除率分别达到 63.4%和 66.8%。

9.3.8 机械化学法

机械化学法是指通过剪切、摩擦、冲击、挤压等手段，对固体、液体等凝聚态物质施加机械能，诱导其结构及物理化学性质发生变化的处理方法。机械化学法在有毒废弃处置领域的研究取得了丰硕的成果。在二噁英处理方面，Nomura 等对标准化合物 OCDD/Fs、Shimme 等对土壤中二噁英通过机械化学降解处理，均取得了较理想的降解效果。Nomura 等研究结果显示，OCDD/Fs 降解实质发生脱氯反应，同时伴随着二噁英和呋喃环状结构的断裂，随即进一步生成小分子物质以及炭化为类似石墨无定形态碳的产物；而 Monagheddu 等采用机械化学诱导辅助有机物燃烧的方式对多孔介质表面所含二噁英降解，获得 99.6%的降解率，尽管在脱氯还原剂方面存在较大差异，前者用 CaO，而后者用 CaH_2 和 C_6Cl_6（HCB），在降解产物方面却得到极其相似的产物，例如气相产物得到甲烷，石墨、$CaCl_2$ 和 CaHCl 则为主要固相产物。机械化学处理装置如图 9.3 所示。

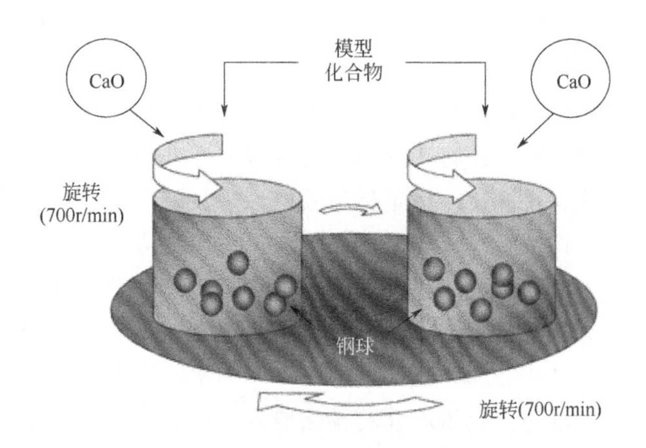

图 9.3 机械化学处理装置示意图

以上概述了当前世界上对于飞灰二噁英的降解技术的发展状况，根据上述技术性质，可以大致划分为物理、化学、物理化学、生物方法。与烟气处理技术相比，对于固相介质中二噁英的处理技术更为丰富，但其中真正能够规模应用的也仅只有高温熔融技术、低温热处理、碱化学分解法这三种技术。其中高温熔融技术能够分解飞灰中的二噁英，同时固化其中所含重金属，具有优异的处理效果。但该技术存在能耗巨大、设备费用昂贵等缺点。低温热处理技术对飞灰二噁英一般具有 90%以上降解率，而且它设备投资和运行费用较低，在日本、德国的部分垃圾焚烧厂投入工业应用。碱化学分解法主要应用于土壤的无害化处理，对二噁英去除率亦可达 90%以上，该工艺比较烦琐，中间过程需

添加 $NaHCO_3$ 和有机溶剂作为添加剂，目前尚无应用于飞灰二噁英处理的报道。其他几种降解技术由于存在自身的不足或研究历史不长等原因，使得这些技术离工业化应用还存在一定距离。

机械化学对二噁英降解是种非常新颖的非热处理技术，由于该方法处理过程处于完全封闭的反应器中，因此处理过程不会产生如常规热处理技术存在的二噁英二次合成问题，而且该技术实现方式非常简单，当研究条件成熟时，具备规模化应用的可行性。

9.4 飞灰的资源化

9.4.1 水泥利用

利用水泥窑协同处理飞灰的工作系统具有高温、碱性、余热、负压环境等特点，可固化重金属及分解飞灰中的二噁英，同时可将飞灰用于水泥产品生产，实现飞灰资源化利用。目前国内利用水泥对垃圾焚烧飞灰的安全处置主要体现在两方面：一方面是针对飞灰的化学成分和水泥类似的特点，将飞灰替代生产水泥的部分原料；另一方面是直接利用水泥作为飞灰的固化剂来固化其中的重金属。

相比于传统填埋技术，水泥窑处理飞灰具有节约土地资源、费用低、处理产物长期环境稳定性良好等优势，同时可将飞灰制成符合国家标准的水泥及工业盐，使飞灰处理实现“减量化、无害化、资源化、稳定化”效果，是目前飞灰资源化的主要处理方式。

为促进水泥企业处理生活垃圾飞灰，若符合《水泥窑协同处置固体废物污染控制标准》规定，飞灰可进入水泥窑，处置过程中不按危险废物管理，但应注意采取适当措施消除飞灰中氯离子对水泥窑系统以及水泥制品的影响。生活垃圾焚烧飞灰中氯含量较高，例如北京飞灰氯含量达 20%，氯离子会严重影响水泥烧成过程，并对预分解窑系统产生负面影响，其易在水泥熟料生产线的预热器内壁形成结皮，造成通风不良和预热器堵塞，飞灰氯含量限制其建材资源化利用。飞灰水洗预处理技术应运而生，并逐渐运用到实践中，飞灰经三级水洗去除氯盐后再进入水泥窑处置，从而促进飞灰无害化、资源化处置，因此该技术被广泛推广。例如，截至 2018 年，杭州已建成 5 个飞灰水洗项目，水洗处置能力累计达 20 万吨/年。

水泥窑协同处置垃圾焚烧飞灰，可将飞灰中的二噁英等有机物在高温烧成工段彻底分解，飞灰中的重金属也被固化在水泥熟料中，同时水泥窑内由 $CaCO_3$ 分解的 CaO 可有效抑制由于高氯飞灰产生的酸性有害气体 HCl 的排放，这些优势都实现了飞灰的资源化处置。阿利尼特水泥是在硅酸盐水泥生料中掺入 $CaCl_2$ 煅烧而制得的含阿利尼特矿物的水泥。阿利尼特是一系列的有限固溶体，阿利尼特中的 Si、Ca、O 分别被 Al、Mg、Cl 有限取代。垃圾焚烧飞灰的主要成分属于 $CaO\text{-}SiO_2\text{-}Al_2O_3\text{-}Fe_2O_3$ 体系，此外还含有

Cl、Mg，有望作为生产阿利尼特水泥的原料使用。同济大学的研究人员已经成功地利用掺入少量的垃圾焚烧飞灰烧成阿利尼特水泥的熟料。在此基础上，还进一步研究了由垃圾焚烧飞灰制得的阿利尼特水泥熟料与石膏的适应性，根据胶的砂强度发展规律，以阿利尼特熟料：石膏：飞灰=80：5：15 为最佳，从而为焚烧飞灰的资源化利用提供新途径。

9.4.2 混凝土

飞灰同样可以用于生产混凝土，宁博等进行了飞灰单掺和复掺矿渣、稻壳灰等矿物掺合料的混凝土试验，对不同配比混凝土进行了力学性能、重金属浸出和耐久性能等测试，发现单独掺加飞灰的混凝土具有良好的性能且浸出值符合国家标准，可作为普通混凝土结构的材料。孟令敏等研究了掺入一定量的生活垃圾焚烧飞灰制备 C80 高强混凝土，其体积稳定性与不掺飞灰的配合比相当，同时重金属浸出浓度未超过国家标准，不影响使用环境的安全。

此外，飞灰可制成球状的颗粒，以此为骨料制作轻质混凝土，可适用于隔音隔热的非结构构件，实现飞灰资源化利用。

9.4.3 陶粒

通过烧结技术制备陶粒是垃圾焚烧飞灰资源化利用的另一个方面。蔡可兵以飞灰和废玻璃为主要原料制备玻璃陶粒，实现了飞灰和废玻璃两种工业固体废弃物的资源化和无害化处置。魏娜等进行了城市污泥与垃圾焚烧飞灰烧制污泥陶粒试验，结果表明污泥陶粒有效固化两者中各类重金属，其浸出浓度均满足《地表水环境质量标准》中三类水体的要求。废玻璃、污泥结合垃圾焚烧飞灰、盐渍土为原料烧制陶粒，在配合比为废玻璃 10%、污泥 6%、垃圾焚烧飞灰 70%、盐渍土 8%以下，制备的高强陶粒其重金属浸出浓度均满足 GB /T 5085.3—2007 的要求，为城市垃圾资源化处置提供了新途径。

9.4.4 其他资源化利用技术

9.4.4.1 玻璃和陶瓷应用

通过高温熔融使飞灰玻璃化，玻璃化后的产物可用于制作透水砖、瓷砖、地面铺设砖、喷砂丸、混凝土骨料、路基土材料等，有着广泛的用途。飞灰中含有大量 SiO_2，陶瓷生产需要消耗硅酸盐物质，因此可用于陶瓷生产，但需要控制飞灰用量，以减少其金属及氧化铁对陶瓷性能的影响。

9.4.4.2 含磷废水的吸附材料

据《中国统计年鉴》数据显示，2017 年我国的总磷排放量约为 31.54 万吨，其来源主要为洗涤剂、生活污水以及工业废物等。一方面大量含磷废液会对环境生态造成危害，另一方面农业生产离不开含磷肥料，因此在治理磷污染的同时，实现废液中磷盐的有效回收是符合可持续发展的必然趋势。目前，利用强吸附性能的矿物资源或工业固体废弃物进行废水除磷，受到较为广泛的关注和研究。而垃圾焚烧厂的飞灰产量巨大、成本低廉，对磷具有一定的吸附性能，且富集了磷素的产物还可以用作土壤改良剂。利用飞灰实现磷酸根的脱除主要通过飞灰表面与磷酸根之间的物理吸附、沉淀脱除以及化学吸附过程实现，因此飞灰脱除磷酸根的过程同时具备化学沉淀法和吸附法的优点，操作工艺简单，且可以实现磷酸根的回收利用，但其抗干扰性差，且吸附剂的再生利用存在一定的难度。

钟山等利用垃圾焚烧飞灰对含磷废液进行除磷研究，发现在室温下，0.9g 的飞灰可以对 50mL 的含磷废液（100mg/L）实现 99.9%的脱除率。该研究所采用的飞灰比表面积低于 $6.1m^2/g$，孔隙率更是低于 $0.021cm^3/g$，吸附能力较弱，因此作者认为对于磷酸根的脱除主要依赖于化学沉淀作用。除磷的沉淀反应来自飞灰中的 Ca^{2+}、Fe^{3+}、Zn^{2+}等阳离子与磷酸根离子之间的化学沉淀，而飞灰除磷的控制步骤是磷酸根离子与飞灰可溶性产物的内扩散过程。而生态环境部华南环境科学研究所的研究表明，在 0.5g/L 的飞灰投加量下，磷的最大吸附量可达 96.87mg/g，反应达到平衡状态需要 40h，而其中大于 50%的吸附过程在反应前两小时内完成。该研究认为垃圾焚烧飞灰对于含磷废水的脱除过程以沉淀作用为主，但吸附作用也不可忽略。Shuai 等则对含磷废水的脱除机制做了较为完整的对比研究，认为当含磷废水浓度较低时，除磷过程以沉淀作用为主；而当废液中含磷量高于 150mg/L 时，吸附作用不可忽略。此外，在垃圾焚烧飞灰处理膜浓缩液的应用中，对磷酸根、氨氮的脱除率分别最高可达 84.9%和 99.3%。飞灰对磷酸根的去除过程主要包含两个反应机制，分别是飞灰中钙离子与磷酸根离子的沉淀作用，以及符合二级动力学机制的吸附作用。其中飞灰中氢氧化钙、氧化钙与溶液中的磷酸根离子的反应过程如下：

$$Ca(OH)_2 \rightleftharpoons Ca^{2+} + 2OH^- \tag{9.1}$$

$$3CaCO_3 + 2HPO_4^{2-} \rightleftharpoons Ca_3(PO_4)_2 + CO_3^{2-} + 2HCO_3^- \tag{9.2}$$

$$Ca^{2+} + HPO_4^{2-} + 2H_2O \rightleftharpoons CaHPO_4 \cdot 2H_2O \downarrow \tag{9.3}$$

不同成分飞灰对磷酸根的脱除作用存在差异。钙含量较高的飞灰可以更有效实现对磷酸根离子的脱除，主要产物为透钙磷石沉淀。研究证明粉煤灰对磷酸根的最大吸附量与氧化钙含量呈正相关，且相关系数达到了 0.965。李彦辉的研究发现，以氯盐、碳酸钙为主要成分的飞灰在氯盐的溶解过程中会产生疏松多孔结构，从而能增加接触面积，并为磷的吸附提供附着点；而以二氧化硅、碳酸钙为主要成分的飞灰对磷的吸附作用较弱，以钙盐与磷酸根的沉淀反应为主要的除磷机理。基于上述研究可以认为，飞灰对含磷废水的净化作用主要取决于其钙盐含量，以及比表面积、孔容积等孔隙结构参数。

在飞灰除磷后，溶液中的重金属含量也需要重点关注。有研究对比了蒸馏水浸出飞灰和除磷废液中的重金属含量，发现除了在 pH 值为 2 时除磷后废液中有极少量锰离子，其他条件下 Pb^{2+}、Hg^{2+}、Cr^{3+}/Cr^{6+}、Cd^{2+}、Zn^{2+}、Mn^{2+}和 Cu^{2+}等重金属离子均未检测到，而蒸馏水浸出液中则能检测到多种重金属离子。可见，将飞灰应用到含磷废水中，不仅可以脱除磷酸根，还能降低飞灰本身的重金属浸出污染。这一研究结论，对于将垃圾焚烧飞灰直接应用于含磷废水的脱除中具有重要环保意义。

9.4.5 不同资源化利用技术的比较

表 9.3 对比了垃圾焚烧飞灰的几种资源化形式的优缺点。

表 9.3 垃圾焚烧飞灰的几种资源化形式的优缺点对比

资源化形式	优点	缺点
陶瓷/玻璃化/熔融等热处理	无需水洗，没有额外废液产生；得到高价值产物微晶玻璃、陶瓷等；附加价值高	需要很高的处置温度，能耗极大，需要烟气净化处理系统，经济性差
水洗/酸洗/碱洗	操作简单，药剂用量低，总成本相对较低，可以得到无机材料用于制造水泥，也可以用于吸附水中的有机物，如亚甲基蓝可以达到 100%的脱色效果	产生大量的含氯废水；酸洗废液还存在新的大量重金属污染问题；飞灰自身毒性仍无法妥善解决
水热处理	飞灰中重金属、二噁英被同时稳定、脱毒；产生的废液量小，毒性低；可以合成新材料	水热过程耗时长，能耗大；产生新的废水；反应器要求高
烧结	具有与传统高温热处置相同的优势；耗能相对熔融较低	能耗仍然较大，经济性有待进一步提高，重金属稳定效果没有熔融高，产物如陶粒的用途受控
废水的吸附材料	对废水中的亚甲基蓝等染料、磷酸根、氨氮具有一定的脱除效果；对 H_2S 气体的脱除效果优于粉煤灰	对废水中的重金属脱除效果一般；对污染物的适用范围小；除了在处置含磷废水时，其重金属浸出显著下降外，在其他污染物控制过程中，仍存在飞灰自身毒性物质的稳定问题
水泥或者混凝土	烧制水泥可将飞灰中的二噁英和重金属污染同时解决；用于混凝土也可将重金属固化；飞灰中的无机材料得到利用	受限于水泥窑的地理位置，同时需要洗灰才能避免二次污染和对水泥或者混凝土质量的影响；而洗灰则产生大量的废水

9.5 本章总结

随着垃圾焚烧处置的不断普及，垃圾焚烧飞灰产量逐年增加，焚烧飞灰的无害化和资源化是必须解决的问题。飞灰的无害化处理应结合资源化进行。主要的飞灰无害化和资源化技术包括：

① 飞灰的水泥或者混凝土利用可以固化重金属、利用无机材料，是一种可以消纳大宗飞灰的方法，应注意提升二次污染的防治技术。

② 传统的熔融技术能耗大、设备耐久性存疑。应该大力发展内部自带热源的飞灰熔融技术，降低能耗，避免过度依赖等离子体熔融等技术，提高设备的可靠性。

③ 我国生活垃圾焚烧飞灰中超标的重金属主要以 Pb 和 Cd 为主，应重点从这两种重金属的分离和固化机理角度出发，寻找与之相匹配的分离或者稳定化技术，并同时关注二噁英的处理，带有催化剂或者特殊资源化的水热处理技术是一个值得发展的技术。

④ 仍应大力开发新的飞灰资源化技术，同时将处理成本作为一项考量，可以考虑利用飞灰本身的材料属性，达到以废治废、节约成本的目的。

参考文献

[1] 李琛．关于京津冀地区处置垃圾焚烧飞灰的调研［J］．中国水泥，2017（12）：44-47.

[2] Hu Y Y，Zhang P F，Li J P，et al．Stabilization and separation of heavy metals in incineration fly ash during the hydrothermal treatment process［J］．Journal of Hazardous Materials，2015，299：149-157.

[3] 罗忠涛，肖宇领，郑亚然，等．垃圾焚烧飞灰双重固化全过程重金属浸出特性［J］．济南大学学报（自然科学版）．2014，28（3）：179-184.

[4] 魏春梅．垃圾焚烧飞灰重金属高温熔融分离过程动力学研究［D］．重庆：重庆大学，2011.

[5] 施惠生，吴凯，郭晓潞，等．垃圾焚烧飞灰研制硫铝酸盐水泥及其水化特性［J］．建筑材料学报．2011，14（6）：730-735，751.

[6] 王彩萍，周明凯，陈潇，等．氯氧镁水泥对焚烧飞灰固化作用及影响因素［J］．功能材料．2013，21（44）：2741-2744.

[7] 多丽娜，魏国侠，刘汉桥，等．铁浆法回收垃圾焚烧飞灰中重金属的实验研究［J］．环境卫生工程．2013，21（4）：1-4.

[8] 郭晓潞，施惠生．垃圾焚烧飞灰制硫铝酸钙复合水泥基材料的耐久性［J］．非金属矿，2013，36（2）：68-71.

[9] 梁梅，黎小保，刘海威．生活垃圾焚烧飞灰基本特性及稳定化研究［J］．环境卫生工程，2014，22（3）：1-3.

[10] 孙进，谭欣，张曙光，等．我国 14 座生活垃圾焚烧厂飞灰的物化特性分析［J］．环境工程，2021，39（10）：124-128.

[11] Dou X M，Chen D Z，Hu Y Y，et al．Carbonization of heavy metal impregnated sewage sludge oriented towards potential co-disposal［J］．Journal of Hazardous Materials，2017，321：132-145.

[12] 马倩，陈玉放，靳焘，等．城市生活垃圾焚烧发电飞灰中重金属的固定化研究［J］．生态环境学报，2018，27（9）：1716-1723.

[13] 谷忠伟. 稳定剂对垃圾焚烧飞灰中重金属的稳定化效果研究 [D]. 杭州：浙江大学，2020.

[14] Zhang J，Zhang S，Liu B. Degradation technologies and mechanisms of dioxins in municipal solid waste incineration fly ash: a review [J]. Journal of Cleaner Production，2020，250：119507.

[15] Zacco A，Borgese L，Gianoncelli A，et al. Review of fly ash inertisation treatments and recycling [J]. Environmental Chemistry Letters，2014，12：153-175.

[16] Chen Z，Zhang S，Lin X，et al. Decomposition and reformation pathways of PCDD/Fs during thermal treatment of municipal solid waste incineration fly ash [J]. Journal of Hazardous Materials. 2020，394：122526.

[17] Sun X，Li J，Zhao X，et al. A Review on the management of municipal solid waste fly ash in American [J]. Procedia Environmental Sciences. 2016，31：535-540.

[18] Ruj B，Ghosh S. Technological aspects for thermal plasma treatment of municipal solid waste—a review [J]. Fuel Processing Technology，2014，126：298-308.

[19] 张曼翎，张鹤缤，谭芷妍，等. 城市生活垃圾焚烧飞灰中重金属稳定处理技术研究进展 [J]. 应用化工，2019，48（12）：2957-2961.

[20] 吕晨雪，童立志，胡滨，等. 药剂稳定化后飞灰中重金属螯合物的提取方法研究 [C] //中国环境科学学会（Chinese Society for Environmental Sciences）. 2019 中国环境科学学会科学技术年会论文集（第三卷）. 2019：579-584.

[21] Chen L，Wang L，Cho D W，et al. Sustainable stabilization/solidification of municipal solid waste incinerator fly ash by incorporation of green materials [J]. Journal of cleaner Production，2019，222：335-343.

[22] 陈志良. 机械化学法降解垃圾焚烧飞灰中二噁英及协同稳定化重金属的机理研究 [D]. 杭州：浙江大学，2019.

[23] 周斌，胡雨燕，陈德珍. 新标准下垃圾焚烧飞灰化学稳定技术的比选和研究 [J]. 环境科学学报，2009，29（11）：2372-2377.

[24] Stach J，PEkárek V R，Grabic R，et al. Dechlorination of polychlorinated biphenyls，dibenzo-*p*-dioxins and dibenzofurans on fly ash [J]. Chemosphere，2000，41（12）：1881-1887.

[25] Kim Y J，Osako M，Sakai S I. Leaching characteristics of polybrominated diphenyl ethers（PBDEs）from flame-retardant plastics [J]. Chemosphere，2006，65（3）：506-513.

[26] 潘新潮. 直流热等离子体技术应用于熔融固化处理垃圾焚烧飞灰的试验研究 [D]. 杭州：浙江大学，2007.

[27] Hagenmaier H，Kraft M，Brunner H，et al. Catalytic effects of fly-ash from waste incineration facilities on the formation and decomposition of polychlorinated dibenzo-*p*-dioxins and polychlorinated dibenzofurans [J]. Environmental Science & Technology，1987，21（11）：1080-1084.

[28] 陈彤. 城市生活垃圾焚烧过程中二噁英的形成机理及控制技术研究 [D]. 杭州：浙江大学，2006.

[29] Ishida M，Shiji R，Nie P，et al. Full-scale plant study on low temperature thermal dechlorination of PCDDs/PCDFs in fly ash [J]. Chemosphere，1998，37（9-12）：2299-2308.

[30] Hu Y Y，Yang F，Chen F F，et al. Pyrolysis of the mixture of MSWI fly ash and sewage sludge for co-disposal：Effect of ferrous/ferric sulfate additives [J]. Waste Management，2018，75：340-351.

[31] Yamaguchi H，Shibuya E，Kanamaru Y，et al. Hydrothermal decomposition of PCDDs/PCDFs in MSWI fly ash [J]. Chemosphere，1996，32（1）：203-208.

[32] Hu Y Y，Zhang P F，Chen D Z，et al. Hydrothermal treatment ofmunicipal solid waste incineration fly ash for dioxin decomposition [J]. Journal of Hazardous Materials，2012，207：79-85.

[33] Chen D Z，Hu Y Y，Zhang P F. Hydrothermal treatment of incineration fly ash for PCDD/Fs decomposition：the effect of iron addition [J]. Environmental Technology，2012，33（22）：2517-2523.

[34] Zhou Y X，Yan P，Cheng Z X，et al. Application of non-thermal plasmas on toxic removal of dioxin-contained fly ash [J]. Powder Technology. 2003，135：345-353.

[35] Tysklind M，Rappe C. Photolytic transformation of polychlorinated dioxins and dibenzofurans in fly-ash [J]. Chemosphere，1991，23（8-10）：1365-1375.

[36] Muto H，Shinada M，Takizawa Y. Heterogeneous photolysis of polychlorinated dibenzo-*p*-dioxins on fly-ash in water-acetonitrile solution in relation to the reaction with ozone [J]. Environmental Science & Technology，1991，25（2）：316-322.

[37] Nomura Y，Nakai S，Hosomi M. Elucidation of degradation mechanism of dioxins during mechanochemical treatment [J]. Environmental Science & Technology，2005，39：3799-3804.

[38] Shimme K，Akazawa T，Yamamoto H. Detoxicating dioxins in soil by mechanichenmical method [C]. Proceedings of the world congress on particle technology，2002，4：406-411.

[39] Monagheddu M，Mulas G，Doppiu S，et al. Reduction of polychlorinated dibenzodioxins and dibenzofurans in contaminated muds by mechanically induced combustion reactions [J]. Environmental Science & Technology，1999，33（14）：2485-2488.

[40] 彭政. 垃圾焚烧飞灰二噁英的控制技术研究 [D]. 杭州：浙江大学，2007.

[41] 唐新宇，黄庆. 水泥窑协同处置垃圾焚烧飞灰技术的应用进展 [J]. 水泥技术，2019（1）：79-82.

[42] 环境保护部国家质量监督检验检疫总局. 水泥窑协同处置固体废物污染控制标准：GB 30485—2013 [S]. 2013-12-27.

[43] 王肇嘉. 生活垃圾焚烧飞灰处置技术现状及发展趋势分析 [N]. 中国建材报，2020-03-30（003）.

[44] 陈勇，余明江，胡梦楠，等. 水泥窑协同处置生活垃圾对氯离子含量的影响 [J]. 水泥，2018（9）：39-43.

[45] 陈乔，陈寒斌，许春霞. 建筑胶凝材料固化生活垃圾焚烧飞灰研究进展 [J]. 重庆建筑，2014，13（10）：47-49.

[46] 叶英英. 水泥窑协同处置生活垃圾焚烧飞灰项目难点 [J]. 水泥工程，2020（增刊）：51-52.

[47] 施惠生，吴凯，原峰，等. 利用城市垃圾焚烧飞灰烧制阿利尼特水泥熟料的试验研究 [J]. 水泥，2009（8）：9-13.

[48] 施惠生，吴凯，郭晓潞. 垃圾焚烧飞灰煅烧阿利尼特水泥熟料的形成过程及其水化性能研究 [J]. 水泥技术，2010（6）：23-27.

[49] Wu K，Shi H S，Schutter G D，et al. Preparation of alinitecement from municipal solid waste incineration fly ash [J]. Cement and Concrete Composites，2011，34（3）：322-327.

[50] Wu K，Shi H S，Schutter G，et al．Experimental study on alinite ecocement clinker preparation from municipal solid waste incineration fly ash [J]．Materials and Structures，2012，45（8）：1145-1153．
[51] 宁博，欧阳东，徐畏婷，等．垃圾焚烧飞灰混凝土试验研究 [J]．混凝土与水泥制品，2011（9）：16-19．
[52] 孟令敏，欧阳东．生活垃圾焚烧飞灰利用及试验于 C80 高强混凝土 [J]．现代物业：上旬刊，2012，11（4）：39-41．
[53] 蔡可兵．垃圾焚烧飞灰与废弃玻璃综合利用制备玻璃陶粒研究 [D]．长沙：湖南农业大学，2012．
[54] 魏娜，尚梦．城市污泥与垃圾焚烧飞灰烧制污泥陶粒试验研究 [J]．中国农村水利水电，2015（3）：158-160，163．
[55] 吴玉杰，王渊，曲烈．垃圾焚烧飞灰高强陶粒的制备及微观研究 [J]．混凝土，2016（6）：63-65，69．
[56] Saba D，Arianna C，Andrea C，et al．The potential phosphorus crisis：resource conservation and possible escape technologies: a review [J]．Resources．2018，7（37）：1-22．
[57] Shams M，Nabipour I，Dobaradaran S，et al．An environmental friendly and cheap adsorbent（municipal solid waste compost ash）with high efficiency in removal of phosphorus from aqueous solution [J]．Fresenius Environmental Bulletin，2013，22（3）：723-727．
[58] 安德森 A M，鲁宾 A J．水溶液吸附化学——无机物在固-液界面上的吸附作用 [M]．北京：科学出版社，1989．
[59] Zhong S，Gao H，Kuang W，et al．Mechanism of high concentration phosphorus waste water treated by municipal solid waste incineration fly ash [J]．中南大学学报（英文版）．2014（21）：1982-1988．
[60] 钟山，王里奥，刘元元，等．垃圾焚烧飞灰处理高浓度含磷废水的动力学 [J]．土木建筑与环境工程．2009，31（5）：117-121．
[61] 杨田田，刘珊，鞠勇明，等．生活垃圾焚烧飞灰吸附含磷废水的研究 [J]．水处理技术．2018，44（8）：66-70．
[62] Gu S，Fu B，Ahn J，et al．Mechanism for phosphorus removal from wastewater with fly ash of municipal solid waste incineration，Seoul，Korea [J]．Journal of Cleaner Production．2021，280：124430．
[63] 孟棒棒，田书磊，李松，等．焚烧飞灰协同去除垃圾渗滤液纳滤膜浓缩液中 COD_{Cr} 的特性研究 [J]．环境科学研究．2018（12）：2133-2139．
[64] 李彦辉．垃圾焚烧飞灰对高含磷废液的去除效果与机理研究 [D]．杭州：浙江大学，2021．
[65] Antunes E，Jacob M V，Brodie G B，et al. Isotherms，kinetics and mechanism analysis of phosphorus recovery from aqueous solution by calcium-rich biochar produced from biosolids via microwave pyrolysis[J]. Journal of Environmental Chemical Engineering，2018，6（1）：395-403．
[66] Chen J，Kong H，Wu D，et al．Phosphate immobilization from aqueous solution by fly ashes in relation to their composition [J]．Journal of Hazardous Materials．2007，139（2）：293-300．

第10章

生活垃圾焚烧烟气净化系统的设计及工程应用

10.1 “半干法+干法”烟气净化工艺的工程应用

10.1.1 石灰为吸收剂

（1）工艺描述

从余热锅炉出来的约190～220℃的烟气进入半干法旋转脱酸反应塔顶部，顶部通道设有导流板，可使烟气呈螺旋状向下运动，同时配制好的石灰浆液经高速旋转的雾化器均匀喷入反应塔，由于雾化器的高速转动，石灰浆被雾化成微小液滴，该液滴与呈螺旋状向下运动的烟气形成逆流，并被巨大的烟气流裹带着向下运动，在此过程中，石灰浆与热烟气流中的 HCl、SO_x、HF 等酸性气体进行反应。在反应过程的第一阶段，气-液接触发生中和反应，石灰浆液滴中的水分得到蒸发并将烟气冷却到 145～155℃；第二阶段，气-固接触进一步中和并获得干燥的固态反应生成物 $CaCl_2$、CaF_2、$CaSO_3$ 及 $CaSO_4$ 等。该冷却过程还使二噁英、呋喃和重金属产生凝结。反应生成物落入反应器锥体，一部分反应生成物由锥体底部排出，另一部分挟带着飞灰及各种粉尘的烟气从位于反应塔中间的烟气管道离开喷雾反应塔进入袋式除尘器。

当干法系统采用消石灰作为脱硫药剂，在烟气进入袋式除尘器以前，向烟气中喷射消石灰粉末。消石灰粉末与酸性气体 HCl、SO_x 等进行反应，从而有效地去除半干法处理后烟气中剩余的部分酸性气体。

消石灰 $Ca(OH)_2$ 与主要酸性气体 HCl、SO_x 的化学反应方程式如下：

$$2HCl+Ca(OH)_2 \longrightarrow CaCl_2+H_2O$$

$$SO_2+2Ca(OH)_2+1/2O_2 \longrightarrow Ca_2SO_4+H_2O$$

半干法和干粉都采用消石灰作为脱硫剂时，可合用一座消石灰仓，下设两个出料口，一个对应半干法制浆系统，一个对应干粉输送系统。

工艺流程如图 10.1 所示。

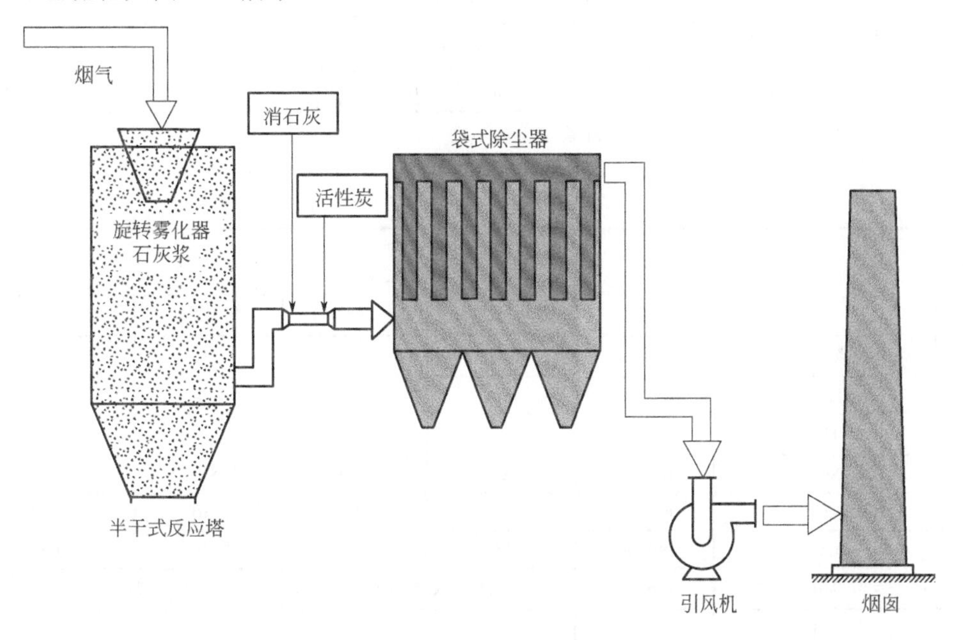

图 10.1　工艺流程

（2）处理量和排放指标情况

单线焚烧能力：500t/d。

焚烧工艺中锅炉出口污染物变化范围及设计值如表 10.1 所列，烟气排放指标（以干基、O_2 含量 11%计）如表 10.2 所列。图 10.2 可见本项目能满足达标要求。

表 10.1 锅炉出口污染物变化范围及设计值

序号	项目名称	单位	数值	备注
1	垃圾焚烧量	t/d	500×110%	
2	锅炉出口 110%设计烟气量	m^3/h	**118680**	湿标
3	锅炉出口温度	℃	190～220	最高 220
4	烟尘	mg/m^3	2000～6000	锅炉出口
5	SO_x	mg/m^3	200～800	锅炉出口
6	烟气中含 H_2O	容积比	18%～25%	锅炉出口
7	氧气	容积比	6%～12%	锅炉出口
8	CO_2	容积比	7%～10%	锅炉出口
9	CO	mg/m^3	≤80	锅炉出口
10	HCl	mg/m^3	≤1500	锅炉出口
11	NO_x	mg/m^3	≤250	焚烧炉出口
12	Hg	mg/m^3	≤0.05	锅炉出口
13	Cd	mg/m^3	≤0.1	锅炉出口
14	Pb+Cu+As+Sb	mg/m^3	≤1.0	锅炉出口
15	二噁英类	ng TEQ/m^3	3～5	锅炉出口

注：表中污染物变化及设计等均为标准状态下，下同。

表 10.2 烟气排放指标

序号	污染物名称	单位	国家标准 GB 18485 —2014		本工程保证值	
			日平均	小时平均	日均值	小时均值
1	烟尘	mg/m^3	20	30	20	30
2	HCl	mg/m^3	50	60	50	60
3	HF	mg/m^3	—	—	—	—
4	SO_2	mg/m^3	80	100	80	100
5	NO_x	mg/m^3	250	300	250	300
6	CO	mg/m^3	80	100	80	100
7	Hg	mg/m^3	0.05（测定均值）		0.05（测定均值）	
8	Cd	mg/m^3	—		—	
	Cd+T1	mg/m^3	0.1（测定均值）		0.1（测定均值）	
9	Pb	mg/m^3	—		—	
	Pb+Cr 等其他重金属	mg/m^3	1.0（测定均值）		1.0（测定均值）	
10	二噁英类（TEQ）	ng TEQ/m^3	0.1（测定均值）		0.1（测定均值）	

注：1．本表规定的各项标准限值，均以标准状态下含 11%O_2 的干烟气为参考值换算。本表为本项目性能保证值表，卖方必须严格满足。

2．烟气最高黑度时间，在任何 1h 内累计不得超过 5min。

监测因子	折算浓度/(mg/m³)	标准值/(mg/m³)	CEMS备注
颗粒物	1.64	20	—
氮氧化物	155.04	250	—
二氧化硫	18.01	80	—
氯化氢	7.34	50	—
一氧化碳	1.81	80	—
工况说明	—		

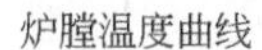

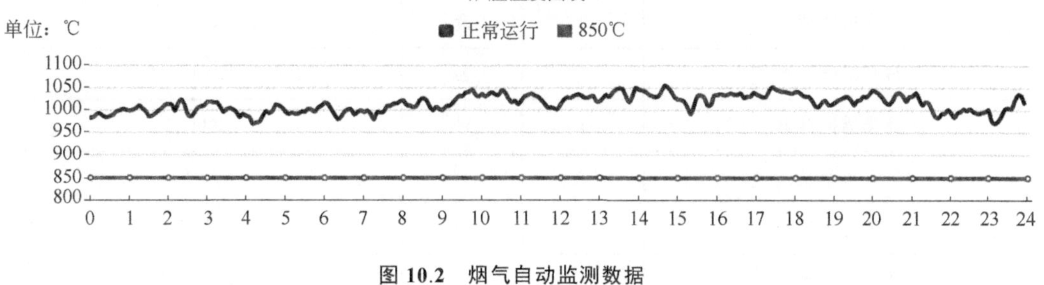

图 10.2　烟气自动监测数据

（3）药剂消耗量

工程中药剂消耗量如表 10.3 所列。

表 10.3　药剂消耗量

序号	项目	单位	数值
1	消石灰消耗量	kg/h	373
2	消石灰干粉喷射耗量	kg/h	22
3	活性炭消耗量	kg/h	12.58
4	生产水耗量	t/h	2.655

（4）系统配置情况

半干法制浆系统、干法（消石灰）系统配置情况分别如表 10.4、表 10.5 所列。

表 10.4　半干法制浆系统配置情况

供货项目	数量	单位	说明
石灰贮仓	1	台	120m³
石灰贮仓顶部除尘器	1	台	DMC-24F
石灰贮仓破拱装置	1	台	BAH80
石灰贮仓出料给料机	2	台	300×300

续表

供货项目	数量	单位	说明
石灰浆配制槽	2	台	$4m^3$
配制槽搅拌器	2	台	三叶式
排气洗涤器	2	台	—
排气洗涤器风机	2	台	—
称重装置	2	套	—
石灰浆储存槽	1	台	$8m^3$
稀释槽搅拌器	1	台	三叶式
石灰浆泵	2	台	1用1备
工艺水箱	1	台	V=$5m^3$
烟气降温水泵	2	台	1用1备
冷却水泵	2	台	1用1备
阀门仪表	1	套	含工艺所需的所有阀门仪表
电气设备	1	套	—
管道附件	1	套	—
通道、楼梯、平台、钢架	1	套	—

表 10.5　干法（消石灰）系统配置情况

供货项目	数量	单位	说明
消石灰仓	1	台	与半干法合并设计
称重螺旋给料机	1	台	—
消石灰喷射器	1	台	—
消石灰喷射风机	2	套	1用1备
阀门仪表	1	套	含工艺所需的所有仪表阀门
管道及附件	1	套	—
电气设备	1	套	—
通道、楼梯、平台、钢架等	1	套	—
就地按钮箱	1	套	—

10.1.2 碳酸氢钠为吸收剂

（1）工艺描述

当干法系统采用碳酸氢钠作为脱酸药剂，在烟气进入袋式除尘器以前，向烟气中喷射事先磨细的碳酸氢钠粉末。碳酸氢钠粉末与酸性气体 HCl、SO_x 等进行反应，反应效率更高，更加有效地去除半干法处理后烟气中剩余的部分酸性气体。

$NaHCO_3$ 与主要酸性气体 HCl、SO_x 的化学反应方程式如下：

$$HCl + NaHCO_3 \longrightarrow NaCl + H_2O + CO_2$$

$$SO_2 + 2NaHCO_3 + 1/2O_2 \longrightarrow Na_2SO_4 + H_2O + 2CO_2$$

碳酸氢钠由罐车从厂外运来，用罐车自带压缩机通过贮仓进料管送入贮仓中。干粉贮仓顶部设有除尘器，收集碳酸氢钠粉尘并将进入贮仓的输送空气排出。贮仓底部设有破拱、空气流化装置，以防止物料搭桥并保持碳酸氢钠的流动性。采用碳酸氢钠作为脱酸药剂，在存储和输送过程中防潮解和板结至关重要，通常需要在药剂中添加一定比例的调理剂以增加其流动性。

干粉喷射系统包括干粉贮仓 1 台、失重秤 1 台、研磨机 1 台（选配）、碳酸氢钠输送风机 2 台（1 用 1 备）及喷头等。干粉通过罐车自带的气力输送系统输送至碳酸氢钠仓储存。碳酸氢钠仓有效容积为 $1\times50m^3$。

在烟气管道中喷入碳酸氢钠粉作为吸收剂以吸收酸性气体。吸附杂质后的碳酸氢钠在袋式除尘器中收集。

干粉仓内的物料先通过碳酸氢钠螺旋给料机卸出，由碳酸氢钠喷射风机将碳酸氢钠吹入袋式除尘器前面烟道，碳酸氢钠进入除尘器后附着在滤袋表面，可以起到脱酸及保护除尘器的双重目的。

（2）排放控制

单线焚烧能力：500 t/d。

工程中锅炉出口污染物变化范围及设计值如表 10.6 所列，烟气排放指标（以干基、O_2 含量 11%计）如表 10.7 所列。图 10.3 所示实际运行完全达标排放。

表 10.6 锅炉出口污染物变化范围及设计值

序号	项目名称	单位	数值	备注
1	垃圾焚烧量	t/d	500×120%	—
2	锅炉出口 120%设计烟气量	m^3/h	**110457**	湿标
3	锅炉出口温度	℃	180～210	最高 210℃

续表

序号	项目名称	单位	数值	备注
4	烟尘	mg/m^3	6000	锅炉出口
5	SO_x	mg/m^3	900	锅炉出口
6	烟气中含 H_2O	容积比	19.354%	锅炉出口
7	氧气	容积比	7.623%	锅炉出口
8	CO_2	容积比	8.236%	锅炉出口
9	CO	mg/m^3	50	锅炉出口
10	HCl	mg/m^3	1500	锅炉出口
11	NO_x	mg/m^3	350	焚烧炉出口

表 10.7　烟气排放指标

序号	污染物名称	单位	排放限值	备注
1	粉尘	mg/m^3	10	24 小时均值
2	HCl	mg/m^3	10	24 小时均值
3	SO_2	mg/m^3	35	24 小时均值
4	NO_x	mg/m^3	200	24 小时均值
5	HF	mg/m^3	1	24 小时均值
6	CO	mg/m^3	50	24 小时均值
7	有机碳 TOC	mg/m^3	10	24 小时均值
8	Hg 及其化合物	mg/m^3	0.05	测定值
9	Cd+Tl 及其化合物	mg/m^3	0.05	测定值
10	其余重金属总量	mg/m^3	0.5	测定值
11	烟气黑度	林格曼级	1	测定值
12	二噁英类	$ng TEQ/m^3$	0.1	测定值

注：1．本表规定的各项标准限值，均以标准状态下含 11%O_2 的干烟气为参考值换算；
2．烟气最高黑度时间，在任何 1h 内累计不得超过 5min。

（3）药剂消耗量

药剂消耗量如果表 10.8 所列。

监测因子	折算浓度/(mg/m³)	标准值/(mg/m³)	CEMS备注
颗粒物	4.56	20	—
氮氧化物	183.5	250	—
二氧化硫	24.37	80	—
氯化氢	2.77	50	—
一氧化碳	3.82	80	—
工况说明	—		

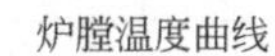

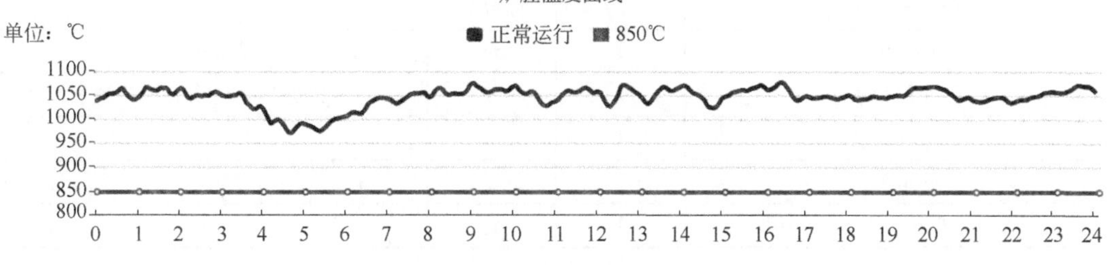

图 10.3　烟气自动监测数据

表 10.8　药剂消耗量

序号	项目名称	单位	数值
1	消石灰消耗量	kg/h	566
2	碳酸氢钠干粉喷射耗量	kg/h	172
3	活性炭消耗量	kg/h	13.4
4	半干法生产水耗量	t/h	3.05

（4）系统配置情况

系统配置情况如表 10.9、表 10.10 所列。

表 10.9　半干法制浆系统配置情况

供货项目	数量	单位	说明
石灰贮仓	1	台	100m³
石灰贮仓顶部除尘器	1	台	DMC-24F
石灰贮仓破拱装置	1	台	—
石灰贮仓出料给料机	2	台	300×300
石灰浆配制槽	2	台	4m³
配制槽搅拌器	2	台	三叶式
排气洗涤器	2	台	—
排气洗涤器风机	2	台	—

续表

供货项目	数量	单位	说明
称重装置	2	套	—
石灰浆储存槽	1	台	$8m^3$
稀释槽搅拌器	1	台	三叶式
石灰浆泵	2	台	1用1备
工艺水箱	1	台	V=5m^3
烟气降温水泵	2	台	1用1备
冷却水泵	2	台	1用1备
阀门仪表	1	套	含工艺所需的所有阀门仪表
电气设备	1	套	—
管道附件	1	套	—
通道、楼梯、平台、钢架	1	套	—

表 10.10　干法（碳酸氢钠）系统配置情况

供货项目	数量	单位	说明
碳酸氢钠仓	1	台	$50m^3$
石灰贮仓顶部除尘器	1	台	DMC-24F
称重螺旋给料机	1	台	—
碳酸氢钠喷射器	1	台	—
碳酸氢钠喷射风机	2	套	1用1备
阀门仪表	1	套	含工艺所需的所有仪表阀门
管道及附件	1	套	—
电气设备	1	套	—
通道、楼梯、平台、钢架等	1	套	—
就地按钮箱	1	套	—

10.2　“干/半干法+湿法”烟气净化工艺的工程应用

10.2.1　案例1：干法+湿法工程应用

（1）工艺描述

从余热锅炉出来的烟气进入减温塔，被喷入的回用水冷却降到合适的温度。同时，烟气中部分粉尘被收集并排走。出减温塔后的烟气在管道中与喷射来的熟石灰及活性炭充分混合，烟气中酸性气体 HCl、SO_x 一部分与熟石灰反应，生成 $CaCl_2$、$CaSO_3$ 等盐类。烟气中 Pb、Cd、Hg 等重金属及二噁英、呋喃等污染物被活性炭吸附。随后，烟气进入袋式除尘器，各种颗粒物——烟气中的粉尘、吸附了重金属的活性炭、反应剂与反应物附着在滤袋表面，经压缩空气反吹排入除尘器灰斗。除尘后的烟气经引风机送入湿式洗涤塔，经冷却后与烧碱溶液反应，生成 NaCl、Na_2SO_3、Na_2SO_4 等盐类。为防止烟道腐蚀及减少烟囱出口因水蒸气产生的"白烟"现象，湿式洗涤塔出来的烟气（约 62℃）进入烟气再热器加热，然后排入大气（约 120℃）。干法+湿法工艺流程如图 10.4 所示。在喷水减温塔中未喷射 $Ca(OH)_2$ 溶液，在布袋的入口管路上有 $Ca(OH)_2$ 干粉喷口和活性炭喷射口；GGH 的目的是防止产生白烟。

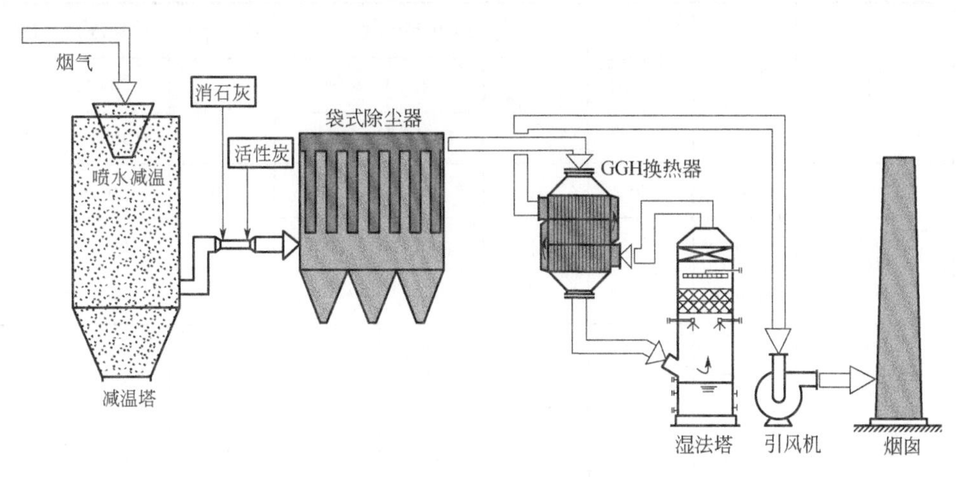

图 10.4 干法+湿法工艺流程图

（2）排放控制

单条焚烧线量：750t/d。

烟气流量（MCR）：145110m^3/h。尾部受热面的排烟温度：190～220℃。锅炉出口污染物变化范围及设计值如表 10.11 所列，烟气主要污染物排放标准如表 10.12 所列，烟气在线监测数据如图 10.5 所示。

可见本烟气净化工艺完全满足达标排放，并且实际排放值远低于标准限值。

表 10.11 锅炉出口污染物变化范围及设计值

污染物名称	变化范围/（mg/m^3）	设计值/（mg/m^3）
粉尘	≤6000	3000
HCl	600～1200	700
SO_x	300～1000	500
HF	5～20	10

续表

污染物名称	变化范围/（mg/m³）	设计值/（mg/m³）
NO_x	200～300	250
二噁英	—	3（ng TEQ/m³）
Pb+Cr+Cu+Mn	—	50
Hg+Cd	—	≤0.5

注：以干基、标准状态，O_2含量11%计。

表 10.12　烟气主要污染物排放标准表

序号	污染物名称	单位	GB 18485—2001	EU2000/76/EEC			本厂排放标准设计值		
				日均值	半小时均值		日均值	半小时均值	
					100%	97%		100%	97%
1	烟尘	mg/m³	80	10	30	10	10	30	10
2	HCl	mg/m³	75	10	60	10	10	60	10
3	HF	mg/m³	—	1	4	2	1	4	2
4	SO_x	mg/m³	260	50	200	50	50	200	50
5	NO_x	mg/m³	400	200	400	200	200	400	200
6	TOC	mg/m³	—	10	20	10	10	20	10
7	CO	mg/m³	150	50	100	100	50	100	
8	Hg	mg/m³	0.2	0.05	0.05	0.05	0.05	0.05	
9	Cd	mg/m³	0.1	—	—	—	—	—	
	Cd+T1		—	0.05	0.05	0.05	0.05	0.05	
10	Pb	mg/m³	1.6	—	—	—	—	—	
	Pb+Cr 等其他重金属		—	0.5	0.5	0.5	0.5	0.5	
11	烟气黑度	林格曼级	1	—	—	—	—	1	
12	二噁英类	ng TEQ/m³	1.0	0.1	0.1	0.1	0.1	0.1	

注：以干基、标准状态、O_2含量11%计。

（3）药剂的消耗量

原材料消耗情况如表10.13所列。

监测因子	折算浓度/(mg/m³)	标准值/(mg/m³)	CEMS备注
颗粒物	2.17	20	—
氮氧化物	149.2	250	—
二氧化硫	4.49	80	—
氯化氢	1.74	50	—
一氧化碳	2.99	80	—
工况说明			

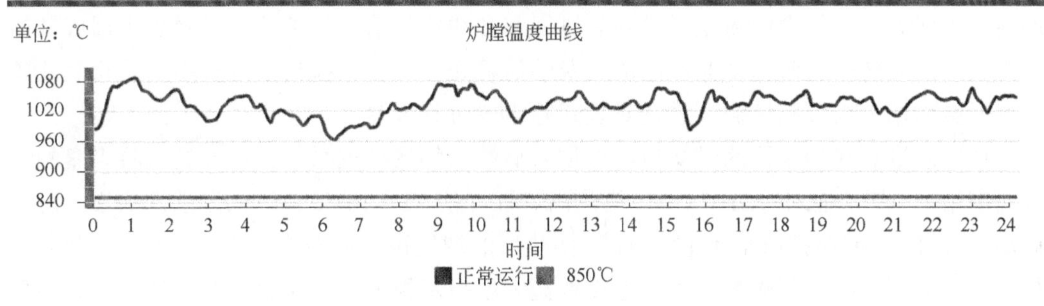

图 10.5 烟气自动监测数据

表 10.13 原材料消耗一览表

序号	项目名称	单位	数值
1	消石灰消耗量	kg/h	216
2	活性炭消耗量	kg/h	7.7
3	烧碱溶液（30%）	kg/h	335

10.2.2 案例 2：半干法+湿法工程应用

（1）工艺描述

本工程中的烟气处理系统采用“半干反应塔［$Ca(OH)_2$溶液］+干法［$Ca(OH)_2$干粉］+ 活性炭喷射 + 袋式除尘器+GGH+湿式洗涤塔（NaOH 溶液）”的烟气处理技术工艺，然后经引风机及消音器后进入烟囱排放大气，其中引风机设备不在本系统采购范围内，不设除尘器旁路烟道系统，湿式洗涤塔系统需设置旁路系统，洗涤废水送至废水处理装置处理，飞灰经输灰设备至灰仓，系统设备需中控室 DCS 控制，如布袋清灰、泵、风机、输送设备等同时可就地控制。与图 10.1 不同，这里在半干反应塔中要喷射 $Ca(OH)_2$溶液。

余热锅炉省煤器出口出来的温度低于 190℃的烟气，从半干反应塔顶部侧面入口烟道进入半干反应塔，与烟气均匀接触气化吸收烟气的热量，从半干反应塔下部出口烟道排出进入袋式（PTFE 布袋）除尘器内进行除尘，半干反应塔收集的飞灰通过旋转刮板和旋转排灰阀排至半干反应塔下面的飞灰输送机送出。

氢氧化钙喷射系统向半干反应塔和袋式除尘器之间的烟道里喷入粉末状的氢氧化

钙，使烟气中的酸性气体如氯化氢、硫氧化物等有害气体先与氢氧化钙反应后被吸收去除大部分，降低湿式洗涤塔的处理负荷。

活性炭喷射系统向半干反应塔和袋式除尘器之间的烟道里喷入粉末状的活性炭，用于除去烟气里的重金属和二噁英等有害物质。在袋式除尘器里，未反应的氢氧化钙和烟气中的酸性有害气体继续进行反应，进一步提高了去除效率。

袋式除尘器内的烟气温度始终保持高温（150℃以上），确保不会产生因凝结水而引起腐蚀的问题。烟气中的粉尘经过布袋过滤和在线空气清灰，掉落到袋式除尘器底部的粉尘仓，由旋转排灰阀送至其下面的飞灰输送机送出。在系统启动过程中为防止袋式除尘器低温腐蚀，设置热风循环系统对袋式除尘器进行预热。

烟气通过袋式除尘器的过滤后，再进入后续的烟气处理系统。经过袋式除尘器的烟气温度约150℃，进入GGH，GGH换热出口温度约92～104℃，进入湿法洗涤塔，脱酸后烟气再进入GGH换热至111℃左右，换热后的烟气进入烟囱排放。为了保持冷却液中盐的浓度监测，在冷却液循环管道上设置盐浓度指示报警器，调整从湿式洗涤塔底部排出的冷却液排出量。

（2）排放控制

表10.14是垃圾焚烧量为500t/d（每条焚烧线在MCR点运行）的锅炉出口供参考的烟气参数。

表10.14 烟气处理系统入口烟气参数表（额定工况）

序号	项目名称	单位	数值	备注
1	垃圾焚烧量	t/d	500	
2	锅炉出口烟气量	m^3/h	96000（暂定）	110%MCR
3	锅炉出口温度	℃	≤190	正常运行
4	烟尘	mg/m^3	≤8000	正常运行2000～8000
5	SO_2	mg/m^3	≤800	正常运行500～800
6	HF	mg/m^3	≤15	正常运行5～15
7	烟气中含H_2O	容积比	11～15	锅炉出口
8	氧气	容积比	6～9	锅炉出口
9	CO_2	容积比	9～11	锅炉出口
10	CO	mg/m^3	≤100	锅炉出口
11	HCl	mg/m^3	≤1500	锅炉出口
12	NO_x	mg/m^3	≤400（投SNCR≤200）	锅炉出口
13	Hg	mg/m^3	≤1	锅炉出口
14	Cd	mg/m^3	≤4	锅炉出口
15	Pb+Cu+As+Sb	mg/m^3	≤100	锅炉出口
16	二噁英类	ng TEQ/m^3	≤5	正常运行3～5

注：本表所有参数均为标准状态下的值。

工程应用项目中主要污染物排放指标如表 10.15 所列。

表 10.15　主要污染物排放指标

序号	污染物名称	单位	本工程设计值	
			日均值	小时平均
1	颗粒物	mg/m^3	10	30
2	HCl	mg/m^3	10	10
3	HF	mg/m^3	1	4
4	SO_2	mg/m^3	50	100
5	NO_x	mg/m^3	75	75
6	CO	mg/m^3	50	100
7	Hg（测定均值）	mg/m^3	0.02	
8	Cd+Tl（测定均值）	mg/m^3	0.03	
9	Pb+Sb+As+Cr+Co+Cu+Mn+Ni（测定均值）	mg/m^3	0.5	
10	烟气黑度（测定值）	林格曼级	1	
11	二噁英类（TEQ）（测定均值）	ng/m^3	0.08	

注：1．本表规定的各项标准限值，均以标准状态下含 11%O_2 的干烟气为参考值换算。
2．CO 不在性能保证范围内。

图 10.6 可见，实际运行效果远低于排放标准。同时与案例 1 相比，湿法洗涤塔的废水排放量大幅减少。原材料消耗如表 10.16 所列。

监测因子	折算浓度/(mg/m^3)	标准值/(mg/m^3)	CEMS备注
颗粒物	1.45	20	—
氮氧化物	56.84	250	—
二氧化硫	10.96	80	—
氯化氢	2.46	50	—
一氧化碳	8.71	80	—
工况说明	—		

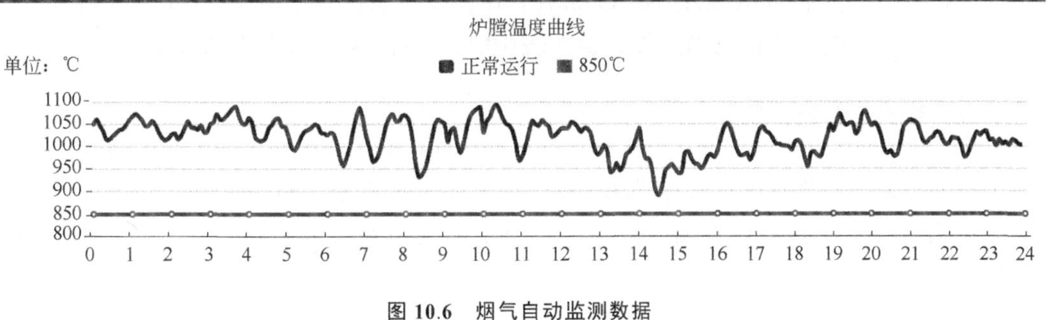

图 10.6　烟气自动监测数据

表 10.16 原材料消耗

序号	项目名称	单位	数值
1	消石灰消耗量	kg/h	406
2	活性炭消耗量	kg/h	8.72
3	烧碱溶液（30%）	kg/h	25

10.3 “SNCR+SCR”脱硝烟气净化工艺的工程应用

10.3.1 案例 1：“SNCR+SGH+SCR”工程应用

（1）工艺系统描述

25%的氨水经稀释成 5%的氨水溶液后再喷入炉膛内在高温下与 NO_x 反应，使余热锅炉出口 NO_x 浓度降低至 150mg/m^3。除尘后的烟气进入蒸汽-烟气加热器（SGH）被低压蒸汽加热到 170℃后，再进入 SCR 反应塔，烟气中剩余的 NO_x 在低温催化剂的作用下与氨气反应，得到进一步去除，净化后的烟气经引风机排入烟囱进入大气。

（2）工艺流程图

SNCR+SCR 脱硝工艺流程如图 10.7 所示。

（3）排放控制

单线燃烧线能力：500t/d。

每条线烟气流量（MCR）：100800m^3/h。尾部受热面的排烟温度：190～210℃。

锅炉出口污染物变化范围及设计值如表 10.17 所列，排放指标如表 10.18 所列。

（4）药剂的消耗情况

25%氨水药剂消耗量设计值为每条线 51kg/h，年耗量（8000h）为 1632t。烟气主要污染物排放在线监测数据如图 10.8 所示。可见本系统污染物排放浓度远远低于标准限值。

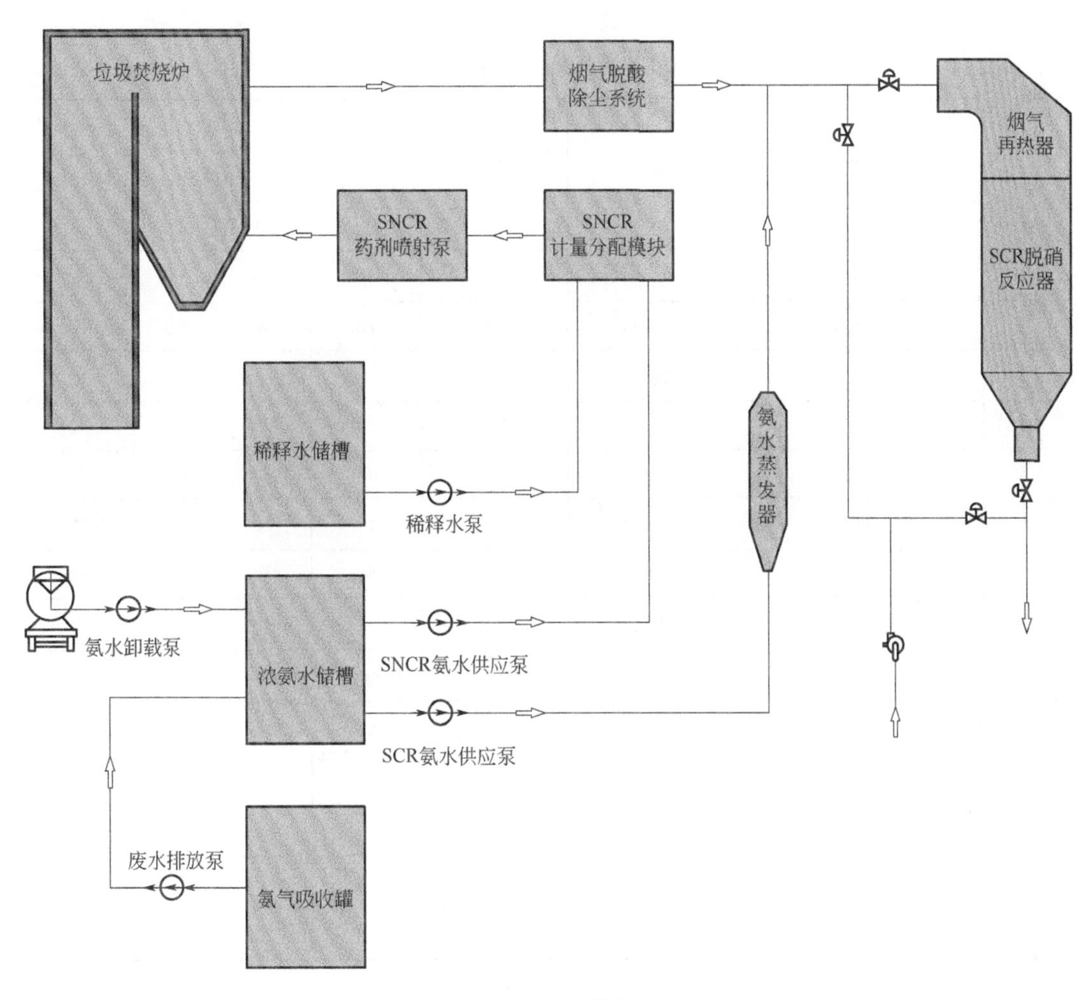

图 10.7 SNCR+SCR 脱硝工艺流程

表 10.17 锅炉出口污染物变化范围及设计值

污染物名称	变化范围 /（mg/m³）	设计值 /（mg/m³）
粉尘	≤6000	4000
HCl	600～1200	800
SO_x	300～1000	500
HF	5～20	10
NO_x	200～300（SNCR 不投运） ≤150（SNCR 投运）	150
二噁英	—	3ng TEQ/m³
Pb+Cr+Cu+Mn	—	50
Hg+Cd	—	≤0.5

表 10.18 排放指标

序号	污染物名称	单位	GB 18485—2001	欧盟 2000/76/EC			本项目承诺值
				日均值	半小时均值		
					100%	97%	
1	烟尘	mg/m^3	80	10	30	10	8
2	HCl	mg/m^3	75	10	60	10	10
3	HF	mg/m^3	—	1	4	2	1
4	SO_x	mg/m^3	260	50	200	50	50
5	NO_x	mg/m^3	400	200	400	200	80
6	TOC	mg/m^3	—	10	20	10	10
7	CO	mg/m^3	150	50	100	100	50
8	烟气黑度	林格曼级	1	—			1
9	Hg	mg/m^3	0.2	0.05	—		0.05
10	Cd	mg/m^3	0.1	—			0.05
	Cd+Tl		—	0.05	—		
11	Pb	mg/m^3	1.6	—			0.5
	Pb+Cr 等其他重金属		—	0.5	—		
12	二噁英类	$ngTEQ/m^3$	1.0	0.1	—		0.1

注：以干基、标准状态、O_2 含量 11%计。

监测因子	折算浓度/(mg/m^3)	标准值/(mg/m^3)	CEMS备注
颗粒物	1.38	20	—
氮氧化物	60.1	250	—
二氧化硫	7.51	80	—
氯化氢	3.38	50	—
一氧化碳	3.35	80	—
工况说明	—		

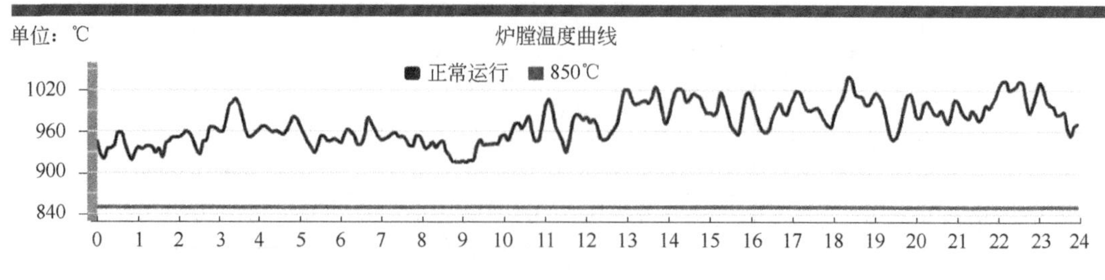

图 10.8 烟气自动监测数据

10.3.2 案例 2：“SNCR +半干法+干法+SCR”工程应用

（1）工艺流程

本项目烟气处理工艺为：“炉内 SNCR＋半干法（氢氧化钙溶液）＋干法（碳酸氢钠干粉）＋活性炭喷射＋袋式除尘器+SCR（反应剂氨水）”。烟气通过烟气净化系统应去除烟气中的 NO_x、HCl、HF、SO_2、重金属、二噁英及呋喃等污染物。烟气净化系统收集的飞灰经飞灰输送系统输送至飞灰仓。

本工程采取了 SNCR 与 SCR 相结合的脱硝工艺。在综合考虑安全、环保、经济各方面的因素后，拟采用 25%浓度的氨水作为脱硝原材料。采用联合氨水制备工艺可同时供 SNCR 及 SCR 系统使用。

氨水罐车将质量浓度为 25%的氨水运送至厂内，通过快速接头、氨水卸载泵，将质量浓度为 25%的氨水送入氨水贮存罐内。同时氨水贮存罐顶部的气体由灌顶回到氨水罐车顶部，形成闭合氨水加注。氨水贮存罐顶上设置呼吸阀，用以保证灌顶稳压，氨水贮存罐的液位开关实现与氨水卸载泵的启停连锁，防止灌满。氨水贮存罐中的氨水通过氨水输送泵输送至混合器，并在混合器内与稀释水混合被稀释。混合器内氨水与稀释水通过烟气监测系统反馈的 NO_x 浓度进行定量混合，稀释后的氨水还原溶液根据锅炉温度信号进行定量分配。混合器内部的喷射流量开关应能防止稀释后的氨水还原溶液喷入距离过长（防止对对面锅炉水冷壁的腐蚀），同时还应防止氨水还原溶液喷射流量过小对脱硝效果和喷枪产生不利影响。稀释水由厂区化水系统制备的除盐水提供，送至 SNCR 系统的稀释水贮存罐内，并通过稀释水输送泵送入混合器内，与氨水输送泵送入混合器内质量浓度为 25%的氨水混合，混合稀释后的 5%氨水还原溶液在泵的压头下被送入喷射器。喷射器分为内外枪管，氨水还原溶液由内枪管喷入，雾化用压缩空气由外枪管进入。氨水还原溶液在枪端部的雾化段实现雾化。本项目单条焚烧线布置 24 套喷枪，炉膛 3 层布置。

本项目每一条线应单独配备一套 SCR 脱硝系统，SCR 系统应采用中温催化剂。要求催化剂工作温度 230℃。催化反应与温度有关，采用中温催化剂可有效降低系统的能量损耗，优化工程节能减排属性。脱硝的烟气在进入反应器之前虽然经过 GGH（烟气-烟气热交换器），GGH 出口温度温度只有 145℃，仍不能达到脱硝温度，再进入 SGH（蒸汽-烟气加热器）进行加热，使其温度加热到 230℃，满足反应温度要求。加热的气源使用主蒸汽管道过热蒸汽。系统采用 25%氨水作为原料，与 SNCR 系统共用氨水贮存罐系统。热烟气夹带着氨气在进入装有催化剂的 SCR 反应器前与主烟气流混合。

SCR 反应器系统布置在除尘器之后引风机之前，需脱硝的烟气在进入反应器之前进入 GGH（烟气-烟气热交换器），再进入 SGH 进行加热，使其温度达到 230℃，以确保其能与催化剂的使用温度窗口相吻合，催化剂性能要求运行化学寿命不小于 32000h，机械寿命不小于 10a，主要指标如表 10.19 所示。

表 10.19　催化剂主要性能指标汇总表

指标名称	指标值
形式	蜂窝状
主要成分	TiO_2/V_2O_5
反应温度/℃	230
比表面积/（m^2/m^3）	—
每条焚烧线催化剂的体积/m^3	22
SO_2/SO_3 转化率/%	≥80%

（2）药剂消耗量

单线焚烧能力：800t/d。主要耗材：25%氨水溶液耗量为 145kg/h。

（3）排放控制

锅炉出口烟气原始参数如表 10.20 所示。

表 10.20　烟气原始主要参数汇总表

垃圾质		低质	基准质	高质	设计点
LHV	kJ/kg	5024	8374	10048	—
垃圾焚烧量	t/h	35.42	35.42	29.52	—
烟气热量	MJ/h	31650	43710	41570	55680
烟气量	m^3/h	117900	164670	157070	180800
H_2O	%	28.43	19.75	17.53	19.75
O_2	%	5.17	6.60	6.62	6.58
干烟气量	m^3/h	84380	132150	129540	145090
温度	℃	190	190	190	220
烟尘	mg/m^3	5180	3040	2450	7850
HCl	mg/m^3	700	700	700	1500
SO_2	mg/m^3	500	500	500	800

续表

垃圾质		低质	基准质	高质	设计点
HF	mg/m^3	15	15	15	15
NO_x	mg/m^3	350	350	350	350
Hg	mg/m^3	2	2	2	2
二噁英	ngTEQ/m^3	2	2	2	6

注：1．有害物质含量均以标准状态下含 11%O_2 的干烟气为参考值换算。

2．喷雾反应塔入口烟气温度变化范围：190～220℃。

3．热负荷变化范围：60%～110%MCR。

排放指标数据如表 10.21 所示。烟气自动监测数据如图 10.9 所示。

表 10.21　排放指标汇总表

序号	污染物名称	单位	GB 18485—2014		本厂排放标准设计值	
			日均值	小时均值	日均值	小时均值
1	烟尘	mg/m^3	20	30	10	30
2	HCl	mg/m^3	50	60	10	60
3	HF	mg/m^3	—	—	1	4
4	SO_x	mg/m^3	80	100	45	100
5	NO_x	mg/m^3	250	300	80	200
6	TOC	mg/m^3	—	—	10	20
7	CO	mg/m^3	80	100	50	100
8	Hg	mg/m^3	0.05	0.05	0.05	0.05
9	Cd	mg/m^3	0.1	0.1	—	—
	Cd+Ti				0.075	0.075
10	Pb	mg/m^3	1.0	1.0	—	—
	Pb+Cr 其他重金属				0.5	0.5
11	二噁英类	ng TEQ/m^3	0.1	0.1	0.1	0.1

注：1．本表规定的各项标准限值，均以标准状态下含 11%O_2 的干烟气为参考值换算。

2．Hg、Cd+Tl、Pb+Cr 等其他重金属、二噁英类为测定均值。

监测因子	折算浓度/(mg/m^3)	标准值/(mg/m^3)	CEMS备注
颗粒物	1.17	20	—
氮氧化物	176.53	250	—
二氧化硫	17.63	80	—
氯化氢	6.25	50	—
一氧化碳	1.38	80	—
工况说明	—		

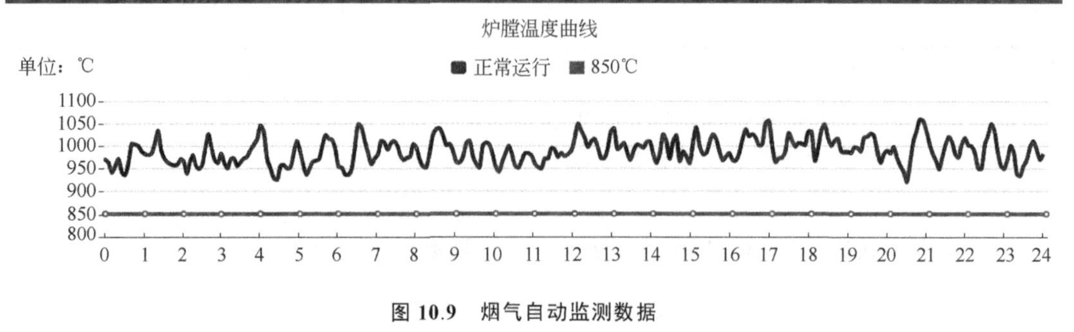

图 10.9 烟气自动监测数据

10.4 GGH及烟气脱白应用案例

10.4.1 GGH工艺流程

烟气-烟气热交换器（GGH），其外形及构造类似于一些小型电厂锅炉尾部采用的管式空预器，但介质、运行温度有所不同。从换热原理来说，也属于间接加热形式，原烟气与洁净烟气逆流换热，通过管式换热器利用原烟气的热量加热洁净烟气，将洁净烟气加热到露点温度以上。GGH设备示意见图10.10，工艺流程简图见图10.11。

10.4.2 烟气脱白效果

生活垃圾焚烧厂烟囱排出的气体其水蒸气含量占25%左右，高出外界大气很多，当空气相对湿度高、温度低时，大气含水量接近饱和状态，湿冷的空气与烟囱口排出的气体接触时，外界大气无法吸收本厂排出的水蒸气，烟囱排出的气体会降至露点形成水蒸气白雾气。此白烟为水蒸气凝结形成，凝结后回归大气。因此，烟囱冒白烟的本质是：烟囱排出的高湿度气体其中的水蒸气不能迅速被大气吸收而产生水蒸气凝结。直观上可以这样理解，当空气湿度大且气温低时烟囱易产生白烟，而当气温较高、天气晴朗时不会有白烟出现。

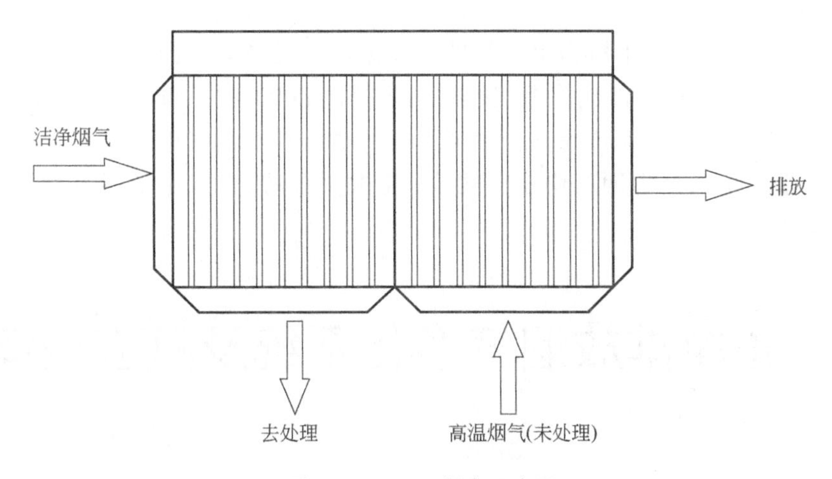

图 10.10　GGH 设备示意图

（某项目 GGH 材质按 PTFE 管，内衬 PTFE 覆层和碳钢结构）

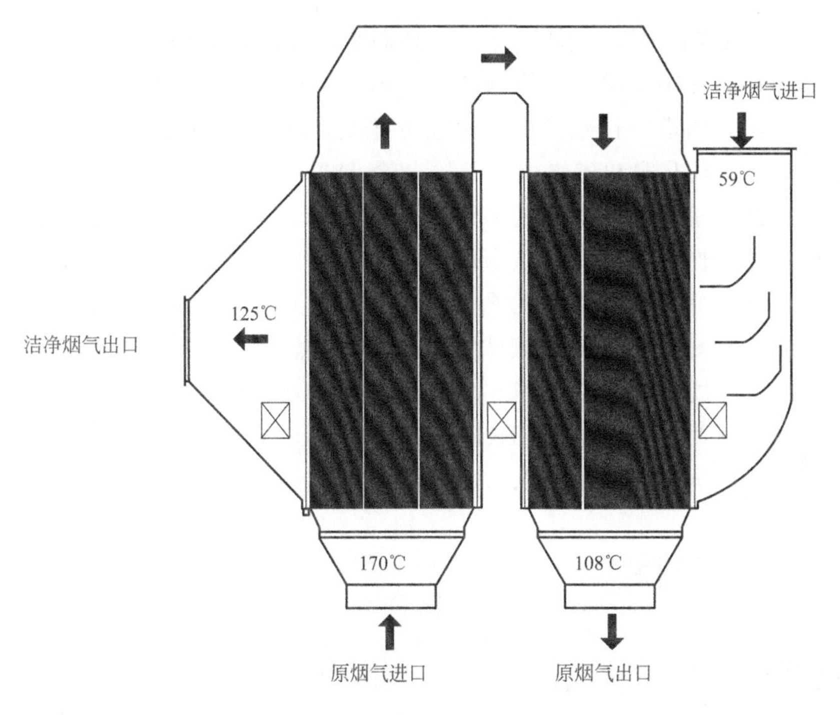

图 10.11　某项目 GGH 工艺流程图

以上海某焚烧厂为例：1 月份、2 月份、11 月份、12 月份容易有白烟产生，这主要是由于冬季空气温度很低且湿度较高所至，其他月份除梅雨季节外很少出现白烟。总的来说，由于上海市空气湿度较大（年平均值达 76%）、冬季气温低且雨水较多，造成大气对蒸汽的吸纳能力差，而从我国生活垃圾焚烧厂的烟囱中排出的烟气含水量大(25%)，所以白烟难以杜绝。

从提高烟气温度之后不冒白烟天数的变化来看，提高烟气的出口温度对于防止白烟的效果是十分明显的。若能将烟气出口温度提高到200℃，每年冒白烟的天数可减少至60天左右。另外可以考虑减少白烟发生的措施有：烟气进入烟囱再加热之前脱水降湿、在烟囱出口处将烟气快速吹散等。若将几种防止白烟的措施配合使用，能取得更好的效果。

10.5 超净排放烟气净化系统及其应用案例

10.5.1 工艺描述

生活垃圾在燃烧后产生的烟气进入余热锅炉，在二次燃烧室内将烟气中的可燃物充分燃尽，并在850～1050℃的高温区域内喷入还原剂，去除烟气中的NO_x，余热锅炉一、二、三通道中设水冷壁、蒸发屏等受热面，使烟气温度降低至620℃再依次通过过热器、蒸发器和省煤器后被冷却至180～210℃，离开余热锅炉进入减温塔，在减温塔内被减温水冷却后经烟道进入袋式除尘器，并在除尘器前的烟道中喷入消石灰粉末和活性炭，消石灰粉末的作用是初步去除烟气中的酸性物质，活性炭及袋式除尘器可较好地除去烟气的重金属、二噁英类物质和烟尘，烟气从袋式除尘器出来后首先进入GGH1加热从湿式洗涤塔出来的饱和烟气，从GGH1出来后进入湿式洗涤塔进一步脱酸变为低温饱和烟气，再经GGH1和GGH2以及SGH被加热，然后进入SCR脱硝塔进一步脱除NO_x，从SCR塔出来的洁净烟气经过GGH2升温后经引风机加压后进入烟囱，排入大气。

10.5.2 工艺流程

工艺流程如图10.12所示。

10.5.3 排放控制

单线焚烧容量：750t/d；烟气量：182354m^3/h（MCR）；尾部受热面的排烟温度：180～210℃。设计排放浓度、运行排放数据见表10.22、表10.23和图10.13。实际排放标准远远低于标准限值的要求，是目前最为复杂的烟气净化技术之一。

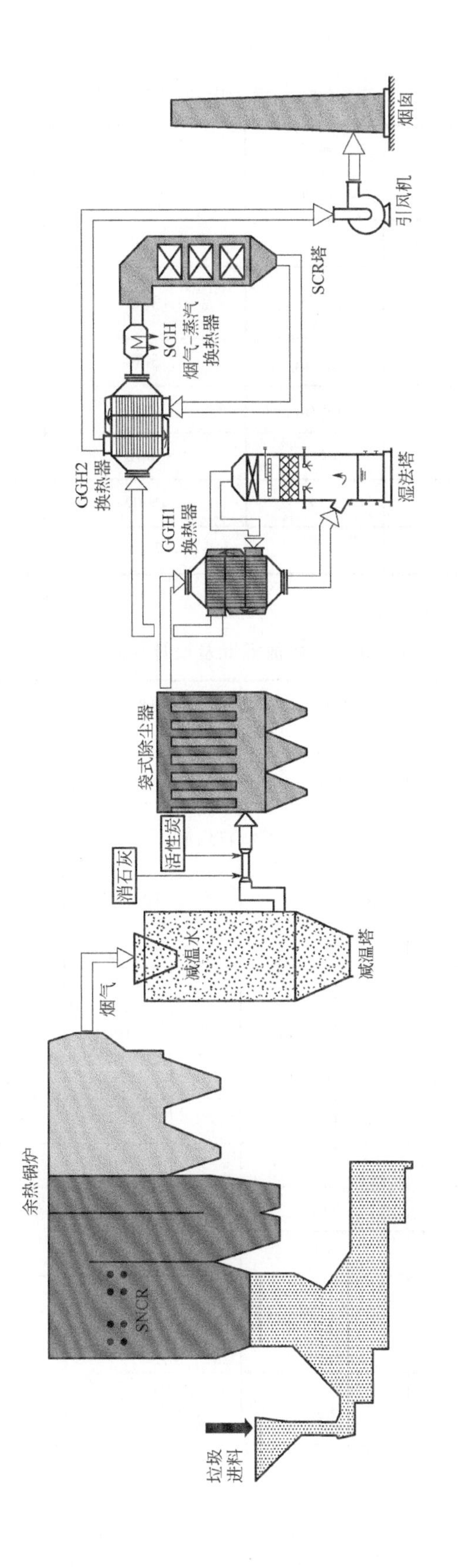

图 10.12 超净排放烟气净化工艺流程

表 10.22 锅炉出口烟气参数

序号	项目	单位	数值	备注
1	最大烟气量	m^3/h	182000	750t/d，2270kcal/kg
2	烟气温度	℃	180	—
3	NO_x浓度	mg/m^3	350	不考虑投入 SNCR 系统以NO_2计，干基，11%O_2
4	SO_x浓度	mg/m^3	500	平均值，干基，11%O_2
5	HCl 浓度	mg/m^3	700	平均值，干基，11%O_2
6	含尘量	mg/m^3	3000	干基，11%O_2
7	含水率	%	19.05	—
8	含氧量	%	7.63	湿基

注：1cal=4.1868J。

表 10.23 排放标准及设计排放浓度

序号	污染物名称	单位	GB 18485—2014 国家《生活垃圾焚烧污染控制新标准》		DB 31/768—2013 上海市《生活垃圾焚烧大气污染物排放标准》		欧盟 EU2000/76/EC		老港扩建工程设计值	
			日均值	小时均值	日均值	小时均值	日均值	半小时均值	日均值	小时均值
1	烟尘	mg/m^3	20	30	10		10	30	5	10
2	HCl	mg/m^3	50	60	10	50	10	60	10	25
3	HF	mg/m^3	—	—	—	—	1	4	1	4
4	SO_2	mg/m^3	80	100	50	100	50	200	50	50
5	NO_x	mg/m^3	250	300	200	250	200	400	80	80
6	TOC	mg/m^3	—	—	—	—	10	20	10	20
7	CO	mg/m^3	80	100	50	100	50	100	50	100
8	Hg	mg/m^3	0.05		0.05		0.05	0.05	0.05	
9	Cd+Tl	mg/m^3	0.1		0.05		0.05		0.05	
10	Pb 等其他重金属	mg/m^3	1.0		0.5		0.5		0.5	
11	二噁英类	ng TEQ/m^3	1.0		0.1		0.1		0.1	

监测因子	折算浓度/(mg/m³)	标准值/(mg/m³)	CEMS备注
颗粒物	1.02	20	—
氮氧化物	52.99	250	—
二氧化硫	0.26	80	—
氯化氢	1.03	50	—
一氧化碳	3.69	80	—
工况说明	—		

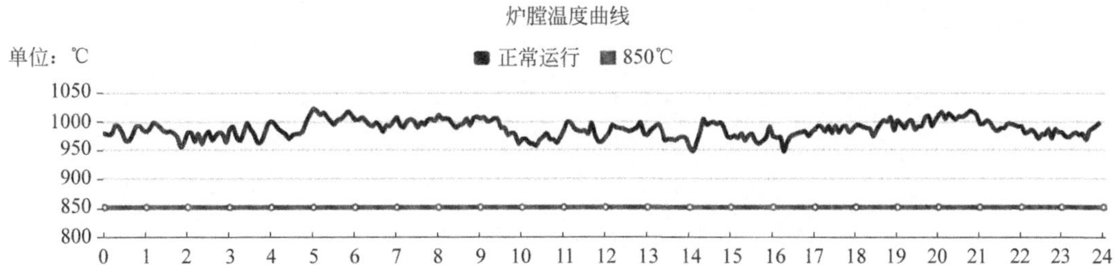

炉膛温度曲线

单位：℃

■ 正常运行 ■ 850℃

图 10.13 烟气自动监测数据

10.5.4 药剂的消耗量

药剂消耗情况见表 10.24 所示。

表 10.24 药剂消耗量

序号	项目	年消耗量/t	吨垃圾耗量
1	熟石灰	23040	11.5kg/t 垃圾
2	活性炭	1130	0.56kg/t 垃圾
3	30%烧碱	15360	7.68kg/t 垃圾
4	25%氨水	8000	4.0kg/t 垃圾
5	螯合剂	1728	0.86kg/t 垃圾
6	水泥	5760	2.88kg/t 垃圾
7	0 号轻柴油	1600	0.80kg/t 垃圾

参考文献

[1] 张培良. 电厂锅炉脱硫脱硝及烟气除尘技术浅析 [J]. 魅力中国，2020（5）：333-334.

[2] 李小婷. 火电厂锅炉烟气除尘技术探析 [J]. 清洗世界，2019，35（11）：7-8.

[3] 陈娜. 燃煤锅炉烟气脱硫除尘技术浅析 [J]. 中国化工贸易，2019，22：89.

[4] 陈亚娟. 火力发电厂电除尘技术探讨与应用 [J]. 中国科技投资，2019，33：100.

[5] 彭钒，郝玉香. 电站锅炉除尘领域细微颗粒捕集技术综述 [J]. 科技创新与应用，2020，15：162-163.

[6] 苑大峰. 探讨火电厂锅炉脱硫脱硝及烟气除尘的技术 [J]. 科学与财富, 2019, 32: 74.
[7] 马林, 刘名胜, 马越超, 等. 探究电厂锅炉脱硫脱硝及烟气除尘技术 [J]. 科学与信息化, 2020 (6): 121.
[8] 罗阿群, 刘少光, 林文松, 等. 二噁英生成机理及减排方法研究进展 [J]. 化工进展, 2016, 35 (3): 910-916.
[9] 张智平, 倪余文, 杨志军, 等. 垃圾焚烧过程二噁英生成的研究进展 [J]. 化工进展, 2004, 11: 1161-1168.

附录一

第三部分　垃圾焚烧烟气排放限值（节选）

【《欧盟工业排放指令（欧盟污染防控一体化指令）》（2010/75/EC）】

1. 所有排放限值的计算都须在 0℃、101.3kPa 的条件下进行，测量对象为干基烟气。测量对象为氧含量 11%的干基烟气。对于矿物废油的焚烧以及第六部分第 2.7 点所涉及到的情况，须遵循 2008/98/EC 指令第 3 条第 3 点的规定，测量对象为氧含量 3%的干基烟气。

1.1　下列污染物的日平均排放限值（mg/m^3）

序号	污染物名称	日平均排放限值
1	总粉尘	10
2	气态或蒸气有机物质，即有机碳总量（TOC）	10
3	氯化氢（HCl）	10
4	氟化氢（HF）	1
5	二氧化硫（SO_2）	50
6	一氧化氮（NO）、二氧化氮（NO_2） （额定容量大于 6t/h 的既存垃圾焚烧装置或新增垃圾焚烧装置所排放的 NO_2）	200
7	一氧化氮（NO）、二氧化氮（NO_2） （额定功率不超过 6t/h 的新增垃圾焚烧装置所排放的 NO_2）	400

1.2　下列污染物的半小时平均排放限值（mg/m^3）

序号	污染物名称	半小时平均排放限值	
		（100%）A	（97%）B
1	总粉尘	30	10
2	气态或蒸汽有机物质，即有机碳总量（TOC）	20	10
3	氯化氢（HCl）	60	10
4	氟化氢（HF）	4	2
5	二氧化硫（SO_2）	200	50
6	一氧化氮（NO）、二氧化氮（NO_2） （额定容量大于 6t/h 的既存垃圾焚烧装置或新增垃圾焚烧装置所排 NO_2）	400	200

1.3　下列重金属在下至30min上至8h的采样周期中的平均排放限值（mg/m^3）

序号	污染物名称	平均排放限值
1	镉及其化合物，记为镉（Cd）	总量：0.05
2	铊及其化合物，记为铊（Tl）	
3	汞及其化合物，记为汞（Hg）	0.05
4	锑及其化合物，记为锑（Sb）	总量：0.5
5	砷及其化合物，记为砷（As）	
6	铅及其化合物，记为铅（Pb）	
7	铬及其化合物，记为铬（Cr）	
8	钴及其化合物，记为钴（Co）	
9	铜及其化合物，记为铜（Cu）	
10	锰及其化合物，记为锰（Mn）	
11	镍及其化合物，记为镍（Ni）	
12	钒及其化合物，记为钒（V）	

注：上述平均值包含相关重金属排放物的气态和蒸汽形式及其化合物。

1.4　二噁英和呋喃在下至6h上至8h的采样周期内的平均排放限值（mg/m^3）。排放限值指按第二部分的规定内容所计算得出的二噁英与呋喃的总浓度限值为0.1mg/m^3。

1.5　废气中一氧化碳（CO）的排放限值（mg/m^3）：（1）日平均值为50mg/m^3；（2）半小时平均值为100mg/m^3；（3）10分钟平均值为150mg/m^3。

经主管部门许可，使用流化床技术的垃圾焚烧装置可不执行本点设定的排放限值，但其一氧化碳（CO）的时平均排放限值不应超过100mg/m^3。

2．第46条第（6）款及第47条所涉及情况的排放限值。

无论何种情况，垃圾焚烧装置的粉尘排放总浓度的半小时平均值均不应超过150mg/m^3。总有机碳和一氧化碳的排放须遵守第1.2点和第1.5（2）点所设定排放限值。

3．各成员国可就本部分所规定的豁免情况设置相关管理规定。

附录二

生活垃圾焚烧污染物限值（节选）

【《生活垃圾焚烧污染控制标准》（GB 18485—2014）】

1．炉膛内焚烧温度、炉膛内烟气停留时间和焚烧炉渣热灼减率应满足表 1 的要求。

表 1　生活垃圾焚烧炉主要技术性能指标

序号	项目	指标	检验方法
1	炉膛内焚烧温度	≥850℃	在二次空气喷入点所在断面、炉膛中部断面和炉膛上部断面中至少选择两个断面分别布设监测点，实行热电偶实时在线测量
2	炉膛内烟气停留时间	≥2s	根据焚烧炉设计书检验和制造图核验炉膛内焚烧温度监测点断面间的烟气停留时间
3	焚烧炉渣热灼减率	≤5%	HJ/T 20

2．2015 年 12 月 31 日前，现有生活垃圾焚烧炉排放烟气中一氧化碳浓度执行 GB 18485—2001 中规定的限值。自 2016 年 1 月 1 日起，现有生活垃圾焚烧炉排放烟气中一氧化碳浓度执行表 2 规定的限值。自 2014 年 7 月 1 日起，新建生活垃圾焚烧炉排放烟气中一氧化碳浓度执行表 2 规定的限值。

表 2　新建生活垃圾焚烧炉排放烟气中一氧化碳浓度限值

序号	取值时间/h	限值/（mg/m^3）	监测方法
1	24	均值 80	HJ/T 44
2	1	均值 100	

3．焚烧炉烟囱高度不得低于表3 规定的高度，具体高度应根据环境影响评价结论确定。如果在烟囱周围 200m 半径距离内存在建筑物时，烟囱高度应至少高出这一区域内最高建筑物 3m 以上。

表 3　焚烧炉烟囱高度

焚烧处理能力/（t/d）	烟囱最低允许高度/m
<300	45
≥300	60

注：在同一厂区内如同时有多台焚烧炉，则以各焚烧炉焚烧处理能力总和作为评判依据。

4．2015 年 12 月 31 日前，现有生活垃圾焚烧炉排放烟气中污染物浓度执行 GB 18485—2001 中规定的限值。自 2016 年 1 月 1 日起，现有生活垃圾焚烧炉排放烟气中污染物浓度执行表 4 规定的限值。自 2014 年 7 月 1 日起，新建生活垃圾焚烧炉排放烟气中污染物浓度执行表 4 规定的限值。

表 4　生活垃圾焚烧炉排放烟气中污染物限值

序号	污染物	项目限值	取值时间
1	颗粒物/（mg/m^3）	30	1 小时均值
		20	24 小时均值
2	氮氧化物（NO_x）/（mg/m^3）	300	1 小时均值
		250	24 小时均值
3	二氧化硫（SO_2）/（mg/m^3）	100	1 小时均值
		80	24 小时均值
4	氯化氢（HCl）/（mg/m^3）	60	1 小时均值
		50	24 小时均值
5	汞及其化合物（以 Hg 计）/（mg/m^3）	0.05	测定均值
6	镉、铊及其化合物（以 Cd +Tl 计）/（mg/m^3）	0.1	测定均值
7	锑、砷、铅、铬、钴、铜、锰、镍及其化合物（以 Sb+As+Pb+Cr+Co+Cu+Mn+Ni 计）/（mg/m^3）	1.0	测定均值
8	二噁英类/（ng TEQ/m^3）	0.1	测定均值
9	一氧化碳（CO）/（mg/m^3）	100	1 小时均值
		80	24 小时均值

5．生活污水处理设施产生的污泥、一般工业固体废物的专用焚烧炉排放烟气中二噁英类污染物浓度执表 5 规定限值。

表 5　生活污水处理设施产生的污泥、一般工业固体废物专用焚烧炉排放烟气中二噁英类限值

焚烧处理能力/（t/d）	二噁英类排放限值/（ng TEQ/m^3）	取值时间
＞100	0.1	测定均值
50～100	0.5	测定均值
＜50	1.0	测定均值